机器人及人工智能类创新教材

U0223329

智能
人机交互技术

主 编　袁铭润　许 斗　张 研
副主编　黄 宁　黄珍祥　朱浩宇
编 者　陈晓伟　史 晗

哈尔滨工业大学出版社

内 容 简 介

本书对人机交互技术及应用进行了比较全面的介绍,内容包括绪论、人机交互设计理念基础、人机交互模型、人机交互系统设计、界面设计、直接操纵与沉浸式环境、导航设计、提升用户体验、文档与用户支持、人机交互质量评估、可用性评估与用户体验评价、人机交互设备及实验等。人机交互设计努力去创造和建立的是人与产品及服务之间有意义的关系,以"在充满社会复杂性的物质世界中嵌入信息技术"为中心,从"可用性"和"用户体验"两个层面进行分析,关注以人为本的用户需求。

本书的人机交互设备及实验部分围绕乐聚(深圳)机器人技术有限公司研发的高端智能人形机器人 Roban 进行讲述,最终达到让读者基于该机器人平台可以独立完成机器人的交互设备使用和二次开发的目的。

图书在版编目(CIP)数据

智能人机交互技术/袁铭润,许斗,张研主编. —哈尔滨:
哈尔滨工业大学出版社,2022.8(2024.1 重印)
机器人及人工智能类创新教材
ISBN 978 - 7 - 5767 - 0342 - 9

Ⅰ.①智… Ⅱ.①袁… ②许… ③张… Ⅲ.①人工智能-人机系统-高等学校-教材 Ⅳ.①TP18

中国版本图书馆 CIP 数据核字(2022)第 147982 号

ZHINENG RENJI JIAOHU JISHU

策划编辑 李艳文
责任编辑 周一瞳
出版发行 哈尔滨工业大学出版社
社 址 哈尔滨市南岗区复华四道街 10 号 邮编 150006
传 真 0451-86414749
网 址 http://hitpress.hit.edu.cn
印 刷 黑龙江艺德印刷有限责任公司
开 本 787 mm×1 092 mm 1/16 印张 14 字数 327 千字
版 次 2022 年 8 月第 1 版 2024 年 1 月第 2 次印刷
书 号 ISBN 978 - 7 - 5767 - 0342 - 9
定 价 68.00 元

(如因印装质量问题影响阅读,我社负责调换)

主编简介

丛书主编/总主编：

冷晓琨，中共党员，山东省高密市人，乐聚机器人创始人，哈尔滨工业大学博士，教授。主要研究领域为双足人形机器人与人工智能，研发制造的机器人助阵平昌冬奥会"北京8分钟"、2022年北京冬奥会，先后参与和主持科技部"科技冬奥"国家重点专项课题、深圳科技创新委技术攻关等项目。曾获中国青少年科技创新奖、中国青年创业奖等荣誉。

本书主编：

袁铭润，黑龙江省佳木斯市人，佳木斯大学信息电子技术学院自动化系副主任，讲师。从事自动化专业教学科研工作，于2021年在清华大学进行模式识别与机器学习课程学习。参与省级科研项目4项、主持厅局级科研项目2项。带领和指导学生参加全国和黑龙江省西门子杯竞赛、"互联网+"大学生创新创业大赛、智能机器人大赛、竞技机器人大赛，并取得较好成绩。主要研究方向为智能控制系统和物联网应用。E-mail：Ymingrun@163.com。

许斗，男，中共党员，硕士，教授，高级工程师。安徽省教学名师，安徽省高职计算机网络专业带头人，芜湖市"五一"劳动奖章获得者，芜湖市优秀教师。参加国家自然科学基金项目1项，主持省教育厅自然科学研究项目2项，主持省级教学研究项目2项，主持省级高水平专业群、精品课程、精品开放课程建设各1项，主持国家教学资源库子项目1项，主持企业横向项目多项。发表学术论文十余篇。主编教材10本，其中3本入选国家规划教材。获国家级教学成果二等奖1项，省级教学成果一等奖1项、二等奖2项。

张研，中共党员，河南省郑州市人，黄河水利职业技术学院机械工程学院教师，智能制造专业群讲师，主要研究方向为模式识别与智能控制系统，中文核心论文2篇，发明专利2项。

前　言

随着以计算机为主的现代机器的飞速发展,用户对计算机的使用体验要求越来越高,对人机交互技术以及设计的研究得到了广泛的关注,如何更好地将人机交互技术应用到具体领域是目前的热点研究问题。本书对人机交互技术及应用进行了较全面的介绍,包括人机交互技术发展历程与设计原则、认知过程、交互模型和系统设计、评估方法、人机交互开发软硬件工具。人机交互设计努力去创造和建立的是人与产品及服务之间有意义的联系,以"在充满社会复杂性的物质世界中嵌入信息技术"为中心,从"可用性"和"用户体验"两个层面上进行分析,关注以人为本的用户需求。

本书围绕乐聚(深圳)机器人技术有限公司研发的高端智能人形机器人 Roban 展开对人机交互技术的讲述,从人机交互设计美学,到人机交互图像、语音输入识别,引导读者逐步掌握人机交互技术,最终达到让读者基于该机器人平台可以独立完成机器人的交互设备使用和二次开发的目的。

本书由袁铭润,许斗,张研担任主编。其中许斗编写第 1 章和第 6 章,袁铭润编写第 2 章和第 3 章,陈晓伟编写第 4 章和第 9 章,黄珍祥编写第 5 章,黄宁编写第 7 章,朱浩宇编写第 8 章,史晗编写第 10 章和第 11 章,张研编写第 12 章。

限于时间和编者水平,书中难免存在一些疏漏和不足之处,恳请广大读者不吝批评指正,以便我们及时修正和完善。

编　者
2022 年 5 月

目　　录

第1章 绪 论

信息技术的飞速发展对人类的生产生活产生了极为深远的影响。"万物互联""3D打印""虚拟现实技术""增强显示技术""5G 网络""智能机器人""数字孪生"等新产品、新技术层出不穷,在给人类提供便利的同时,也推动了社会信息化及人类互动技术的发展。然而,人机互动技术作为信息化的一个关键环节,其发展速度远远落后于计算机的软硬件技术,已经严重制约了人们通过信息化手段去探究和了解客观事物。因此,人类与机器之间的互动已经是21 世纪亟须研究的重要问题。以美国21 世纪资讯科技规划为例,软件、人机交互、网络与高性能计算被列为基本课题,美国国家重大的军事技术项目也将人机互动作为一个重要的发展领域。在国家"973"规划的"计算机仿真技术基础理论、算法及其实现"中,也把"现实的感觉和现实的互动理论和技术"列为当前亟待解决的重要课题。

自20 世纪40 年代计算机问世以来,信息产业得到了长足发展。在很多行业(如制造业、IT、汽车等行业)中,都离不开计算机的使用与发展。如今,人们不仅要与计算机、手机等常规计算机进行互动,也要与电视、汽车、微波炉等机器内置的计算机进行交互操作。对于这些设计,良好的人机交互能够有效地改善工作的效果,从而为人们的工作和生活提供便利。

在众多管理和处理信息所用技术中,人机交互技术(Human-Computer Interaction,HCI)是最贴近大众技术的信息化技术之一,也是大众了解和认识计算机的起源。电子邮件、即时通信、超链接技术在网络技术还没有流行起来时就已经存在了,但是对于大多数人来说,这些方式要求技术水平过高,不利于学习和掌握。直到网络技术得到进一步的发展,网页浏览器出现,才真正改变了这种局面。网页浏览器的人机交互界面极大地降低了人们控制计算机的难度,将人与计算机的交互以方便易懂的方式呈现给大众,这些技术才得到真正广泛的使用。与之相类似,多点触摸技术自1980 年以来就被人们熟知,不过在苹果公司于2007 发布 iPhone(iPhone 采用多点触摸技术,提供了更具人性化的界面)之后,多点触摸技术才终于得到了普及。可以说,在所有技术革新和技术发展中,人机交互技术的发展使整个社会发生了翻天覆地的变化。

在众多的计算机学科中,人机交互是最需要进行多个领域交叉的研究。一个优秀的人机交互设计必须涉及计算机技术、心理学、设计、软硬件设计、艺术设计等多个领域。在进行人机互动时,要熟练运用计算机语音、机器视觉和多点触摸等关键技术,而增强现实技术和虚拟现实技术则为人类提供了一种与计算机交流的新经验。

总之,人机交互到人类的日常活动、人类的互动技术和产品开发具有广阔的发展空间,同时也面临着许多的问题。更自然、更实用、更贴近人们的生活、更具实际意义的人机互动将会对人们的生活产生深远的影响。

1.1 什么是人机交互？

人机交互是指人与计算机之间使用某种对话语言，以一定的交互方式，完成确定任务的人与计算机之间的信息交换过程。人机交互是一门研究系统与用户之间交互关系的学科。系统可以是各种各样的机器，也可以是计算机化的系统和软件。人机交互界面通常是指用户可见的部分。用户通过人机交互界面与系统交流，并进行操作。为了系统可用性或用户友好性，人机交互界面的设计要包含用户对系统的理解。计算机人与人之间交互的特殊兴趣小组（Special Interest Group on Computer-Human Interaction，SIGCHI）也提出了"人机交互"的概念，即"人机交互"是关于设计、评价和实现人类活动的互动计算系统，并对其主要现象进行研究。《人机交互》的作者 Dix 等在书中提出了一种基于用户任务和工作环境的交互系统设计、实现和评价的观点。

人机交互与认知心理学、人机工程学、多媒体技术、虚拟现实技术有着密切的联系。例如，在计算机科学中，人机交互的焦点是交互，特别是一个或多个用户与一台或多台计算机之间的直接交互，以及通过计算机系统进行的间接人机交互。从机器的角度，计算机可能是一台独立运行的计算机，也可能是一台嵌入式计算机，如太空驾驶员的座舱或微波炉；从人类用户的角度，需要考虑分布式系统、计算机辅助通信，或者依靠不同系统协同工作等。因此，人机交互既研究机械装置，也研究人的因素，是当代科学技术发展的一个重要支撑领域。

1.2 人机交互发展历程

发展是一个永恒的主题，是社会进步的基础。作为新世纪的核心生产力，如何将计算机技术进行快速、高效的互动已成为当今工业领域的重要课题。在几十年的发展历程中，人机交互理念、技术和外围设备逐步从幼稚发展到成熟。

1.2.1 手工操作和命令行交互

计算机自诞生开始，其作用就是为科研工作者提供研究手段，而人机交互思维则更倾向于以工作为主。正如维纳·布什在《诚如我思》中所提倡的，计算机正逐步从一个科学工作者可以操作的机器逐步变成一个独立的个体，而与人之间的交互也从单纯的手工操作、纸带交互发展到了一种指令的交互。

1946 年，美国宾夕法尼亚州诞生了首部通用计算机埃尼阿克（Electronic Numerical Integrator and Calculator，ENIAC）。ENIAC 是一座巨大的建筑，它的操作台超过 30 个，占地面积约 170 m^2，包括 7 200 个晶体二极管，以操作者手动开启或关闭计算机上的电路板为输入，并以电路板上的灯光亮度为输出。从图 1.1 中可以看出，ENIAC 中的各个功能仪表具有多个切换，操作者可以根据不同功能面板上的切换键来进行数据的录入。

图 1.1 工作人员通过 ENIAC 功能仪表上的开关组进行交互

20 世纪 50 年代,人们通过穿孔的纸带与计算机互动。该穿孔纸带宽度约为 25 mm,在中央有一列用于定位的小洞,在左右两边有较大的洞,用于读取信息,以洞的有无代表 1 和 0,在一个较大的洞里有数个洞,一个简易的过程一般使用数米的纸带。然而,由于该方法的输入、输出速率较低,稳定性较差,因此逐渐被人们淘汰。

1956 年,麻省理工学院就着手于利用键盘把数据录入计算机的工作。20 世纪 60 年代中期开始,在大部分计算机上使用的是以小键盘为主的指令行界面。用户在指令行接口上键入指令,接口接收指令,并将其转换为对应的系统函数。20 世纪 70 年代至 80 年代,人们还在继续采用这样的互动模式。众所周知的 UNIX、微软的 DOS 还有苹果的 DOS 都是通过命令行指令来实现的。

1.2.2 图形用户界面交互阶段

图形用户界面(Graphical User Interface,GUI)的出现使人机交互方式发生了巨大变化。GUI 的主要特点包括桌面隐喻、WIMP 技术、直接操纵和"所见即所得(What You See Is What You Get,WYSIWYG)"。GUI 简单易学,键盘操作少,不懂计算机的普通用户也可以熟练地使用。这增大了用户群,使计算机技术得到了广泛应用。

GUI 技术的起源可以追溯到 20 世纪 60 年代美国麻省理工学院 Sutherland 的工作,其发明的 Sketchpad 首次引入了菜单、不可重叠的瓦片式窗口和图标,并采用光笔进行绘图操作。1963 年,美国斯坦福研究所年轻的科学家 Engelbart 发明了鼠标(图 1.2)。此后,鼠标经过不断改进,在苹果、微软等公司的图形界面系统上得到了成功应用。鼠标与键盘一起成为目前计算机系统中必备的输入装置。特别是 20 世纪 90 年代以来,随着网络热在全球范围内的升温,鼠标已经成为人们必备的人机交互工具。

20 世纪 70 年代,施乐公司在 Alto 计算机中首次开发了位映像图形显示技术,为开发可重叠窗口、弹出式菜单、菜单条等提供了可能。这些工作奠定了目前图形用户界面的基础,形成了以窗口(Window)、图标(Icon)、菜单(Menu)和指点装置(Pointing Device)为基础的第一代人机界面,即 WIMP 界面。1984 年,苹果公司仿照 PARC 的技术开发出了新型 Macintosh 个人计算机,将 WIMP 技术引入到微机领域,这种全部基于鼠标及下拉式菜单的操作方式和直观的图形界面引发了微机人机界面的历史性变革。

图 1.2　Engelbart 发明的鼠标

1.2.3　自然人机交互阶段

　　与命令行界面相比,图形用户界面的人机交互自然性和效率都有较大的提高。图形用户界面很大程度上依赖于菜单选择和交互小组件,经常使用的命令大都通过鼠标来实现。鼠标驱动的人机界面便于初学者使用,但重复性的菜单选择会给有经验的用户造成不便,他们有时倾向于使用命令键而不是选择菜单,而且在输入信息时用户只能使用"手"这种输入通道。另外,图形用户界面布局要占用较多的屏幕空间,并且难以表达和支持非空间性的抽象信息的交互。

　　当前,虚拟现实、移动计算、普适计算等技术的飞速发展对人机交互技术提出了新的挑战和更高的要求,同时也提供了许多新的机遇。在这一阶段,自然和谐的人机交互方式得到了一定的发展。基于语音、手写体、姿势、视线跟踪、表情等输入手段的多通道交互是其主要特点,其目的是使人能以声音、动作、表情等自然方式进行交互操作。在自然和谐的人机交互的发展过程中,人们除致力于研究开发友好、逼真、三维的用户界面和基于声音、动作、表情等多种通道的自然交互方式外,还发明了大量新的交互设备。例如,计算机图形学的先驱、美国麻省理工学院的 Sutherland 早在 1968 年开发的头盔式立体显示器为现代虚拟现实技术奠定了重要基础(图 1.3);1982 年,美国加州 VPL 公司开发出了第一副数据手套,用于指示等简单手势的输入,该公司在 1992 年还推出 Eyephone 液晶显示器(图 1.4);同样在 1992 年,Defanti 等推出了一种四面的沉浸式 DAVE 虚拟现实系统。

　　目前,人类常用的自然交互方式 —— 语音和笔的交互技术,包括手写识别、笔式交互、语音识别、语音合成、数字墨水(Digital Ink)等的研究已经有了很大的成果。例如,中国科学院自动化研究所开发了"汉王笔"手写汉字识别系统,微软亚洲研究院发明了数字墨水技术,中国科学院人机交互技术与智能信息处理实验室研制了笔式交互软件开发平台等,其中不少成果已经商品化,市场前景广阔。另外,20 世纪 90 年代,美国麻省理工学院 Negroponte 领导的媒体实验室在新一代多通道用户界面方面做了大量的开创性工作。2002 年 2 月,万维网联盟(World Wide Web Consortium,W3C)成立了多通道交互工作小组(Multimodal Interaction Working Group),开发了 W3C 新的支持移动设备 MMI 的协议标准。截至 2016 年,前已有 42 家大型 IT 企业或单位参加该小组,参与制定"多通道交互"的相关协议标准。该小组成员几乎覆盖了所有计算机软硬件、移动通信、家电业的大型厂商。

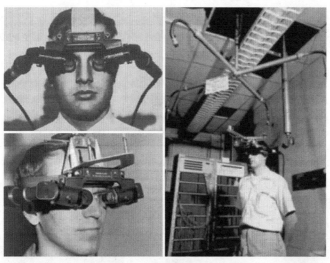

图 1.3　Sutherland 发明的头盔式立体显示器

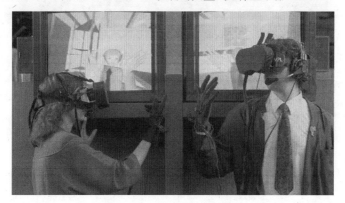

图 1.4　VPL 公司开发的数据手套及 Eyephone 液晶显示器

1.3　人机交互新技术

近年来,随着机器视觉、人工智能、模式识别技术的发展,以及相应的计算机软硬件技术的进步,以视觉、体感、骨传导、脑波等为基础的自然人机交互技术不断涌现,在图形用户界面普及应用的基础上,进一步通过多通道感官信息,如视觉、触觉、动作及脑波等更加符合人们日常生活习惯的交互方式直接进行人机自然对话,从而传递给用户强烈的身临其境的体验感和沉浸感。交互的模式也从单一通道输入向多通道输入改变,最终达到智能和自然的目的。多通道人机交互研究正在引起越来越广泛的关注。自然人机交互摆脱了对键盘、鼠标等传统外设的依赖,用户与计算机之间的交流变得更加自然流畅。

1.3.1　眼控交互技术

眼控(Eye Control)又称视线追踪、眼动追踪。眼控交互技术原理是当人的眼睛看向不同方向时,眼部会有细微的变化,这些变化会产生可以提取的特征,计算机通过图像捕捉或扫描等方式提取这些特征,从而实时追踪眼睛的变化,预测用户的状态和需求,并进行响应,达到用眼睛控制设备的目的。

眼控交互技术通常有三种追踪方式:一是根据眼球和眼球周边的特征变化进行跟踪;二是根据虹膜角度变化进行跟踪;三是将红外线等光束主动投射到虹膜来提取特征。

以第三种方式为例,眼控交互技术效果如图1.5所示。首先,眼控仪发出近红外光束投射到人眼上,根据发射光束和从人眼反射回的红外光计算得到参考点,当人眼注视屏幕上不同位置时,眼球会相应地发生转动,此时反射回的光就会产生一定的偏移,根据偏移方向、偏移量大小等信息计算得到眼球运动轨迹和状态,结合眼周的图像信息可进一步计算得到眼睛注视点的位置。眼控技术含量最高的是自动校正系统,其避免了人工调节的烦琐,通过算法优化,提升光学采集精度,实现视线追踪,判别眼睛睁、闭状态等。

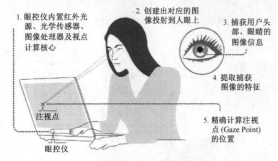
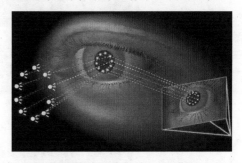

(a) 眼控交互技术原理示意图　　　　　　　(b) 近红外光束投射人眼示意图

图1.5　眼控交互技术效果

具有眼动追踪功能的智能手机和平板电脑已演示成功。对于一些应用来说,快速响应非常关键,感官交互加入了用户体验,如在游戏、VR、AR的体验中,最能体现眼动追踪技术的优势。现在已有100多款游戏包含了眼动追踪功能,一些顶尖公司已强强联手,将眼动追踪功能的优势带给更多游戏玩家和电子竞技观众。该技术使人机交互更加快速、直观。

如果设计完善,这些系统还能实现虚拟显示,对用户的自然反应甚至潜意识做出响应,打造出沉浸式虚拟体验。近期,红外产品组合又增加了一款新品,应用于眼动追踪解决方案,欧司朗光电半导体进一步扩充了高功率产品,使其广泛的产品组合满足更多应用需求。

1.3.2　体感交互技术

体感交互技术是指将肢体语言转化为计算机可理解的操作命令来操作设备。

体感交互技术采用动作识别设备、体感互动软件及三维数字内容,形成多媒体互动装置,用户可以通过简单的肢体动作与投影内容产生实时互动,为用户带来前所未有的体验。体感交互技术用到了算法技术,因此它能精准、灵敏、稳定地对用户的动作进行精确的捕捉识别,从而实现操作视频、图片、游戏的功能,具有展示变换效果多样化、超强科技感等特点。其中,手势交互最具代表性,各类传感器对手部形态、位移等进行持续采集,每隔一段时间完成一次建模,形成一个模型信息的序列帧,再将这些信息序列转换为对应的指令,用来控制实现某些操作。基于人体动作的体感交互如图1.6所示。

图1.6　基于人体动作的体感交互

体感交互技术主要可分为惯性感测、光学感测和联合感测。

(1)惯性感测。

惯性感测以惯性传感器为主,如用重力传感器、陀螺仪及磁传感器等来感测使用者肢体动作的物理参数,再根据这些物理参数来分析出使用者在空间中的各种动作。

(2)光学感测。

光学感测通过光学传感器或使用激光及摄像头来获取人体影像信息,可捕捉人体3D全身影像。

(3)联合感测。

联合感测是在手柄上放置重力传感器、陀螺仪、磁传感器等,结合摄像头,用于捕捉人体影像,结合传感器,便可侦测人体手部在空间中的移动及转动。

由于人体动作分析具有巨大的应用价值和理论价值,因此全球的政府、高校、科研机构及公司等投入了大量的人力和财力推动其发展。目前,人体动作交互在医疗辅助与康复、运动分析、康复训练、游戏娱乐及计算机动画等诸多领域都有较为广泛的应用。与其他交互手段相比,人体动作交互技术无论是在硬件还是软件方面都有较大的提升,交互设备正在向小型化、便携化及使用方便化等方面发展。

1.3.3　脑波交互技术

脑波交互技术主要通过对人的脑电图(Electroencephalogram,EEG)进行采集、预处理滤波、特征提取及模式识别,判断出人当前的意图,并将识别结果发送给计算机,进而控制计算机本身的软件或者外部的硬件设备。基于脑波交互技术的应用如图1.7所示。

脑机接口技术是通过信号采集设备从大脑皮层采集脑电信号,经过放大、滤波、A/D转换等处理转换为可以被计算机识别的信号,然后对信号进行预处理,提取特征信号,再利用这些特征进行模式识别,最后转化为控制外部设备的具体指令,实现对外部设备的控制。

图1.7　基于脑波交互技术的应用

目前,主流的消费级脑机接口研究主要运用非侵入式的脑电技术,尽管相对侵入式技术容易获得分辨率更高的信号,但风险和成本依然很高。不过,随着人才和资本的大量涌入,非侵入式脑电技术势必将向小型化、便携化、可穿戴化及简单易用化方向发展。

对于侵入式脑机接口技术,在未来如果能解决人体排异反应及颅骨向外传输时信息会减损这两大问题,对于大脑神经元进行深入研究,则将有望实现对人的思维意识的实时准确识别。这样,一方面将有助于计算机更加了解人类大脑活动特征,以指导计算机更好地模仿人脑;另一方面可以让计算机更好地与人协同工作。

总的来说,目前的脑机接口技术还是只能实现一些并不复杂的对于脑电信号的读取和转换,从而实现对于计算机/机器人的简单控制。要想实现更为复杂的精细化交互和功能,实现WYSIWYG,甚至实现思维与计算机的完美对接,通过"下载"能够熟练地掌握新知识、新技能,还有很漫长的路要走。

第2章 人机交互设计理念基础

人机交互是计算机科学与认知心理学结合的产物,同时涉及人机工程学、哲学、生物学、医学、语言学、社会学、设计艺术学等学科,属于跨学科、综合性的学科。人机交互研究涉及的领域非常广泛,包括硬件界面、界面所处的环境、界面对人(个人或群体)的影响、软件界面、人机界面开发工具等。交互设计(Interaction Design,XD 或 IaD)是定义、设计人造系统行为的设计领域,它定义了两个或多个互动的个体之间交流的内容和结构,使之互相配合,共同达到某种目的。交互设计努力去创造和建立的是人与产品及服务之间有意义的关系,以在充满社会复杂性的物质世界中嵌入信息技术为中心,从"可用性"和"用户体验"两个层面上进行分析,关注以人为本的用户需求。交互设计的思维方法建构于工业设计以用户为中心的方法,同时加以发展,更多地面向行为和过程,把产品看作一个事件,强调过程性思考的能力,流程图与状态转换图和故事板等成为重要设计表现手段,更重要的是掌握软件和硬件原型实现的技巧方法和评估技术。本章从交互设计的认知过程、感知过程、人机工程学及情感因素等几个方面进行阐述,以此来分析交互设计的理论基础。

2.1 认知过程概述

人的认知过程是一个非常复杂的过程,是认识客观事物即对信息进行加工处理的过程,是人由表及里、由现象到本质反映客观事物特征与内在联系的心理活动。它由人的感觉、知觉、记忆、思维、想象和注意等认知要素组成,"注意"是伴随在心理活动中的心理特征。

2.1.1 认知心理学

认知心理学(Cognitive Psychology)是 20 世纪 50 年代中期在西方兴起的一种心理学思潮,在 20 世纪 70 年代成为西方心理学的一个主要研究方向。认知心理学研究人的高级心理过程,主要是认识过程,如注意、知觉、表象、记忆、思维和语言等,从心理学的观点来研究人机交互的原理。该领域的研究包括如何通过视觉、听觉等接受和理解来自周围环境的信息的感知过程,以及通过人脑进行记忆、思维、推理、学习和解决问题等人的心理活动的认识过程。其中,人脑的认知模型神经元网络及其模拟已经成为新一代计算机、人工智能等领域中最热门的研究课题之一。对人的认知行为的研究、测量、分析和建模又称认知人机工程学。

了解并遵循认知心理学的原理是进行人机交互设计的基础。人机交互设计主要是用理论来指导设计,一方面防止出错,另一方面用以提高工作效率。为提高人机交互设计的水平,增强用户与计算机之间的友好程度,必须对用户即使用计算机的人有一个较为清晰的认识,即对人的心理基础要有所了解,既要了解人的感觉器官(视觉、听觉、触觉)是如何接受信息的,也要了解人是怎样理解、处理信息的,以及学习记忆有哪些过程、人又是如何进行推理的等。因此,应尽量使自己的设计适应于人的自然特性,以使设计的系统满足用户的要求。以信息加工观点研究认知过程是现代认知心理学的主流,它将人看作一个信息加工的系统,认为认知就是信息加工,包括感觉输入的变换、简约、加工、储存和使用的全过程。按照这一观点,认知可以分解为一系列阶段,每个阶段是一个对输入的信息进行某些特定操作的单元,而反应则是这一系列阶段和操作的产物。信息加工系统的各个组成部分之间都以某种方式相互联系着。从逻辑角度看,计算机接收符号输入,进行编码,对编码输入加以决策、储存,并给予符号输出,这与人加工信息的全过程相似。

格式塔(Gestalt)心理学又称完形心理学,是西方现代心理学的主要学派之一,主张研究直接经验(即意识)和行为,强调经验和行为的整体性,认为整体不等于并且大于部分之和,主张以整体的动力结构观来研究心理现象。

在格式塔心理学家看来,完形趋向就是趋向于良好、完善,或完形是组织完形的一条总的法则,其他法则是这种法则的不同表现形式。格式塔心理学家认为,主要完形法则有五种,即接近法则、相似法则、闭合法则、连续法则和简单法则。

1. 接近法则

接近(Proximity)法则是接近强调位置,实现统一的整体。正如图2.1(a)所呈现的,当第一眼看到10条黑色竖线时,会更倾向于把它们视为5组双竖线,由于每两条线相互接近,因此眼与脑会把它们当成一个整体来感知。设计中类似的现象还有很多,可以说接近法则是实现整体的最简单、最常用的法则。

2. 相似法则

相似(Similarity)法则是强调内容。人们通常把明显具有形状、运动、方向及颜色等共同特性的事物组合在一起。如图2.1(b)所示,判断竖线之间的关系,虚线就像是被塞进去的一样,因为从形状上人们已经把它们作为单独的整体,与实线条区分开来。再换一个角度来思考,实线条与虚线条位置上是接近的,也是相似的,但是通过形状变化很清楚地区分了不同的内容,而且很容易关注虚线条。因此,相似中的逆向思维是获取焦点的好方法,这种方法在导航和强调信息部分属性的设计上有着广泛的应用。

(a) 接近法则　　　　　　　　　　　　(b) 相似法则

图2.1　接近法则与相似法则

3. 闭合法则

闭合（Closure）法则是可以实现统一的整体。但是有一个非常有趣的现象值得去观察和思考，就是不闭合时也会实现统一的整体，更确切地说，这种现象是一种不完全的关闭，如图2.2(a)所示。这些图形与设计给人以简单、轻松、自由的感觉。因此，完全的闭合是没有必要的。

4. 连续法则

连续（Continuity）法则是将共线或具有相同方向的物体组合在一起。连续是很简单的，但连续却解决了非常复杂的问题，通过找到非常微小的共性将两个不同的对象连接成一个整体。图2.2(b)所示的字母IBM是三个不同的字母，但还是可以通过横线这个微小的共性连接成一个整体。

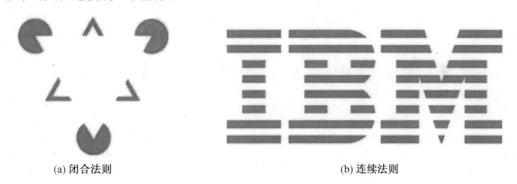

(a) 闭合法则　　　　　　　　　　　　　　　(b) 连续法则

图2.2　闭合法则与连续法则

5. 简单法则

简单（Simplicity）法则中，简单是设计的目标，为达到该目标，通常的做法是删除、重组、放弃和隐藏。对于原本内容就很少的设计，这是较容易做到的，但对于内容非常复杂的问题，要做到简单，必须一步一步地简化。简单更像是追求的目标，而接近、相似、闭合和连续则是实现这一目标的方法。

格式塔法则还有图形、背景感知、对称性、尺寸守恒定律等法则，总计超千条。格式塔心理学不仅关注物体的组合结构和分组情况，也关心如何将物体从背景中分离出来。格式塔心理学推导出了一些模糊的有关前、背景关系判断的理论，并发现前景与背景在某些情况下可以互换，进而再次印证了其有关整体区别于局部的理论。前景与背景转换如图2.3所示，可以看作黑色区域构成的两个侧面人脸，也可以看作中间区域构成的花瓶。

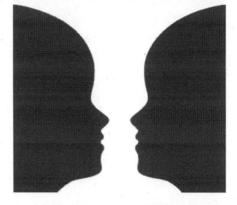

图2.3　前景与背景转换

2.1.2 记忆与学习

1. 记忆的分类

记忆一般分为感觉记忆、短时记忆和长时记忆。信息在这三种记忆之间的流动和转化是认知过程的基础。

（1）感觉记忆。

感觉记忆是人的信息加工的第一个阶段。在这个阶段中，关于刺激的一定信息以真实的形式（即与原来呈现的刺激几乎相同的形式）短暂地记录在感觉记忆中。随后，刺激（通过模式识别过程）转化为新的形式，并传递到系统的另一个成分。刺激的信息停留在"寄存器"中，会自动地迅速"衰变"，保留的时间很短暂，大约 1 s。另外，原有的刺激信息也会因新的刺激信息进入感觉寄存器而被掩蔽和抹掉。

（2）短时记忆。

短时记忆相当于计算机中的 RAM。此处存储的信息已经不是关于刺激的一种粗糙的感觉形式了。短时记忆是一种特殊形式的记忆，又称工作记忆。

短时记忆的能力相当有限，一般为（7±2）个项目，保持的时间也较短，一般为 30 s 左右。短时记忆的信息容量为 7 bit。此处，一个信息单位可能是一个字母，也可能是一个数字，甚至是一个象棋布局，总之是一个熟悉的内容。不熟悉的内容，如电话号码，也许要占 6~8 bit 的存储容量。而熟悉的电话号码，无论几位数字，都只占一个单位的存储容量。因此，为保证短时记忆的作业效能，一方面不能超过信息容量，如电话号码、商标字母最好不超过 7 个数字或字母；另一方面作业者要十分熟悉自己的工作内容或信息编码。

短时记忆中的信息是以信息组块的形式存储的，这些组块包括从简单的字母和数字到复杂的概念和图像。例如，记忆 536436326 这个数字很难，但如果按其读音规律分为536-436-326 这样三组就好记得多；10 位数以上的电话号码 73287973204，这样大的号码一般是很难记住的，但如果把这一号码分成几个小一点儿的单元，如 732（地区代号）、8797 和 3204，就容易记忆了。一定"模式"的信息有利于记忆，记忆内容在系列中所处的位置对短时记忆也有影响。如果记忆的内容是 7 个字母，则在抄写、读数、计算机输入等作业中，出现错误的可能性较大的位置是第 5 个字母。而只有 5 个字母的系列，由于低于短时记忆的容量，因此几乎不受位置的影响。

短时记忆会借助于"复述"的过程，把信息"长时间"地保存下来，这种"复述"过程使记忆项目一次又一次地穿过短时记忆，反复循环，重复地把某个记忆项目重新存入短时记忆，从而使信息的强度得到更新而不产生衰变。"复述"的第二个功能是有助于信息向长时记忆传递，能够加强记忆信息向长时记忆的转移和存储，加强记忆项目在长时记忆中的强度，使该记忆项目在日后能够经得起回忆（信息提取）的检验。

视觉材料和听觉材料的记忆也不同。听觉材料的开头和结尾部分比较容易记忆，而视觉材料的前面部分比后面部分容易记忆。

（3）长时记忆。

长时记忆实际上是一个有关知识的永久性仓库。一方面，进入系统的刺激被识别而传递到短时记忆后,再转移到长时记忆中,长期地保留在人的头脑里面,成为关于世界的永久性指示;另一方面,系统在进行加工活动时,要从长时记忆中提取(检索)有关知识(包括数据和程序),以供加工和活动使用。例如,进行模式识别时,就要从长时记忆中提取有关数据,与刺激进行匹配,以便把刺激识别为某个已知的东西。存储在长时记忆中的信息对识别一个客体来说起着决定性的作用。

长时记忆的信息容量几乎是无限的。长时记忆中的信息存储和提取有两种方式,即基于规则(Rule-based)和基于知识(Knowledge-based)。只有与长时记忆内的信息容易连接的新信息才能够进入长时记忆,这说明长时记忆存储信息时,有赖于信息的结构,而并非杂乱无章的。长时记忆中的这种特点用来与以前的知识、规则进行匹配。

长时记忆的信息有时也无法"提取",也就是通常所说的"遗忘"。事实上,长时记忆的信息很难说丧失了,遗忘只能看作失去了提取信息的途径,或者原来的联系受到了干扰,导致新的信息代替了旧的信息。

长时记忆中信息的组织、编码和储存形式,以及当人们需要某一项信息时从这些复杂的组织中提取的方式,成为长时记忆研究中的主要问题。

塔尔文(Tulving)将记忆区分为语义记忆和情节记忆两类。语义记忆是指对一般知识和规律的记忆,它们与一定概念的内涵意义有关,具有层次网络的特点,在提取时是以激活状态在网络通道上扩散而实现的。从人工智能的角度看,它有助于提高计算机存储知识、理解语言的能力。情节记忆则是与一定的时间、地点及事件的具体情景相联系的记忆,它的信息来自外在的信息源,但是它要被储存在长时记忆中,又需要有一定编码的过程,因此情节记忆的痕迹是内外信息源相互作用的混合物。情节记忆信息的提取是一个较为复杂的过程,是一种基于信息模式的相似性匹配的记忆和再认知的过程。信息在人的记忆中的处理过程模型如图2.4所示。

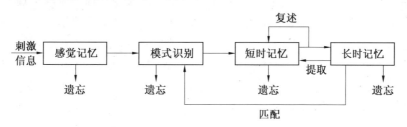

图2.4 信息在人的记忆中的处理过程模型

(4)模式识别。

模式识别是介于感觉记忆和短时记忆之间的一个过程。它是把进入系统的感觉信息与先前掌握的、存储在长时记忆中的信息进行匹配的过程,把粗糙的、对系统来说相对无效的感觉信息转化成某种对系统来说有意义的东西。

(5)长时记忆与短时记忆的比较。

许多实验指出,长时记忆是以较高水平语义的编码形式储存信息的,而短时记忆则是在感觉记忆的基础上主要以语音听觉的编码形式储存信息的。当然,这种区分是相对的。长时记忆的遗忘机制主要是干扰,而短时记忆的遗忘机制主要是迅速衰退。从长时记忆中提取信息需要有较长的搜索时间,而从短时记忆中提取信息则只需要极短的时间。短时记忆中的信息或者经不断的复述而进入长时记忆,或者迅速衰退而遗忘;而长时记忆中的项目能经久不衰,甚至终生难忘。两种记忆的这些明显的区别使人们更倾向于接受记忆的双重理论。

在人机交互设计中,要尽量减少必须学习的信息总量,当学习无法避免时,应该用记忆线索来帮助回想。用规则和分类来处理世界上的复杂事物,界面设计人员应该在设计中利用结构性来支持这一过程,这是人机交互的基本原理之一。把复杂的事物用分级的方法分解成较简单的组成部分,可以帮助人们理解和记忆复杂的信息。通过存储在不同层次上组成和描述对象的若干事实,并与一开始用来分析和理解对象间联系的存取通道相结合,就能记住许多复杂的现象,从而理解这些现象。人们能够对一批信息赋予的分类和结构性越多,信息也就越容易学习。

2. 学习迁移

学习是与长时记忆密切相关的,学习来的信息必须存储在长时记忆内作为经验积累。在学习与使用学习来的知识或技能之间,人的活动会极大地影响遗忘进程。学习迁移所造成的对记忆的干扰可以分为两类,即先学干扰和后学干扰。

(1)先学干扰。

先学干扰是指某人先学 A 事物,后学 B 事物,另一人只学 B 事物,结果后者做 B 事物的成绩要优于前者,即先学事物阻碍了后学事物的学习。例如,会骑自行车的人学骑三轮车,比不会骑自行车的人学起来要困难些。也可以说,人们先学 A 事物后学 B 事物时,趋向于遗忘与 A 事物有联系的 B 事物的一部分,并可能用 A 事物代替 B 事物。例如,某人在甲厂学会了红灯作为水压过高的信号,后来到乙厂工作,但乙厂红灯表示有水通过管道,即管道在正常工作。如此,当出现紧急情况时,该工人就可能重新把红灯当作指示水压过高而关掉水管,而这时正需要用水来冷却该系统。这种现象在诸如核电站一类的高度安全系统的设计中是绝对不允许的。

(2)后学干扰。

后学干扰是指后学事物对先学事物的干扰。在后学干扰中,人们先学 A 事物后学 B 事物,但做 A 事物的成绩不如只学了 A 事物的人。

后学的干扰与先学的干扰虽然干扰方向不同,但都不利于作业。

在界面设计中,设计师必须了解作业的性质,控制技能学习的过程,防止学习迁移的干扰。当然,学习迁移除上述的不利干扰即负迁移外,还有相互促进的正迁移。一种改型产品,如果其操作技能可以受原产品操作技能的正迁移,就可以提高操作者的学习速度和作业效率。

3. 人的易出错性

人为失误和出错是人的弱点之一,如在键盘输入时按错键等。人具有易出错性的原因一方面是人具有功能和行动上的自由度,他可以对各种情况进行分析、判断,并采取随机应变的措施,而判断的错误及动作的失误都会导致产生错误;另一方面是工作时注意力不集中、开小差、训练不足及素质较差等。

在人机工程学中,人的失误被定义为:"人未发挥自己本身所具备的功能而产生的失误,它可能降低人机系统的功能。"

人机系统未完成分配的功能可能有以下几种情况:

(1)信号太弱;

(2)人没有执行人机系统中分配给他的功能;

(3)人因识别错误而错误地执行了分配给他的功能;

(4)按错误的顺序或时间执行了分配给他的功能;

(5)执行了未分配给他的功能。

以上几种可能情况都可看作操作失误。这些错误从表现形式上看是由操作者的误解、误动作或疏忽大意引起的,但往往也有可能是设计者在设计过程中没有充分考虑人文因素而潜伏下来的,也可以说是因为设计不周而诱发出的操作失误。

为避免人为的失误,可以在主、客观两方面采取措施。主观方面,可以增强人的责任心,增加训练,提高人员素质;客观方面,可以在人、机、环境及管理上加以改善。

4. 注意

一般来说,人们把注意看作系统的过滤器和瓶颈。注意的重要功能在于滤掉不重要的输入,而选取重要的输入做进一步的加工,使人能够稳定地集中于所要加工的信息。人的信息通道容量是有限的,系统不能对其所有的输入都进行加工,这就是注意发生的所在点。

有实验证明,在1/10 s时间内,成人一般能注意到8个左右的黑色圆点或4~6个没有联系的外文字母。另外,人们通常很难同时完成两个或两个以上的心理任务。例如,同时看报和听收音机,要么记住报纸的内容,要么记住收音机的内容,但不能二者都记住。这说明人们对信息的加工基本上是顺序进行的,即最多能做到在通道间分时工作,使人们能记住播音员的一部分话,也能记住报纸上文章的一部分内容。

尽管注意是顺序的,但仍有相当大的并行处理能力。例如,人们可以一边驾车,一边谈话。这时,动作处理器控制腿和臂的肌肉去把握方向盘和刹车,语言处理器控制发声器官形成语音,而认知处理器将注意力分配于监视路面交通和听别人讲话。这样同时并行的 n 种活动,其中必须有$(n-1)$种是熟练的、自动完成的动作,这些自动完成的动作就是通常所说的技巧。技巧的动作顺序存储在长时记忆中,需要时作为动作指令顺序取出,输出到相应的处理器上。

虽然人们能同时进行 n 项活动,实行并行处理,但在认知处理时,仍然受顺序处理的瓶颈限制,这样必然会发生资源分配问题。与计算机一样,资源分配主要是通过对重要事件安排中断来进行控制的。假如对环境中发生的事情没什么兴趣,就不会注意感觉输入,这就是当专心致志于某项工作时,通常感觉不到周围所发生的事情的原因。但当意外事件突然发生,如一声巨响时,注意力会马上转移到感觉输入上,视觉和听觉处理器会发出一个中断。输入处理器就是这样与认知处理器争夺注意的。一般情况下,总是忽略环境中的稳定状态而感受其变化的成分。

在一些人机交互控制中,要求人长时间地保持警觉状态,如雷达监控、汽车驾驶、仪表监控等。在这类脑力作业中,通常不需要过多的脑力劳动,却要求保持警觉的准备状态,称为持续警觉。持续警觉要长时间保持警觉,而且一般是在刺激环境单调和脑力活动以注意为条件下的维持警觉,又称单调警觉。持续警觉是注意的一种情况,它的一个特征是人体会产生疲劳,造成信号漏报、作业效率降低等,甚至酿成事故。作为一般规律,持续警觉在 30 min 后开始下降。对于监视作业的效能,可以通过下列措施获得一定程度的改进:

(1)适当增加信号频率;

(2)增加信号强度;

(3)获知自己的作业成绩;

(4)增强信号的可分辨率;

(5)间隔休息等。

人的注意力除受外界刺激物的特点和人的精神状态影响外,还受任务的难度、个人的兴趣和动机的影响。较困难的任务比那些单调乏味的任务更能吸引人的注意,这就是人们能长时间专心致志于内容丰富而责任重大的任务的原因,而对于像监视雷达屏幕上稳定信号的任务,则很快就会变得不耐烦。人对事物的兴趣和动机也会影响人的注意力,有兴趣时注意力就容易集中(如游戏),没有兴趣时就容易分散。同样,能满足人的需要的事件,即能引起动机的事件,就能引起较长时间的注意。因此,在人机界面设计中,必须把注意力引向用户需要的信息和要采取的行动上。必须避免同时对注意力过多竞争的设计,否则会超出认知处理器的处理能力,从而导致人体机器的失灵和故障。

5. 疲劳

疲劳是长时间执行监控任务、连续的心理活动或执行十分困难的任务时,精神高度集中引起的。日本学者桥本邦卫将大脑觉醒水平分为 5 个等级,其研究资料表明:人在精力充沛状况下,大脑处于常态而清醒,有随机处理和准确决策的能力,其工作可靠度在 0.999 999 以上;当机体出现疲劳、困倦和轻睡状态时,大脑处于常态之下,意识模糊,此时极易失误、出事故,其工作可靠度在 0.9 以下。两种不同的大脑觉醒水平之间,作业出错率相差 10 万倍之多,说明各种疲劳,尤其是脑疲劳对作业可靠性影响甚大。

疲劳会导致心理机能的紊乱,主要反映在以下几方面。

(1)注意力的失调。

注意力的失调即注意力容易分散、怠慢、少动,或者正相反,产生杂乱无章、好动、游移不定。

(2)感觉方面的失调。

感觉方面的失调即参与活动的感觉器官的功能紊乱。如果一个人不间歇地长时间读书,就会感到眼前的文字变得模糊不清;如果手的工作时间过长,就会导致触觉和运动知觉敏感性减弱。

(3)动觉方面的紊乱。

动觉方面的紊乱即动作节律失调,动作滞缓或者忙乱,动作不准确、不协调,动作自动化程度降低。

(4)记忆和思维故障。

记忆和思维故障即忘记与工作有关的操作规程,而对与工作无关的东西则熟记不忘,理解能力降低,头脑不够清醒。

(5)意志衰退。

意志衰退即人的决心、耐性和自我控制能力减退,缺乏坚持不懈的精神。

可见,疲劳会使人的工作能力下降。因此,人机界面设计要保证以下三点。

(1)尽量避免长时间执行单调的任务。

(2)在执行长时间的连续任务期间有适当的休息间隔,使用户的心理疲劳得以恢复。但是,任务的复杂性并不一定导致疲劳的增加。人们对于富有挑战性的任务是有兴趣的,它可以在相当长一段时间内吸引人的注意,延迟疲劳的发生,如复杂的游戏。当然,也要避免高要求的连续动作,因为用户可能会因没有意识到疲劳而产生错误。单调乏味的、无刺激性的任务肯定会引起用户疲劳,这样的任务最好避免,如果无法避免,则应采取高频率的休息间隙,从而缓解因被迫完成无兴趣的任务而引起的精神紧张。

(3)疲劳还有可能是因为感觉因素而引起的。强刺激,如强光、艳丽的色彩、强噪声等都能引起感官的超负荷,从而产生疲劳,所以人机界面设计应该避免使用太多的强刺激。

6. 软件心理学

在软件开发过程中,人们越来越认识到软件人员(如系统分析员、程序员、项目经理等)素质的重要性,这是因为软件产品与其他产品有一个明显不同的特点,即它完全是一个逻辑元素,极大地依赖于人的智慧。而硬件则像是音乐家的琴、作家的笔、画家的画笔,它只是提供软件人员创作用的工具。正因为软件设计、开发、管理的核心是人,所以在软件开发过程中,对人的决策、认知心理的分析、改进是十分重要的。采用实验心理学的方法可以提供改进各类计算机系统使用的知识,也可以为开发高质量友好的用户界面提供辅助。用实验心理学的技术和认知心理学的概念来进行软件生产的方法,即将心理学与计算机系统相结合,产生了一个新的学科,这就是软件心理学(Software Psychology)。

采用软件心理学的方法研究计算机及信息系统开发、使用过程中人的因素是一项新的工作。在目前的研究工作中,大多采用各种实验统计方法来取得数据,进行分析比较。

2.2 感知过程概述

2.2.1 视觉与视觉感知

视觉是目前人机交互中使用最为频繁的感知类型。人们通过眼睛感知到屏幕上出现的文字和图形,并通过键盘或鼠标等输入设备对输入进行跟踪。为选择性地生成图形输出,需要掌握很多视觉生理学的基础知识、对颜色和结构的视觉感知及基于此的各种现象。

1. 视觉感知的生理学

可见光是波长为 390～770 nm 的一种电磁波,这种波的不同频率对应光的不同颜色(图2.5)。各种频率和各种颜色的光叠加会产生白光。进入眼睛的光线通过光学晶状体投射到视网膜上,此处有被称为视杆细胞和视锥细胞的感光性细胞,它们对可见光中的特定光谱范围较为敏感。视锥细胞分为三类,对不同波长的最大敏感度各不相同(S 表示短波,M 表示中波,L 表示长波)。三类视锥细胞对于白光的敏感度是一样的。当不同类型的视锥细胞感受到不同强度的刺激时,就会看到不同的颜色。例如,当只有 L 型视锥细胞工作时,看到的是红色。L 型和 M 型的视锥细胞的强度几乎相同,S 型视锥细胞则不然,对应看到的是黄色的混合色。这就意味着黄色的频率实际位于红色和绿色之间,或者是红色、绿色的一种混合(类似于声学感知中的音程)。在这两种情况中,不同视锥细胞感受到的刺激强度是一样的,因此感知到的颜色也没有区别,这要归功于人们可以通过三种视锥细胞分辨红、绿、蓝三种颜色,对于人眼而言,其他颜色都是可以混合的,类似于一个向量空间中的三维基本坐标的线性组合。因此,红、绿、蓝三色称为三原色,这三种颜色形成了三维 RGB 颜色空间。视网膜主要负责亮度感知,它对亮度非常敏感,因此在背景光很暗时作用显著。虽然视网膜的敏感光谱范围与视锥细胞一样,但是它不能感知颜色。因此,在背景光很差的环境中能分辨出的颜色数量会变少(如夜晚看到的所有猫都是灰色的)。

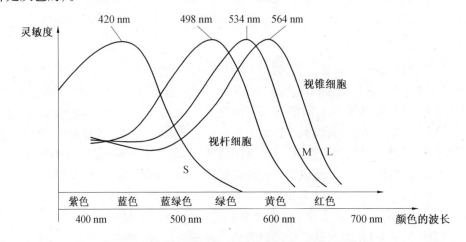

图 2.5　可见光的频谱和眼睛感应细胞的光谱灵敏度

虹膜是一种类似于照相机镜头的孔径,它通过控制光学晶状体的开合程度决定通过光线的数量。没有虹膜的这种适配,眼睛能感知到的动态范围大概是 10 个照片级的孔径级别(即 $1:2^{10}$ 或 $1:1\,000$);如果有虹膜的适配,则上升为 20 个照片级的孔径级别(即 $1:1\,000\,000$)。眼睛的亮度分辨率总计为 60 级亮度或灰度级。因此,对于对比度范围为 $1:1\,000$ 的显示器,在常用的每个颜色通道 8 位(= 256 级)的情况下就足以实现颜色的无损显示了。人眼对具体颜色的识别能力是有限的,通常每个颜色通道最多能识别出 4 种不同的亮度级别。需要注意的是,人类的颜色视觉在红绿色之间的范围内比蓝色范围内敏感得多,这是因为眼睛中对红绿色敏感的感应细胞的数量是蓝色的 5 倍。一个可能的进化论解释是,自然界中红绿范围内的颜色出现非常频繁,尤其在寻找食物(如树丛中的水果)的过程中更为重要。艺术领域普遍认为黄色是除红、绿、蓝三原色外的第四种原色。对于图像显示而言,这意味着相对于从蓝到紫的范围、从红到黄再到绿的范围内的颜色能更容易、更精确地被感知到。就可读性而言,浅蓝色背景上用深蓝色字体是一种最糟糕的组合(对比度低,感应细胞少)。虽然这种组合经常用于做标记,但是其内容几乎是不可读的,如日常生活用品包装上的营养成分表。视网膜表面的光线感应细胞的分布并不均匀。中央凹位于视网膜的中心处,此处有大量的视锥细胞,中央凹周围的视锥细胞的数量也很多,距离中央凹位置越远,视锥细胞数量越少。人眼结构示意图如图 2.6 所示,这意味着人眼只有在中央部分才能看得很清晰并且能识别颜色,在外围部分就看不清楚而且只能识别颜色的深浅。但是外围部分较为敏感,在此称为外围感知。

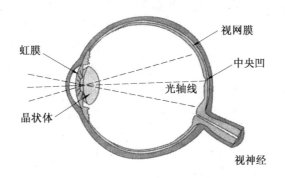

(a) 人眼的简化图

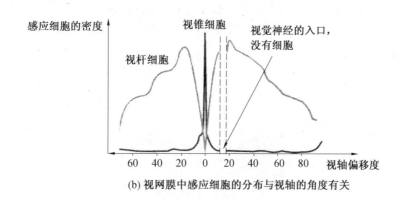

(b) 视网膜中感应细胞的分布与视轴的角度有关

图 2.6 人眼结构示意图

为给所处的整体环境构建出一幅精细的画面,人类的眼球处于不断运动中。眼球在扫视运动中大约每隔 200 ms 就会在视野范围内来回转动,如在阅读过程中不断扫描每行字并为字符和单词重构出一幅精细画面。另外,这也意味着人的视觉注意力并未均匀分配到整个视野范围内。眨眼或其他干扰可能将其引向某个固定位置,这样其他位置产生的变化就感觉不到了,这种现象称为变化盲视(Change Blindness),在图形广告的发布中经常可见,可以利用这种方法实现目标信息的隐藏。

2. 颜色感知

图片艺术领域很早就开始了对人类颜色感知的研究。1970 年,Johannes Itten 在他的著作 *The Elements of Color* 一书中对这方面有非常系统的描述。本章将其关于颜色、对比度及颜色亮度等的理论应用于屏幕输出。人类主要通过色调、饱和度和明度来分辨颜色,而计算机则通过红、绿、蓝三色的比例来描述颜色。具有相同思路的还有一种数学描述就是 HSV 颜色空间(色调(Hue)、饱和度(Saturation)、明度(Value)),HSV 颜色空间中的颜色及颜色对比如图 2.7 所示。全饱和度的颜色(S 达到最大值)沿着色调轴(H)形成一个颜色彩虹或颜色环。作为电磁波,红色和紫色的频率比大约为1∶2,对应于声学感知中的八度。这也就解释了为什么颜色频谱可以无缝地形成一个环,正如音阶中的音调在一个八度后会产生重复一样。如果取消饱和度(S),则对应颜色将与灰色相混合。明度(V)达到最大时会出现白色,明度达到最小时会出现黑色,对应于彩虹中的彩色颜色,黑白色及其之间的灰色值都称为非彩色颜色。

颜色对比是指两种(通常是空间中可见的)颜色之间明显可见的差别。下面提到的颜色对比度在含义上与图形呈现设计有关联(图2.7)。色别对比展示了一种颜色与其他颜色之间的相互影响,该颜色越接近于三原色中的某种颜色,则它的色别对比就越强。这些颜色特别适合于图形呈现中重要内容的显示。它具有一种信号影响力,同时具有符号影响力(如红绿交通信号灯)。明暗对比是指两种亮度不同的颜色之间的差别。颜色不同,其基本亮度也不同,如黄色最亮,蓝紫色最暗,而黑白则具有最强的明暗对比。在设计应用中,通常将颜色对比与明暗对比相结合。例如,使用不同基本亮度的颜色,确保在光线较少的情况下,对于黑白打印或色盲也是无差别的。冷暖对比是指两种颜色给人感觉的差别。红-橙-黄范围内的颜色视为暖色,绿、蓝、紫等颜色则视为冷色。这个术语主要与人对于颜色的感觉有关,而与专业术语色温(色温越高的光线中属于冷色的蓝色所占比例反而越大)不太一样。颜色的冷暖能够支持对图形呈现的理解,如暖色表示活跃或实时的对象。

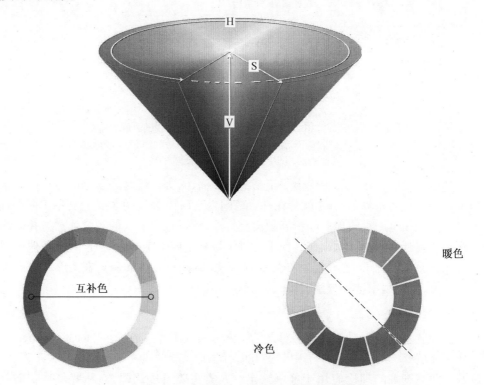

图 2.7　HSV 颜色空间中的颜色及颜色对比

补色对比针对的是两种混合在一起能形成白色的颜色,如红绿及蓝橙等颜色。补色对比是两种颜色之间最强的对比,因此应谨慎使用。同时,对比针对的是空间相邻的不同颜色,它们在颜色环中的位置相对,这意味着很浓的绿色调背景上的中性灰色会变得像红色,而红色背景上的中性灰色会变得像绿色。因此,在实际应用中会遇到这样一种情况:在图形呈现中的不同位置出现的同一种颜色有可能会被识别成不同的颜色。纯度对比存在于饱和度不同的颜色中,如红色和粉红色。不同颜色纯度能将图形呈现的不同元素进行分类:饱和度高一些的为活跃的或前景色,饱和度低一些的为不活跃的或背景色。

1970 年,Johannes Itten 为颜色环或颜色球中系统的颜色协调性的几何创建提供了相应的理论。颜色的协调分配又称图形呈现的配色方案。

图形呈现的配色方案的选择需要考虑多方面因素。配色方案应该包含必需的颜色,而不应该包含很多不必要的颜色。色调的差异有助于区分不同的类别。亮度或饱和度的差异可用于表示连续轴上的有限数值(如重要性或实时性)。相对地,亮度或饱和度相同的颜色组群则通过着色的元素来传递其逻辑上的相似性(如低饱和度→变灰→不活跃)。非彩色和彩色颜色之间的对比起到了信号传递的作用。

延伸阅读:色弱及相应处理

红绿色弱是占比最高的一种色弱,主要表现为对红色和绿色的分辨力较差或者完全无法分辨。如果显示器上的信息只显示为红、绿两色,则这种设计对于每 12 个用户而言,就有 1 个用户是不可用的。可惜,这个简单的事实在日常生活中经常被忽视,如德国交通信号灯的颜色只有红、绿两色,而不同的交通信号是通过位置信息这一编码冗余来传递的:红色灯位于绿色灯的上方。此外,行人交通信号灯还通过不同含义的符号来传递交通信号。通过评价色盲所看到的图像,可以帮助图像处理程序(如 Adobe Photoshop 或一些插件)将图像转换为对红绿色盲也同样有效的形式。Paletton.com 也提供了对不同色弱的模拟并且可以通过预设的颜色调色板对其效果进行验证。

3. 空间视觉

虽然人眼只能传递二维图像,但仍可通过双眼来感知周围的三维世界。空间视觉采用不同的标准来估算对象的深度和距离。其中,一些标准将感知到的图像(像素深度标准)作为参考,如透视、隐藏、大小关系、纹理、光线、阴影等。

与之相对的生理学深度标准将人眼生理学作为参考:视力调节是指眼球的晶状体在某个距离上的聚焦。一个健康的眼球在 2 m 左右的距离时,其聚焦状态是松弛的(视力调节的松弛态)。通过肌肉环的紧张作用,晶状体受挤压变形从而使焦距得以改变,离眼球近的物体就能被看清了。相反,肌肉的松弛会使晶状体变得平滑,从而使离眼球较远的物体能被看清。视力调节由远及近、由近及远的待续时间短则少于 100 ms,长则多于数秒。老年人的视力调节逐渐松弛,因此常常需要戴老花镜,而此时的远景则不受限地在运行。

随距离改变的还有聚散度。聚散度是指双眼为注视画面中间的物体所必须形成的夹角,当物体距离较远时,双眼平视前方。目标物体离得越近,斜视程度就越大,这样双眼才能注视到该物体上。视力调节和聚散度还能帮助预测空间深度。在虚拟现实眼镜的应用中,所谓的头戴式显示器常常导致生理学深度信息受损,虽然观众面前呈现有处于不同距离的多个物体,但视力调节和聚散度被眼镜的光学结构取代,因此并不会发生变化。空间视觉最重要的机制在于立体视觉,双眼通过略微不同的角度来观察世界,相应产生的图像也有些许不同,被观察的物体离得越近,双眼的角度差别越大,产生的图像差别也就越大。大脑通过不同的图像信息对空间结构进行重构,立体视觉是由近及远生效的。为重建精确的深度信息,随着距离的增加,双眼产生图像的差别越来越小,直至无差别。这个功能由像素深度标准来提供。运动视差是空间视觉的一种变形:在头部的侧向运动中,较近的物体在成像中的移动程度大于较远的物体。因此,大脑可以在随时间变化的单幅画面中实现深度场景的重建。可以尝试一下,闭上一只眼睛并来回晃动头部,同时观察周围环境中的物体及它们之间的相对位置。

4. 有意识感知与下意识感知

对特定视觉信息(如简单形状、颜色或运动的识别)的处理首先发生于眼睛的神经系统而非大脑中。这种类型的感知消失的速度很快,甚至在感知根本还没有到达大脑之前就已经发生了,因此称为下意识感知。而需要人们投入注意力的感知类型则称为有意识感知。下意识感知的处理过程通常只有 200 ~ 250 ms,且与呈现的刺激的数量无关。图 2.8 所示为下意识感知和有意识感知的实例。

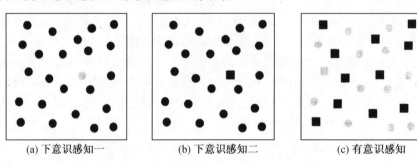

(a) 下意识感知一   (b) 下意识感知二   (c) 有意识感知

图 2.8 下意识感知和有意识感知的实例

图 2.8(a) 中的灰色圆和图 2.8(b) 中的矩形瞬间跃入眼帘,无须对图片进行顺序搜索,就能立刻发现与众不同的那个物体在哪里。颜色和形状是可以进行下意识感知的特征。当必须对这两种特征甚至更多特征的组合进行处理时,运用的则是有意识感知。图 2.8(c) 中并不能马上发现那个灰色的矩形,必须根据亮度和形状这两个特征的组合对所有物体进行顺序搜索,所需时间与呈现的物体数量成正比,虽然图像中只有 24 个物体,但还是需要花费一些时间才能发现图 2.8(c) 中那个浅色的矩形。其他能够被下意识感知的特征有大小、方位、曲率、运动方向及空间深度等。对于图形呈现设计而言,这意味着能被一种下意识感知特征表示的物体能够在众多物体中被非常快速地感知到,但如果使用的是组合特征,则被感知到的速度就会相对较慢。因此,信息可以选择性地加以强调或被快速地发现。

2.2.2 听觉与听觉感知

听觉是人机交互中使用第二频繁的感知类型,即便在远距离交互中也是如此。现在所有的个人计算机和移动终端都支持音频输出。除播放音乐外,音频输出通道多数时候只用于播放简单信号或警示音调,而需要频繁语音交互的语音对话系统则是一个例外。

1. 听觉感知的生理学

从物理学角度来看,声音是气压随时间的变化,音调是气压基于可听基准频率的周期性变化,噪声则是不规律信号梯度,其通常包含很多时间性交替的频率比例。基于耳蜗频率敏感度(图 2.9),耳能感觉到的声频为 20 ~ 20 000 Hz。传入的声波通过耳郭和外耳道到达鼓膜使之产生振荡,听小骨(锤骨、砧骨、镫骨)将其传送至耳蜗:一个螺旋状的、带骨板即骨螺旋板的骨管。位于此处的纤毛可以在不同位置通过不同频率得到刺激,从而将感官刺激送入神经系统进行后续处理。传入的不同频率刺激着骨螺旋板的不同部位,从而能被立即感知到:两种不同的音调会被感知为音程,而不是像眼睛感知到的混合色一样被感知为居中的混合音调。过于接近的频率互相掩盖,只会被感知为一个更强的信号。

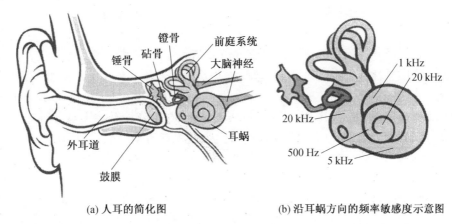

(a) 人耳的简化图　　　　　　　　(b) 沿耳蜗方向的频率敏感度示意图

图 2.9　听觉感知示意图

基于 1 kHz 的基准频率,耳朵的频率分辨率约为 3 Hz。耳朵对不同频率的敏感度是不一样的,对于 2 ~ 4 kHz 频率的敏感度最高,这个频率范围对应于说话声。2 kHz 频率的听阈被定义为 0 dB 音强,更高的频率则被感知为更强的音强。直到 120 dB 痛阈值,都属于可听的音强范围,使用最多的范围(短期内不会带来听力损害的)是 0 ~ 100 dB,每隔 6 dB 声压就会加倍。耳朵的动态范围约为 $1:2^{17}$。听觉在定位声源(空间听觉)方面是受限的,可能的情况有三种,即强度差、时间差和同相差。在前两种情况(图 2.10)中,需要用到双耳。双耳位于头部不同位置并面向不同方向,导致从一只耳朵方向传来的声音信号在另一只耳朵听起来声音会觉得小一些,这是因为该耳朵位于头部的阴影区域(图 2.10(a))。这种音强差异称为耳间强度差(Interaural Intensity Difference,IID)。此外,当声音的声源没有位于中部、正前方、正上方或正后方时,其返回双耳的路径是不一样的。声音在空气中的传播速度大约是 340 m/s,相比于离得近的耳朵,信号到达离得远一些的耳朵在时间上会有一个延迟。这种时间差异称为耳间时间差(Interaural Timc Difference,ITD)(图 2.10(b))。由于不同频率声音的衍射特性及较高的频率所对应的波长较长,因此空间听觉的 IID 和 ITD 效应对高频无效。这就解释了为什么低音扬声器(低音炮)可以放在房间内的任何位置而不会导致听觉上的差异,当然这同时会导致音源的位置很难分辨。距离两耳的距离相等(即位于两耳所在圆上)的位置上感受到的 IID 和 ITD 是一样的,这就意味着 IID 和 ITD 只适用于左右有差的情形,而对于正前方、正上方、正后方和正下方的情形则是不适用的。

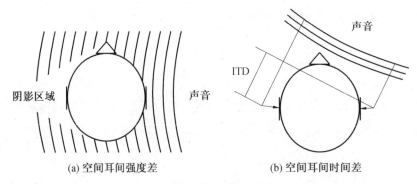

图 2.10　空间耳间音量差

利用空间听觉的第三种情况是关于方位及依赖于频率的声音信号通过耳朵和大脑的几何及物质特性所发生的改变。例如,从上方或后方传来的信号会被头发遮挡,耳郭的形状为特定频率形成共振模式。这种描述声音的改变与其方向及频率关系的函数称为头相关传递函数(Head-Related Transfer Function,HRTF)。每个人都有特定的 HRTF,可以通过实验加以测定,也可以使用通过多人收敛校正所得到的均值 HRTF 来生成从前后上下都能分辨的立体声。这种基于 HRTF 的立体声只适用于耳机播放,同时也添加了耳机实际的 HRTF。

空间听觉的另一个重要特性是舒适度,在没有特殊情况发生时,当听到直升机的噪声或鸟叫时,会不由自主地认为声音是来自上方的,而其他人、车等来自地面的声源则被感知为来自周围环境。空间听觉还可以选择性地应用于用户界面,如为移动中的用户提供匹配方向上的声音信号。高频率不仅会被耳朵感知到,还会被认为是与身体其他部位的共振。尽管耳朵并未感知到音调,但超高的频率还是会影响人们的心情。因此,一些教堂的管风琴会设置在可听的频率范围内,虽然不会被有意识地听见,但是可以被身体感受到,从而传达出一种超自然的感觉。

2. 听觉感知的特殊性

声音感知通过所属的感官寄存器形成的一个特殊结构称为语音回路。它可以存储不超过 2 s 的语言等声音事件,并且可以重复。回路中所含的每个元素的可用时间和时长决定了回路所含元素的数量,可以在寄存器中更久地记住更多的短语,由此可以推导出一些感官心理学现象,证明一些实验现象,如声学相似度现象(听起来相似的词语记忆起来更为困难)和发音抑制(为降低记忆负荷而不断重复如“哎”等无意义的词语或者整个词语)。在日常生活中,当需要记住电话号码或其他短信息时,会用到语音回路,直至把它们写下来或完全记住。回路会被新出现的声觉刺激干扰。例如,已经存储的内容会在交谈过程中退化,从而被新感知到的内容替代。计算机声觉输出的最简单的形式是短信号音调或噪声,这些噪声对应于现实世界中的声音。例如,在清空回收站时会听到把纸揉成一团或撕碎的声音,称为声标(Auditory Icon),与图标一样,这些符号可以自动与某些事物联系起来;音列等抽象声音必须通过学习才能弄懂其含义,称为耳标(Ear Con),虽然作为优点的直接联系性被取消了,但耳标给音调高低、音列、速度等参数的调节提供了更多的空间,因此成为一种潜在有力的表达方式。

2.2.3 触觉与本体感觉

触觉给人们带来关于物理世界的感觉,然而在与计算机的交互中却很少用到,可以传递振动或压力的电脑游戏的控制手柄、应用广泛的移动电话的振动提示、通过触觉取代视觉的计算机盲文书写等。触觉或触觉感知描述的是通过皮肤触觉细胞的触摸和机械力量而获得的感知,除触觉感知这一常见概念外,还包括温度、痛觉等感知形式及身体其他部位的感知细胞。皮肤的感知器官包括感知触感、机械压力、振动(机械受体)、温度(热度受体)及痛觉(疼痛受体)等器官。此外,肌肉、肌胞、关节及内脏中还有机械传感器,这些传感器的密度、精度和解析度在身体上并不是均匀分布的。双手特别是指尖还有舌尖上的传感器密度是最大的,因此非常敏感,能够感受到很精密的结构。胃或背部等其他身体部位的传感器则较少,因此分辨率较低。

目前为止,触觉输出的应用场景还较少。移动电话上的游戏利用自带的振动元件对碰撞等游戏事件进行提示。汽车的防碰撞系统通过刹车板振动来提示防抱死系统(Antilock Brake System,ABS)的自动干预,而车道保持系统则通过驾驶座的振动来提示车辆偏离车道的位置。此外,触觉刺激在电脑游戏领域的应用相对较广,如基于力反馈(Force Feed Back)的操纵杆及基于振动的游戏控制器。随着交互式界面的不断涌现,在图形输出中增加触摸功能的需求不断增加,但是目前为止在技术实现上大多失败了。本体感觉展示的是人自身所感知到的空间位置及方位,这种自身感知通过耳朵里的前庭系统及肌肉、关节装置内的机械受体加以实现,传递给人体其肢体在空间中的相对位置的感受。本体感觉结合手势使盲人引导控制运动变为可能。此外,本体感觉还帮助处理如房间里的桌面或车内等有较近身体接触的空间。在某些使用情景中,本体感觉可能会造成干扰。例如,在简单的模拟驾驶中展示经过图形校正后的环境景色,其意图是向用户传递运动及加速度,然而用户的前庭系统处于静止状态,因此并没有加速度的感觉。这种视觉与本体感觉之间的差异可能导致恶心、眩晕等症状,这种被称为模拟器病或晕屏症(Cybersickness)的现象会导致约10%的模拟实验提前终止。

2.3 人机工程学

人机工程学(Ergonomics)是运用生理学、心理学和医学等有关科学知识,研究人、机器、环境相互间的合理关系,以保证人们能安全、健康、舒适地工作,提高整个系统工效的边缘科学。与认知心理学相比,人机工程学更多地从人本身和系统的角度出发,研究人机关系。人机工程学设计的3D鼠标如图2.11所示。

人机工程学是工业设计和艺术设计专业的主要专业基础课程。人机工程学和工业设计在基本思想与工作内容上有很多一致:人机工程学的基本理论产品设计要适合人的生理和心理因素。"与工业设计的基本观念"创造的产品应同时满足人们的物质与文化需求,其意义基本相同,同样都是研究人与物之间的关系,研究人与物交接,但侧重点稍有不同。界面上的问题不同于工程设计(以研究与处理"物与物"之间的关系为主)。由于工业设计在历史发展中融入了更多的美的探求等文化因素,因此工作领域还包括视觉传达设计等方面,而人机工程学则在劳动与管理科学中有广泛应用,这是二者的区别。

图 2.11　3D 鼠标

2.3.1　人机工程学的定义

人机工程学又称人类工程学(Human Engineering)、人因工程学(Human Factors Engineering)、人类工效学(Ergonomics)等。此外,在我国,人机工程学还被翻译成工效学、人-机-环境系统工程、宜人学、人体工程学、人类工程学、工程心理学、运行工程学、人机控制学等。人机工程学的不同命名充分体现了该学科是"人体科学"与"工程技术"的结合,是人体科学、环境科学不断向工程科学渗透和交叉的产物,它以人体科学中的人类学、生物学、心理学、卫生学、解剖学、生物力学、人体测量学等为"一肢",以环境科学中的环境保护学、环境医学、环境卫生学、环境心理学、环境监测技术等学科为"另一肢",而以技术科学中的工业设计、工业经济、系统工程、交通工程、企业管理等学科为"躯干",形象地构成了该学科的体系。

2000 年 8 月,国际人机工程学会(International Ergonomics Association)对该学科所下的定义为:人机工程学是研究人与系统中其他因素之间的相互作用,以及应用相关理论、原理、数据和方法来设计以达到优化人类和系统效能的学科。人机工程学专家旨在设计和优化任务、工作、产品、环境和系统,使之满足人们的需要、能力和限度。从科学性和技术性方面看,人机工程学是研究"人-机-环境"系统中人、机、环境三大要素之间的关系,为解决系统中人的效能、健康问题等提供理论与方法的科学。

人机工程学着重研究以下问题。

(1)人机之间的分工与配合。

任何一个系统都离不开人的参与,人机系统中人机相互作用、相互配合、相互制约、协同工作,完成确定的工作。由于机是从属于人的,由人来控制和使用,要执行人的意志,按人的意图和目的去办事,因此在人机分工与协同工作中,首先应该充分考虑人的生理和心理特点,使人与机充分发挥各自的特点与优势,其次应该让机更多地代替人的工作,最后应该考虑经济上的投资与效益。

（2）机如何能更适合于人的操作和使用，以提高人的工作效率，减轻人的疲劳和劳动强度。

机的结构及操作要符合人的生理、心理规律及人的需要，使人能方便、省力、安全地操作和使用，减轻人的脑力记忆及体能操作负担，减轻人的疲劳效应。

（3）人机系统的工作环境对操作者会造成影响，力求使工作环境安全、舒适。

不合适的操作环境会使工效降低，差错频繁发生，并极易产生疲劳。环境因素包括大气环境、照明、噪声、色彩等。

（4）人机之间的界面、信息传递，以及控制器和显示器的设计。

人机界面负责人机之间的信息传递。人通过控制器向机器输入控制信息，而机器通过显示器向人输出运行结果。良好的显示器和控制器设计将使操作者能够方便、正确地操纵机器。

人机工程学总的任务是在人、机器、环境之间实现最优配合，充分发挥人机的作用，使人尽其力，机尽其用，环境尽可能舒适，使整个人机系统安全、高效、可靠，提高其工作效率。在解决系统中人的问题上，人机工程学主要有两条途径：使机器、环境适合于人；以最佳训练方法使人适应于机器和环境。

经典人机工程学即硬件人机工程学，主要集中在对人体能力、人体限制及其他与设计相关的人体特性信息的应用，以满足设计、分析、测试与评价、标准化，以及系统控制的要求。它的主要研究课题有控制与显示的设计，人体的能力及其限制在与环境的光照、温度、噪声及震动等因素作用中的关系，作业空间布局，减少人体工作负荷，增强舒适程度，提高生产率等。生物力学与人体测量学在其中起着核心作用，其主要目的是在交通、工业、消费类电子产品的设计与生产中提高安全性与可用性。

软件人机工程学主要研究软件和软件界面，侧重于运用和扩充软件工程的理论和原理，对软件人机界面进行分析、描述、设计和评估等，主要解决有关人类思维与信息处理的问题，包括设计理论、标准化、增强软件可用性的方法等，使软件（计算机）与人的对话能够满足人的思维模式与数据处理的要求，实现软件的高可用性。

2.3.2　人机工程与人机界面

人机工程学对人机界面设计的作用可以概括为以下几个方面。

1. 为考虑"人的因素"提供人体尺度参数

应用人体测量学、人体力学、生理学、心理学等学科的研究方法，对人体结构和机能特征进行研究，提供人体各部分的尺寸、体重、体表面积、密度、重心，以及人体各部分在活动时的相互关系和可及范围等人体结构特征参数，提供人体各部分的发力范围、活动范围、动作速度、频率、重心变化及动作时的惯性等动态参数，分析人的视觉、听觉、触觉、嗅觉及肢体感觉器官的机能特征，分析人在劳动时的生理变化、能量消耗、疲劳程度及对各种劳动负荷的适应能力，探讨人在工作中影响心理状态的因素及心理因素对工作效率的影响等。人体工程学的研究为工业设计全面考虑"人的因素"提供了人体结构尺度、人体生理尺度和人的心理尺度等数据，这些数据可有效地运用到工业设计中。人机工程学数据如图 2.12 所示。

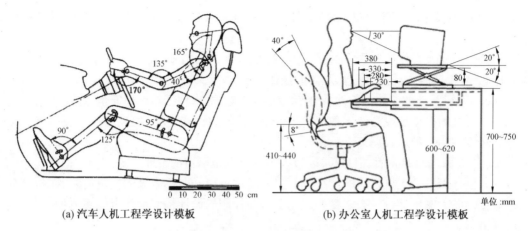

(a) 汽车人机工程学设计模板　　　　　　　(b) 办公室人机工程学设计模板

图 2.12　人机工程学数据

2. 为"机"的功能合理性提供科学依据

为解决"机"与人相关的各种功能的最优化,创造出与人的生理和心理机能相协调的"界面"。例如,信息显示装置操纵控制装置、工作台和控制室等部件的形状、大小、色彩及其布局等,都是以人机工程学提供的参数和要求为设计依据的。

3. 为考虑"环境因素"提供设计准则

通过研究人体对环境中各种物理因素的反应和适应能力,分析声、光、热、振动、尘埃和有毒气体等环境因素对人体的生理、心理及工作效率的影响程序,确定人在生产和生活动中所处的各种环境的舒适范围和安全限度,从而保证人体健康、安全、合适、高效。

4. 为进行人–机–环境系统设计提供理论依据

人机工程学的显著特点是,在认真研究人、机、环境三个要素本身特性的基础上,不单纯着眼于个别要素的优良与否,而是将使用"机"的人、所设计的"机"及"机"所共处的环境作为一个系统来研究。

人机工程学原理在计算机人机界面中无处不在。对于一个系统来说,有许多人机工程因素需要考虑,例如:

(1)系统用户应该始终知道下一步该做什么;

(2)所有类型的信息、说明、消息等都在同一个区域内显示;

(3)简化复杂的功能,减少输入命令;

(4)默认值和需要用户输入的值要说明清楚,如对有些值进行默认设置,可以方便用户的使用;

(5)告诉用户可能的错误操作,设置中间或者最终提醒过程。

2.3.3　人机系统及其界面设计

完整的人机系统包括人、机、人机之间的界面,以及人机系统所处的环境。人机界面负责人机子系统之间的信息传递,而环境是人机系统运行的外界条件。在进行人机界面设计时,不应单纯设计显示与控制,还必须站在系统的高度上,整体考虑人–机–环境系统,进行系统设计。

1. 人机分工

人机工程学的研究目的是根据人类的各种特性,对与人类直接相关的各种机具进行设计与改进,使人机系统以最优方式协调运行,达到最佳的效率和总体功能。因此,应该了解人机系统各自的特点,再按照系统的效率、可靠性、成本等原则,在人、机之间进行合理的分工。在经济合理的前提下,总是尽可能地让机去更多地取代人的工作强度。

一般来说,以下工作可由机来完成:

(1)枯燥、单调、笨重的作业;

(2)危险性大的作业或会影响人体健康的作业;

(3)高级运算,快速操作;

(4)可靠性、高精度的和程序固定的作业。

以下工作则由人来完成:

(1)程序设计;

(2)意外事件处理;

(3)变化频繁的作业;

(4)探索性工作或需要做出决策的工作。

2. 人机系统设计要求和应考虑的问题

人机系统设计应该能满足以下要求:

(1)人和机都能发挥各自的作用并协调一致地工作,达到预定目的,完成预定任务;

(2)系统提供接收输入和完成输出的功能,并具备调节功能;

(3)系统设计应考虑环境因素影响,如工作场地布局的照明、温度、湿度、噪声等;

(4)人机系统应充分适应人的特性,让人能容易学习、操作、使用系统,充分发挥系统效能。

在构造人机系统时,除特别简单的问题外,在设计时还应着重考虑以下七个问题:

(1)为满足系统设计目标,必须提供什么输入和输出?

(2)为产生系统输出,需要什么操作?

(3)人机之间的功能如何分工?

(4)人要完成操作需要什么样的训练和技能? 构成的人机系统提供哪些材料帮助人接受训练和获得技能?

(5)需要系统完成的任务能否与人的能力相容? 要避免人在过负荷或欠负荷状态下的操作?

(6)人要完成作业需要什么样的设备接口? 这是考虑人的因素的最重要问题,需要有最佳的显示设备和操作设备,以及操作规程和信息诊断能力。

(7)人机子系统工作能否协调? 是相互帮助还是相互妨碍? 例如,人-计算机系统中,计算机的操作比人要快得多,因此机要等待人做出决定和完成操作。

3. 人机系统设计步骤

现在一般采用系统工程学的方法来进行人机系统的设计,设计步骤可概述如下。

（1）需求分析阶段。

设计人机系统的第一步是明确目标，即用户是"谁"，人机系统应具备的功能、条件，包括可用条件、制约条件及环境条件等。

（2）调查研究。

包括预测和确定目标，对同类系统的调查研究。

（3）系统分析规划阶段。

在明确系统目的和条件的基础上，分析和划分系统的功能，并按人和机二者进行分配。要充分发挥人、机各自的特长和能力，同时也要避免人、机的限制因素。对人的限制因素有正确度界限、体力界限、行动速度界限、知觉能力界限等；对机具的限制因素有机械性能维护能力界限、机械正确动作界限、机械智能及判断能力界限及费用界限等。

（4）系统设计阶段。

这个阶段完成具体的设计，设计中要考虑人文因素，要保证人与机具的一致性，并制定人机系统操作步骤、方法及制定人员培训计划。

（5）测试阶段。

对构成系统进行试运行，并评价系统的安全性、可靠性、舒适性等指标。如果为用户所认可，则可提交生产。

（6）人机系统生产制造及提交使用。

人机系统经过测试后进入生产阶段，并交付用户使用。

4. 界面设计

人机界面是人机之间传送信息的媒介，主要包括以下三部分。

（1）机上显示器与人的信息通道的界面。

显示器能提供易于为人所识别、理解的信息，该信息能反映机内工作状态，而且又对人安全、可靠、无害。

（2）机上操作器与人的运动器官的界面。

使操作器能易于控制、操作，人所进行的操作或提供的信息要易于为操作器所识别，且灵敏、可靠。

（3）人机系统与环境之间的界面。

正确设计显示器和操作器的布局，有利于人的操作和使用。

人机交互匹配得好，可使人机之间传递交换信息畅通，使人能迅速、正确识别并获取机内信息，人做出的操作能容易、准确地发送给机。可见，机内的显示器和操作器是人机交互的媒介设备。当然，人机界面除硬件设备外，还应该包括操作规程、维护手册等。

机器中专门用来向人表达机器性能参数、运转状态、工作指令及其他信息的界面称为显示界面。在人机界面设计中，根据人接收信息的感觉通道不同，可以将显示界面分为视觉、听觉和触觉显示界面等。其中，以视觉和听觉显示界面最为广泛。由于人对突然发生的声音具有特殊的反应能力，因此听觉显示器作为紧急情况下的报警装置，比视觉显示器具有更大的优越性。触觉显示是利用人的皮肤受到触压或运动刺激后产生感觉向人传递信息的一种方式。

视觉显示界面有的很简单，有的却很复杂。一般来说，视觉显示界面可以分为数量型、性状型、再现型、警报与信号等几种。

(1)数量型显示界面。

数量型显示界面提供变量或过程的量化信息,具有明确的显示单位,如温度值、压力值等。数量型显示界面可采用指针移动式、刻度标尺移动式、直读式等。

(2)性状型显示界面。

性状型显示界面用来显示变量的状态或性质,如正常状态、危险状态等。一般采用指针移动式显示装置。

性状型显示界面与数量型显示界面可以组合设计,称为检查型显示界面。

(3)再现型显示界面。

再现型显示界面可采用完全重现或是符号和图形方法,如游戏中的飞行姿势。再现型显示界面既要形象真实,又要认读简化准确,其优点是观察情形时不需要或者只需要很少解释。

(4)警报与信号显示界面。

按照功能划分,警报与信号显示界面主要用于指示运行状态和引起注意等,一般有两类:一类是提供监控者注意或指示监控者应执行什么操作;另一类是向监控者报告执行系统的运行状态或异常情况等。警报与信号显示界面的设计必须包括分析,如何时发出警报? 多少个警报(一般只采用一个)? 闪动还是静止(闪光报警一般只用于危险情况)? 警报位置(操作者的30°视线范围内)是什么? 颜色(一般采用红色)是什么?

在界面布局设计中,确定显示和控制空间关系的基本原则如下。

(1)重要性原则。

显示与控制的功能可按其对实现系统目标的重要性而划分等级。重要性原则是指把最重要的控制与显示布局在操作者视野和控制区的最佳位置上。

(2)操作频率原则。

操作频率原则是指操作越频繁的显示和控制,越应布局在操作者的最佳视野和最佳控制区。

(3)功能分组原则。

功能分组原则是指将功能相关的显示与控制构成若干"功能组",然后分区布局。例如,温度指示器与温度调节器可分成一个组,布置在一个区域内。

(4)操作次序原则。

操作次序原则是指如果显示和控制在操作程序上有次序,则可以顺其次序进行布局设计。

5. 控制界面设计

控制界面主要指各种操纵装置,包括手动和脚动操纵装置等。在手动操纵装置中,按照其运动方式又可以分为:旋转式操纵器,如旋钮、摇柄等;移动式操纵器,如按钮、操纵杆、手柄等;按压式操纵器,如各式各样的按钮、按键等。在这些界面设计中,都需要人给予一定的力的作用,并且这些力都需要一定的信息反馈。

(1)编码设计。

对于需要多个操纵器的场合,为减少操作错误,可以对操纵器进行编码设计,常用的有形状、位置、大小、颜色和标志编码等。例如,形状编码是利用操纵器外观造型设计的不同进行区分的一种比较容易的方法,形状编码必须保证在不观看的情况下,通过触觉也能够正确辨别;位置编码是利用空间位置的不同,通过人的运动感觉来正确辨别。在这方面,人的垂直方向的感觉优于水平方向的感觉(上肢运动)。

(2)控制的基本特性。

控制的基本特性包括控制的 C/R 比值、控制的操作阻力和误操作运动等。控制的 C/R 比值是指控制的操纵量(C)与显示的反应量(R)的比值,又称操纵量与显示量的 C/D 比值;控制的操作阻力形成操作的反馈信息,其位移和阻力使人获得控制的"感觉";控制界面设计必须防止无意识动作引起的误操作,因为人在紧张情况下容易出现不必要和无意识的动作。

6. 显控协调性设计

显控协调性是指显示和控制的关系与人们所期望的一致性。对于显示与控制的协调性设计,应依据人机工程学原理和人的习惯模式等生理、心理特点,并遵循以下原则进行。

(1)空间协调性。

空间协调性是指显示与控制在空间位置上的关系与人的期望的一致性:一是显示与控制在设计上存在相似的形式特性;二是显示与控制在布置位置上存在对应或者逻辑关系。

(2)运动协调性。

运动协调性是指根据人的生理和心理特征,人对显示与操纵界面的运动方向有一定的习惯定式。例如,顺时针旋转或自下而上,人自然认为是增加的方向。顺时针旋转旋钮表明量的增加,反之则减少。显示指示部分的运动、所控制变量的增减方向是决定运动关系协调性的主要因素。

(3)概念协调性。

概念协调性是指显示与控制在概念上与人们所期望的一致性。例如,绿色通常表示安全,黄色通常表示警戒,红色通常表示危险。

(4)习惯模式。

习惯模式是下意识和"自动"的行为,是一种条件反射。显然,显示与控制除功能连接外,其相应的动作应符合人的习惯模式,这是人机界面的重要课题。每一种习惯模式的强度是有所不同的,个体之间也存在着差异性,如右利手与左利手就有习惯上不一致的现象。因此,在界面设计时应考虑到这些方面的问题。

与控制件右旋被控量增加的习惯模式相反,控制水和气体等流体的开关,右旋通常为关闭。如果作业者同时控制水和电流,两种习惯模式就会发生矛盾。因此,设计师必须以系统安全为目的,来解决这些问题。

2.3.4 人机工程学应用及展望

人机工程学各个分支学科的研究在第二次世界大战期间获得了突破性的进展,战争中复杂武器的发展使得人机协调问题突然激化。例如,空战和歼击机提出对飞行员的体能和智能要求使得人员的选拔和培训难度不断增大,促使在飞机的仪表显示、操纵工具和飞行员座椅等部件的设计中加大对人的因素的考虑,进而带动有关的技术和方法的迅速发展。

1. 人机工程学应用

人机工程的应用领域十分广泛,几乎涉及人类工作和生活的各个方面,具体如下。

(1)人体工作行为解剖学和人体测量、工作事故、健康与安全。

(2)认知工效学和复杂任务、环境人机工程。

(3)计算机人机工程、显示与控制布局设计、人机界面设计与评价。

(4)专家论证、多工作环境、人的可靠性。

(5)工业设计应用。

(6)管理与人机工程。

(7)办公室人机工程与设计、医学人机工程。

(8)系统分析、产品设计与顾客、军队人机工程。

(9)人机工程战略、社会技术系统、暴力评估与动机。

(10)可用性评估与测试、可用性审核、可用性评估、可用性培训、试验与验证、仿真与试验、仿真研究、仿真与原型。

随着信息化社会的到来,计算机人机接口已经进入沟通和智能交互的时代,基于语音的应用和笔等自然的人机交互手段开始进入实用阶段,如计算机触摸屏、光电笔输入设备等。此外,汉字形变连笔的汉字识别和语音识别技术等使未受过专业训练的普通人也能利用计算机进行交流。

2. 人机工程学展望

21世纪,人机工程学必然向着信息化、智能化、网络化的方向发展。作为应用性学科,人机工程学与人的工作生活息息相关,设计生产出更加人性化、高效能的设备、工具和日常生活用品是努力的目标。

以发展的眼光看,人机工程学又分为技术人性化和人的技术化两个方面。技术人性化最大体现在计算机虚拟现实技术的实用化。人与计算机交互方式的演变,从利用穿孔纸带输入计算程序,到面对终端机上的字符操作界面,再到个人计算机上的图形界面和多媒体,继而是网络和虚拟现实,既是计算机技术的日益"人性化"的过程,也是人机工程特性的不断提高。从人机工程学的角度看,虚拟现实技术把人类的空间感、行走等感觉和行为功能纳入人机交互之中,使得人与信息的交流变得更加自然、没有阻碍。

随着计算机技术和网络技术的发展,基于人机工程学的虚拟设计和测试评价已经成为可能,这不仅可以节省大量的时间和资源,而且可以增强企业的竞争能力,使产品更具有使用性和人性化。

在人的技术化方面,人们一方面自觉和主动地进行学习,接受训练和选拔,从而获得更大的能力;另一方面也会被动地和不自觉地受到技术的约束,形成对技术的依赖,如使用计算器后心算能力减退、使用计算机记事后记忆力减退等。

英特尔微处理器研究实验室主任傅雷德·鲍莱克称:"现在人们一提上网就想到计算机,其实人们需要的并不是计算机,而是一个可以帮助人们工作的助手。人们希望与计算机对话,用身体语言与它交流,甚至希望它能理解你的每一个暗示。计算机将从以机器为中心的界面转向更为人性化的界面。"随着人机工程学的应用和实践,相信这就是不久的将来人们生活中的场景。

2.4　交互设计情感因素

2.4.1　用户与情感的多样性

情感是态度这一整体中的一部分,它与态度中的内向感受、意向具有协调一致性,是态度在生理上一种较复杂而又稳定的生理评价和体验。情感包括道德感和价值感两个方面,具体表现为爱情、幸福、仇恨、厌恶、美感等。《心理学大辞典》中认为:"情感是人对客观事物是否满足自己的需要而产生的态度体验。"同时,一般的普通心理学课程中还认为:"情绪和情感都是人对客观事物所持的态度体验,只是情绪更倾向于个体基本需求欲望上的态度体验,而情感则更倾向于社会需求欲望上的态度体验。"

用户是产品的最终使用者和体验者,一个产品的好坏取决于其是否满足了用户的需求,是否使得用户拥有良好的情感体验。一个产品的用户定位是该产品是否取得成功的基本前提,到底怎样去进行用户定位呢? 用户可以分为专家型用户、了解型用户及普通大众用户。专家型用户可能只占整个用户组成的5%左右,他们了解并精通产品的所有功能及应用,知道该领域的专业术语、知识,因此产品可以以很专业、深层的形式呈现,并应该提供深入挖掘、探究的功能;了解型用户对产品有一定的接触和了解,能够利用一些较复杂的功能流程,这部分用户占了20%;绝大部分用户都属于普通大众用户,他们不了解产品的工作原理,不懂具体的专业知识、术语,甚至不懂功能的实现方法,因此对于这类用户,产品应更加简单易懂,容易操作,最好是不需要任何思考就可以达到他们的目的。而一个好的产品应该将普通大众作为它的目标用户,而不是以专家型、了解型用户为主要服务对象。

情感是一个非常抽象的词汇,它没有具体的形态,没有具体的测量标准,因此很难准确捕捉到,也无法精确地去测量。不同的人对于不同的事物、状态有不同的情感体验,在不同的时间段和不同的情境、状态下,就算是同一个人,也还是有不同的情感体验,这就需要设计人员在进行交互设计的过程中充分考虑不同用户的不同需求及其使用情境。必须充分考虑到用户的情感体验,以用户为中心应该是交互设计应该遵循的根本原则。

2.4.2　界面与情感

在人机交互设计中,首先与用户接触并产生情感交流的就是用户界面,现在有一个非常流行的称呼——情感化界面(Emotional Interface)。情感化界面要求设计师在开始制作界面时思考:我所设计的界面能和用户产生情感共鸣吗? 要怎么才能和用户的情感形成共鸣呢? 如果设计师只投入工作的热情而不投入自己的感情,或者只把握自己的感情而不在意用户的感情,这样带着主观色彩设计出来的产品是无法与用户的情感产生共鸣的,生成的界面也许会是优秀的作品,但肯定不是完美的产品。通过图 2.13 所示 QQ 邮箱改版前后的注册页面可以发现这一特点。

(a) 改版前

(b) 改版后

图 2.13　QQ 邮箱改版前后的注册页面

图 2.13(a)简洁干净,除一些必要的基本信息外,没有任何的视觉噪声干扰用户填写信息,但这种界面无法与用户产生情感上的共鸣,用户在填写信息时难免会感觉枯燥乏味;图 2.13(b)的背景中较多的图形确实增加了界面使用时的视觉噪声,可能会影响用户填写信息时的注意力,但背景图的趣味性同时也带动了用户的情绪化反应,使得用户在注册时不会感到太枯燥。界面中的颜色、形状、版式、装饰等都会影响到用户的情感化反应。当然,如果在相应的节日、节气添加一些相关的小图标、小游戏,如中秋节点灯、春节放鞭炮等(图 2.14),会是非常有用的引起用户情感共鸣的方式。

图 2.14　网易微博节日化背景动画

从这个角度上来讲,"less is more"的观点有些偏颇了,因为功能不仅包括实用性功能,还应该包括审美性功能、环境性功能等,它绝不是孤立存在的,一个真正优秀的界面应该是以功能性为基础,以情感性为重心,以环境性为前提的,三者是相互联系、相互影响的。其中,情感部分可以使用户更直观、准确并愉快地了解和使用界面。

2.4.3　情感化设计

原研哉在他的《设计中的设计》中介绍过这样一个案例：日本机场在出入境印章中，原来用一个圆圈表示入境，用一个方块表示出境，形式简单并且好用。但设计师佐藤雅彦却用一个更"温暖"的方式来重新设计了出入境的印章：入境章是一架向左的飞机，出境章则是一架向右的飞机（图2.15）。

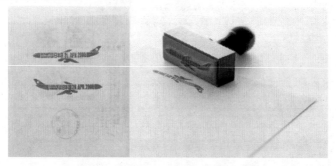

图2.15　日本机场出入境印章前后对照

通过一次次的盖章，可以将这种"温暖"的情绪传递给每一位进关的旅行者。在他们的视线与印章相交的那一刻，会将这种温暖转化为小小的惊喜，使人不由自主且充满善意地感到惊喜。一千、一万次的惊喜就会伴随着这一千、一万次对旅行者的善意，这便是产品中的细节与用户直接情感化传递的结果。因此，友善的交互即便在当时可能得不到回应，但已经在用户的心中激起涟漪，下次在选择时，会大大增加用户选中的概率。

又如，设计师深泽直人的果汁盒作品（图2.16）将人们熟悉的利乐包设计成了水果的样子，如香蕉、猕猴桃、草莓等，这种设计让人感觉直接将吸管插到水果中，直接吸取果汁，因为唤起了人们的情感，所以饮料喝起来似乎也更有味道了。

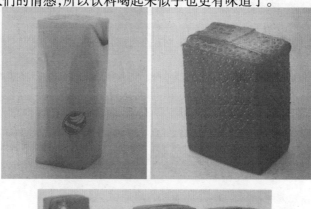

图2.16　设计师深泽直人的果汁盒作品

1. 情感化设计可以加强用户对产品气质的定位

Timehop 是一款回顾去年今日的 App,它可以把去年今日写过的 Twitter、Facebook 状态和拍过 Instagram 照片翻出来,帮你回顾过去的自己。Timehop 为自己的产品塑造了一个蓝色小恐龙的吉祥物形象。许多小恐龙贯穿于界面之中,用吉祥物+幽默文案的方式将品牌形象的性格特点和产品气质传达出来。用户在打开 App 时就能感受到小恐龙的存在,闪屏中一个小恐龙坐在地上说了句"Let's time travel",立马将用户从情感上代入了 App 的主题——时间之旅。有趣的地方还有很多,Timehop 动画主页设计如图 2.17 所示,在默认情况下是露出一半的恐龙在向你招手,小恐龙旁边是一句不明意义的文案"My mom buys my underwear"(我妈妈给我买了内衣),当继续向上拖动时,会发现一只穿着内裤的恐龙,用户马上就会明白上面那句幽默文案的含义。

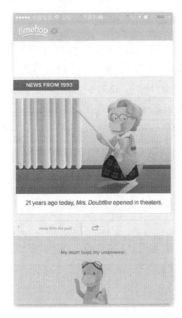

图 2.17　Timehop 动画主页设计

一个产品能获得用户的青睐,不仅需要有强烈的需求和优秀的体验,更主要的是让产品与用户之间有情感上的交流,有时对细节的巧妙设计会极大地加强用户对产品气质的定位,产品不再是一个由代码组成的冷冰冰的应用程序,这拉近了与用户的情感距离。

2. 情感化设计帮助用户化解负面的情绪

情感化设计的目标是让产品与用户在情感上产生交流,从而产生积极的情绪。这种积极的情绪可以加强用户对产品的认同感,甚至还可以提高用户使用产品时的容忍能力。注册登录是让用户很头疼的流程,它的出现让用户不能直接使用产品,所以在注册和登录的过程中很容易造成用户的流失。巧妙地运用情感化设计则可以缓解用户的负面情绪。例如,在 Betterment 的注册流程中,在用户输入完出生年月日后会在时间下面显示距下次生日的时间,一个小小的关怀马上就让枯燥的注册流程有了惊喜(图 2.18)。

图 2.18　Betterment 注册流程的出生年月日输入界面

　　注册和登录对于一个互联网产品来说都是相当烦琐但又缺失不了的部分,这些流程阻碍了用户直接使用产品。对用户来说,这便是在使用产品时的"墙"。在这些枯燥的流程中赋予情感化的元素,将大大减少"墙"给用户带来的负面情绪,同时加强用户对产品的认同感,并感受到产品给用户传递的善意与友好。除这些温暖人心的设计外,也有一些小技巧可以借鉴,如《细节决定成败! 提高用户登录体验的 5 个细节》中提及的细节方式。

3. 情感化设计可以帮助产品引导用户的情绪

　　在产品的一些流程中,使用一些情感化的表现形式能对用户的操作提供鼓励、引导与帮助,用这些情感化设计引起用户的注意,诱发那些有意识或者无意识的行为。在 Chrome 浏览器的 Android 版中,当打开了太多的标签卡时,标签卡图标上的数字会变成一个笑脸(图 2.19),使用细微的变化友善地对用户的操作进行引导。

www.incidentalcomics.com/2013/11/a

图 2.19　Chrome 浏览器 Android 版的地址栏设计

　　人类是地球上最具情感的动物,人类的行为也常常受到情感的驱动。在界面上融入情感化元素,引导用户的情绪,使其更有效地引发用户那些无意识的行为,这种情感化的引导比单纯地使用视觉引导更有效果。

　　一个优秀的产品应该是有人格魅力且令人愉悦的,这种令人愉悦的积极情绪便是由产品中多多少少的情感化细节表现的。令用户感到惊喜的细节都将成为积极的情绪传递下去,影响千千万万个用户的体验与口碑。

第3章　人机交互模型

人机交互模型是对人机交互系统中的交互机制进行描述的结构概念模型。目前已经提出多种模型，如用户模型、交互模型、人机界面模型及评价模型等，这些模型从不同的角度描述了交互过程中人和机器的特点及其交互活动。人机交互模型是开发一个实用人机交互系统的基础。

3.1　人机交互框架模型

在人机交互领域的模型研究方面，较早提出的一个有影响的模型是 Norman 的执行-评估循环模型，如图 3.1 所示。在这个模型中，Norman 将人机交互过程分为执行和评估两个阶段，包括建立目标、形成意图、动作描述、执行动作、理解系统状态、解释系统状态与根据目标和意图评估系统的状态七个步骤。这个交互模型的建立指出了交互过程中某些特点，有助于在概念上理解交互过程。但由于它完全以用户为中心，对于计算机系统而言仅考虑系统的界面部分，因此是一个不完整的模型。

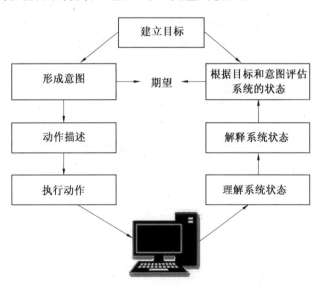

图 3.1　Norman 的执行-评估循环模型

Abowd 和 Beale 在 1991 年修正了 Norman 模型，修正后的 Norman 模型为同时反映交互系统中用户和系统的特征，将交互分为系统、用户、输入和输出四个部分。修正后的 Norman 模型如图 3.2 所示。

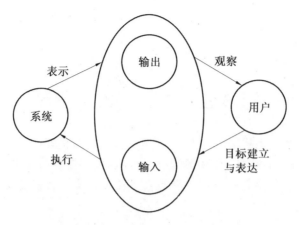

图 3.2　修正后的 Norman 模型

交互过程表现为信息在这四个部分之间的流动和对信息描述方式的转换,该模型较好地反映了交互的一般特征。其中,输入和输出一起形成人机界面。

在人机交互框架模型中,每一部分都有自己的描述语言,这些语言分别从各自的角度表达了应用的概念。系统语言是核心语言,描述了应用领域的计算特征;用户语言又称任务语言,描述了领域中与用户意图表达相关的属性。

一个交互周期中有目标建立与表达、执行、表示和观察四个阶段,图中的箭头表示了这四个阶段,每一个阶段对应着一种描述语言到另一种描述语言的翻译过程。

一个交互周期从用户的目标建立与表达阶段开始,用户以用户语言的形式在头脑中形成一个能达成该目标的任务,并将任务翻译成机器可以识别的"输入语言";在执行阶段,"输入语言"被翻译成能被系统直接执行的一系列操作,即"核心语言";在表示阶段,处于新状态下的系统将系统的当前值以"输出语言"的形式呈现出来,呈现出来的形式也是多种多样的,如字符、图形、图像及语音等;在观察阶段,用户观察输出,将输出翻译为用户能够理解的"用户语言"表达的交互结果,与原目标进行比较和评价。

在这四个阶段中,前两个阶段负责对用户意图的理解。用户的意图越容易表达,则计算机理解用户意图往往就越困难。为使界面的表示更加宜人化,系统可根据所保存的用户行为模型、用户的经验模型及用户意图(上下文)提供相应的各具特色的人机交互界面。

3.2　人机界面模型

人机界面模型是人机界面软件的程序框架,它从理论和总体上描述了用户和计算机的交互活动。随着人机界面功能的增长,人机界面的设计也变得复杂。交互式应用系统中,界面代码占70%以上。人机界面模型的主要任务有任务分析模型、对话控制模型、结构模型和面向对象模型等。

任务分析模型基于所要求的系统功能进行用户和系统活动的描述和分析;对话控制模型用于描述人机交互过程的时间和逻辑序列,即描述人机交互过程的动态行为过程;

结构模型从交互系统软件结构观点来描述人机界面的构成部件,它把人机交互中的各因素(如提示符、错误信息、光标移动、用户输入、确认、图形及文本等)有机地组织起来;面向对象模型是为支持直接操作的图形用户界面而发展起来的,它可以把人机界面中的显示和交互组合成一体作为一个基本的对象,也可以把显示和交互分离为两类对象,建立起相应的面向对象模型。

3.2.1 人机界面结构模型

Seeheim 模型是一种界面和应用明确分离的软件结构,该结构于 1985 年在德国的 Seeheim 举行的国际人机界面管理系统研讨会上被首次提出。Seeheim 模型分为应用接口部件、对话控制部件和表示部件,如图 3.3 所示。

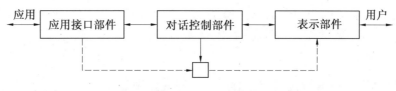

图 3.3 Seeheim 模型

Seeheim 模型界面结构清晰,模型的三个逻辑部件都有不同的功能和不同的描述方法。应用接口部件是应用程序功能的一种表示;对话控制部件是人机接口的主要部件;表示部件是人机接口的物理层。在界面设计时,这三个部分可以对应于词法、语法及语义的三个语言层次。

Seeheim 模型已广泛用于用户界面软件设计中,适合界面与应用程序分别执行的场合,不支持直接操作的语法与语义要求,因此对于直接操作的图形用户界面不适用。

Arch 模型是 1992 年在 Seeheim 模型的基础上提出来的,由领域特定部件、领域适配器部件、对话部件、表示部件和交互工具箱部件组成,如图 3.4 所示。领域特定部件用来控制、操作及检索与领域有关的数据;领域适配器部件用来协调对话部件和领域特定部件之间的通信;对话部件负责任务排队;表示部件用来协调对话部件和交互工具箱部件之间的通信;交互工具箱部件用来实现与终端用户的物理交互。图 3.4 显示了部件之间传输的对象模型,在领域特定部件中,应用对象 1 采用的数据及操作所提供的功能与用户界面无法直接联系;在领域适配器部件中,应用对象 2 采用的数据及操作所提供的功能与用户界面无关;表示对象是控制用户交互的虚拟对象,含有为用户显示的数据及用户产生的事件;交互对象用来实现与用户交互有关的物理介质的方法。

在 Arch 模型中,可以对各个部件的功能进行不同的定义,对于提供快速图形输出及复杂的语义反馈具有一定的局限性。

结构化用户界面模型都基于对话独立性原则,交互系统的设计大体分为对话部件和计算部件两部分。提供较强的语义反馈是结构化的界面模型支持直接操作图形用户界面的一个关键所在。

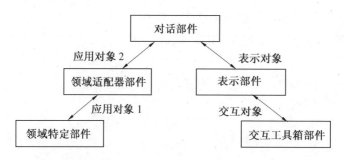

图 3.4　Arch 模型

3.2.2　面向对象的用户界面交互模型

常见的面向对象的用户界面交互模型包括 MVC 模型、PAC 模型、PAC‐Amodeus 模型、LIM 模型和 YORK 模型等,下面主要介绍 MVC 模型和 PAC 模型。

1. MVC 模型

MVC 模型是 1983 年提出的面向对象的交互式系统概念模型,该模型是在 Smalltalk 编程语言环境下提出来的,由控制器、视图和模型三类对象组成,如图 3.5 所示。控制器是处理用户的输入行为并给控制器发送事件;视图负责对象的可视属性描述;模型表示应用对象的状态属性和行为。

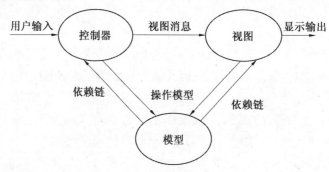

图 3.5　MVC 模型

(1)控制器将模型映射到界面中。

控制器处理用户的输入,每个界面有一个控制器。它是一个接收用户输入,创建或修改适当的模型对象,并将其修改结果在界面中体现出来的状态机。控制器决定哪些界面和模型组件在某个给定的时刻应该是活动的,负责接收和处理用户的输入,来自用户输入的任何变化都从控制器送到模型中。

(2)视图代表用户交互界面。

随着应用的复杂性和规模性的增加,界面的处理也变得具有挑战性。一个应用可能有很多不同的视图,MVC 设计模式对于视图的处理仅限于视图上的数据采集和处理。

(3)模型负责业务流程/状态及业务规则的制定。

业务流程的处理过程对其他层来说是透明的,模型接收视图请求的数据,并返回最终的处理结果。业务模型的设计是 MVC 最主要的核心,模型包含完成任务所需要的行为和数据。

MVC 的目的是增加代码的重用率,减少数据的表达、数据描述和应用操作的耦合度,同时也使软件的可靠性、可修复性、可扩展性、灵活性及封装性大大提升。由于数据和应用分开,因此在新的数据源加入和数据显示变化时,数据处理也会变得更简单。

MVC 的优点如下。

(1)可以为一个模型在运行的同时建立和使用多个视图。

变化-传播机制可以确保所有相关的视图及时得到模型数据变化,从而使所有关联的视图和控制器做到行为同步。

(2)视图与控制器的可接插性。

允许更换视图和控制器对象,而且可以根据需求动态地打开或关闭,甚至在运行期间进行对象替换。

(3)模型的可移植性。

因为模型是独立于视图的,所以可以把一个模型独立地移植到新的平台工作。

MVC 模型也有不足之处,主要表现如下。

(1)增加了系统结构和实现的复杂性。

对于简单的界面,严格遵循 MVC,使模型、视图与控制器分离,会增加结构的复杂性,并可能产生过多的更新操作,降低运行效率。

(2)视图与控制器间过于紧密连接。

视图与控制器是相互分离却又联系紧密的部件,如果视图没有控制器的存在,则其应用是很有限的。

(3)视图对模型数据的低效率访问。

根据模型操作接口的不同,视图可能需要多次调用才能获得足够的显示数据。

2. PAC 模型

PAC 模型是 Coutau 于 1987 年提出的一种被称为多智能体的交互式系统概念模型,如图 3.6 所示。

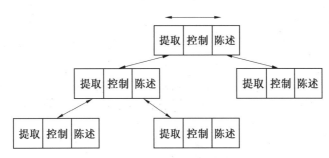

图 3.6　PAC 模型

垂直流表示对象之间的通信,水平流表示一个对象内部不同方面之间的通信。提取对应于功能的语义信息,实现应用要完成的功能;控制负责对话控制、维护、表示和提取的一致性;陈述用于定义用户在输入和应用的输出行为。不同 PAC 代理人的"陈述、提取和控制器"不同,最顶层的 PAC 用于实现交互系统中与应用有关的功能。PAC 模型与

MVC 模型之间有以下四个重要的区别。

(1)PAC 模型中的代理人将应用功能与陈述、输入和输出行为封装在一个对象中。

(2)PAC 模型用一个独立的控制器来保持应用语义与用户界面之间的一致性。

(3)PAC 模型没有基于任何一种编程环境。

(4)PAC 模型将控制器独立出来,更加符合 UIMS 的设计思想,可以用来表示用户界面不同的功能部分。

用户和系统的交互循环过程开始于用户在一个控制器上的动作。MVC 模型具有两个特征:一是在对话独立的前提下,允许语义和其视图直接相互通信;二是将人机和交互处理与输出显示部分分离。

3.3　系统与用户模型设计

3.3.1　用户概念模型

用户概念模型是一种用户能够理解的系统描述,它使用一组集成的构思和概念,描述系统应该做什么、如何运作及外观如何等。人机系统设计的首要任务是建立明确、具体的概念模型。

概念模型设计有两种方法。一种方法是根据用户的需要和其他需求去规划产品,了解用户在执行日常任务时做些什么。例如,用户主要是收集信息、编辑文档、记录事件、与其他用户协调及参与其他活动,决定哪种交互方式能更好地支持用户的实际需要,提出一些实际可行的方案。另一种方法是选择一个界面比拟,比拟是用用户熟悉的或者容易理解的知识去解释不熟悉的、难以理解的问题。例如,"桌面"和"搜索引擎"就是大家都熟悉的两个界面比拟。

概念模型可以分为基于活动的概念模型和基于对象的概念模型两大类。

活动类型的概念模型包括指示、对话、操作与导航、探索与浏览等活动类型。

1. 指示概念模型

指示概念模型描述的是用户通过指示系统应该做什么来完成自己的任务。例如,用户可向某个系统发出指示,要求打印文件。在 Windows 和其他 GUI 系统中,用户则使用控制键或者鼠标选择菜单项来发出指令。指示概念模型的优点是快速支持、有效交互,因此特别适合于重复性的活动,用于操作多个对象,如重复性的存储、删除、组织文件或邮件。

2. 对话概念模型

对话概念模型是基于"人与系统的对话"模式设计的,它与指示概念模型不同。对话是一个双向的通信过程,其系统更像是一个交互伙伴,最适合用于那些用户需要查找特定类型的信息,或者希望讨论问题等方面的应用。实际的"对话"方式可采用各种形式,如电话银行、订票、搜索引擎和援助系统。其主要好处是允许用户以一种熟练的方式与系统交互,但可能产生"答非所问"的误会。

3. 操作与导航概念模型

操作与导航概念模型利用用户在现实世界中积累的知识来操作对象或穿越某个虚拟空间。例如,用户通过移动、选择、打开、关闭及缩放等方式来操作虚拟对象。也可以使用这些活动的扩展方式,即现实世界中不可能的方式来操作对象或穿越虚拟空间。例如,有些虚拟世界允许用户控制自身的移动,或允许一个物体变成另一个物体。

4. 探索与浏览概念模型

探索与浏览概念模型的思想是使用媒体去发掘和浏览信息,网页和电子商务网站都是基于这个概念模型的应用。

以上各种模型的活动并不是相互排斥的,它们可以并存。例如,在对话的同时也可以发出指示,在浏览的同时也可以定位环境。但是,这些活动都有不同的属性,而且其界面的开发方法也不同。例如,指示类型可以采取如输入命令、从视窗或触摸屏选择菜单项、发出声音命令及按下按钮等多种交互形式;对话类型可以采用语音或者键入命令;操作与导航类型用于用户具备操作和导航的能力,能够穿越某个环境或者某些虚拟对象场合;探索与浏览类型用于系统为用户提供结构化的信息,并允许用户自己摸索和学习新的东西,而不必向系统发问的场合。

对象类型的概念模型是基于对象的模型。这类模型要更为具体,侧重于特定对象在特定环境中的使用方式,通常是对物理世界的模拟。例如,“电子表格”就是一个非常成功的基于对象的概念模型。基于对象的概念模型有界面比拟和交互范型。

界面比拟是采用比拟的方法将交互界面的概念模型与某个(或某些)物理实体之间存在着的某些方面的相似性体现在交互界面设计中。界面比拟将人们的习惯或熟知的事物与交互界面中的新概念结合起来,“桌面”和“电子表格”既可以归类为基于对象的概念模型,同时也是界面比拟的例子。

交互范型(Interaction Paradigm)是人们在构思交互设计时的某种主导思想或思考方式。交互设计领域的主要交互范型就是开发桌面应用——面向监视器、键盘和鼠标的单用户使用等。随着无线、移动技术和手持设备的出现,各种新的交互范型已被开发,这些交互范型已经超越“桌面”,如无处不在的计算技术、渗透性计算技术、可穿戴的计算技术及物理/虚拟环境集成技术等。

3.3.2　用户心理模型

用户心理模型是指用户根据经验认定的系统工作方式及他们在使用机器时所关心和思考的内容。用户模型通常关注目标、信心、情绪等。

阿兰·库珀指出:“人们在使用产品时,并不需要了解其中实际运转的所有细节,因此人们创造出一种认知上简洁的解释方式。这种方式虽然并不一定能够反映产品的实际内部工作机制,但对于人们与产品的交互来说已经足够用了。例如,很多人想象当他们将真空吸尘器或者搅拌机接到墙上的电源插座上时,电流会像水一样通过黑色的电线从墙里流向电器。这种心理模型对于使用家用电器产品来说已经完全够用了,但实际上家用电器的实现模型并不涉及液体类的东西在电线中的流动,而且电流实际上每秒还会反转上百次。尽管电力公司需要知道这些细节,但这些细节与用户无关。"

唐纳德·A.诺曼进一步指出,用户的"心理模型"就像沉入海洋下的冰山,通常是较难被直接观察到的,而且也往往最容易被忽略。

3.3.3　系统模型的实现

系统实现模型是指系统完成其功能的方式和方法,也是系统的实施者所直接关心的内容。阿兰·库珀等倾向于用"实现模型"(Implementation Model)这个术语来代替诺曼的"系统模型"或"系统表象模型",实现模型描述了程序用代码来实现细节,更多地关注数据结构、算法、数据库等界面实现时要考虑的问题。大多数计算机软件系统的实施者就是程序设计师和编程人员,他们精确地了解软件的工作原理,由他们设计的用户交互界面合乎逻辑,但并不能提供对用户目标和用户要达到这些目标需要完成任务的一致反映。阿兰·库珀指出,工程师开发软件的方式通常是给定的,并且常常受到技术、业务上的限制。

对于软件应用来说,用户模型和实现模型之间的差异非常明显。例如,Windows 操作中,如果在同一个硬盘上的不同目录之间拖放文件,则系统将此解释为"移动",这意味着从原来的目录中删除文件,并将文件放到新的目录中,与心理模型一致。然而,如果把文件从 C 盘拖到 D 盘,则这种行为被解释为"复制",意味着该文件将被添加到新的目录中,但不会从原来的目录中删除。这是按照系统实现模型来设计的。对于用户而言,几乎是一样的两个操作计算机的反应却不一样,容易给用户造成明显的认知失调。为此,为符合用户的心理模型,即使违背了实现模型,操作系统也应该删除原来的文件。

3.3.4　设计师模型

设计者将程序的功能展示给用户的方式称为"设计师模型"或"表现模型"。设计师模型是指人机交互设计人员在设计过程中考虑的内容,即实现"开发出了什么"和"提供了什么"的分离。设计师模型通常关注的是对象、表现、交互过程等。

设计师模型(表现模型)与其他两个模型不同,这是软件中设计者可以很轻易控制的一个方面。设计者最重要的目标之一就是要使表现模型和用户的心理模型尽可能接近,因此设计师能否详细地了解目标用户如何使用软件非常关键。界面开发过程应该综合考虑三种模型,但是由于很多软件项目缺乏界面设计阶段,或者界面设计由开发人员在编码阶段即兴为之,因此界面效果往往偏向于实现者模型,或仅反映了科技内容,忽略了使用者的心理模型。例如,会看到有些系统的界面有很多冗余对象是用户用不到的,究其原因,就是开发人员为了重用某个界面的设计,直接继承界面父类,这些明显是过分考虑实现模型导致的。

三个模型之间的关系如图 3.7 所示。设计师模型越接近于用户心理模型,用户就越会感觉到产品容易使用和理解。通常,在用户操作任务中的用户心理模型不同于系统实现模型的情况下,设计师模型如果过于接近于技术框架的实现模型,就会严重地削弱用户学习和使用该软件的能力。需要说明的是,人们的心理模型往往比现实要更简单。

如果设计师模型比实际的实现模型更为简单,便可帮助用户更好地理解。例如,踩下汽车的刹车踏板,可能想到压住控制杆,以摩擦车轮来降低车速,而实际的机制包括液

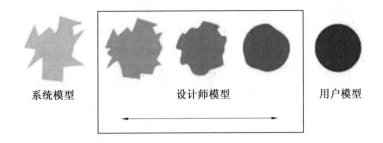

图 3.7 三个模型之间的关系

压缸、油管及压挤多孔盘的金属板。人们的想象简化了这一切,创造了虽不精确但更有效的心理模型。对于软件实际运行机制的了解会有助于人们使用软件,但这种理解通常代价很大。计算机最能够帮助人类的一个重要方面就是将复杂的过程和情况隐藏在简单的外表下,所以与用户心理模型一致的用户界面远比仅能够反映出实现模型的界面要卓越得多。

3.3.5 分级设计

一种有吸引力且易于理解的人机交互模型是一种有吸引力且易于理解的人机模型,是包含了概念、语义、句法和词法的模型。

(1)概念级是交互系统的用户"心智模型"。

(2)语义级描述由用户的输入和计算机的输出显示所传达的意义。

(3)句法级定义如何把传达语义的用户动作装配成命令计算机执行某些任务的完整句子,如删除文件动作,可以通过将一个对象拖动到回收站,随后在一个确认对话框中点击来调用。

(4)语法级是处理设备依赖性和用户用来定义语法的精确结构(如功能键或 200 ms 内的鼠标双击)。

1983 年,Card、Morgan 和 Newell 提出了 GOMS 模型,这是关于用户在与系统交互时使用的知识和认知过程的模型。GOMS 是在交互系统中用于分析用户复杂性的建模技术,采用"分而治之"的思想,把目标分解成许多操作符(动作),然后再分解成方法。

GOMS 是一种人机交互界面表示的理论模型,主要用于指导第一代(命令行)和第二代(WIMP)人机交互界面的设计和评价。GOMS 模型通过目标(Goal)、操作(Operation)、方法(Method)及选择规则(Selection Rule)四个元素来描述用户的行为。

(1)目标。

目标是用户执行任务最终想要得到的结果,它可以在不同的层次中进行定义。

(2)操作。

操作是任务分析到底层时的行为,是用户为完成任务而必须执行的基本动作。

(3)方法。

方法是描述如何实现目标的过程。一个方法本质上来说是内部的算法,是用来确定子目标序列及完成这些目标所需要的操作。

（4）选择规则。

选择规则是用户要遵守的判定规则，以确定在特定环境下所使用的方法。当有多个方法可供选择时，GOMS 中并不认为这是一个随机的选择，而是尽量预测会使用哪个方法，这需要根据用户、系统的状态、目标的细节来预测要选择哪种方法。

当用户是专家和常用用户时，因为这些用户的注意力完全集中在任务上，并且不犯任何错误，所以 GOMS 方法工作得最好。GOMS 的倡导者已经开发了软件工具，用以简化和加速建模进程，以期增加使用量。

GOMS 模型的局限性主要表现如下。

（1）GOMS 没有清楚地描述错误处理的过程，它假设用户完全按一种正确的方式进行人机交互，因此只针对那些不犯任何错误的专家用户。

（2）GOMS 对于任务之间的关系描述过于简单，任务间只有顺序和选择关系。另外，选择关系通过非形式化的附加规则描述，实现起来也比较困难。

（3）GOMS 把所有的任务都看作面向操作目标，忽略了任务的问题本质及用户的个体差异，它的建立不基于现有的认知心理学，无法代表真正的认知过程。

第4章　人机交互系统设计

4.1　人机交互系统的分析

人机交互系统设计项目的目标是更新或全新设计一个产品,需求的获取与对需求的分析是交互系统设计的第一个阶段。在这个阶段中,设计者需要明白用户需要什么样的产品。系统分析阶段需要了解产品的特性、用户的特性、需求的获取、分析和验证。

4.1.1　理解用户

交互产品的设计必须以用户为中心,要充分理解用户的体验水平差异、年龄差异、文化差异及健康差异等。

1.体验水平差异

在设计时,应先考虑让第一次使用的用户迅速愉快地转变为中间用户,并希望其成为专业用户的,再考虑让长期的中间用户满意,因为他们的技术会一直保持在中间水平。

初次体验者即新用户,他们是敏感的,而且在起始阶段很容易受到挫折。设计过程中应充分反映用户关于任务的心智模型,使新用户学习过程快速且富有针对性。令新用户转为中间用户需要程序提供特别的帮助,但帮助不应该在界面中固定,当不需要帮助服务时,这种帮助应该消失。有利的帮助服务主要有单个的指南工具、菜单等。单个的指南工具一般显示在对话框中,是交流大致情况、范围和目标的好工具。且当用户开始使用这种工具时,对话框显示程序的基本目标和工具,告诉用户基本功能。虽然菜单执行较慢,但新用户也依赖菜单来学习和执行命令。菜单功能要彻底且详细,令用户放心。菜单项发起对话框应该是解释性的,且有方便的"取消"按钮。

专家用户应对需要计算机完成的工作任务和计算机系统都很精通,通常是计算机用户。专家用户持续而积极地学习更多的内容,以了解更多用户自身行动、程序行为和表现形式三者之间的关系。专家用户可能会经常探寻更加深奥的功能,并且经常使用其中一些功能。对于经常使用的工具集,无论该工具集有多大,都要求能快速访问。也就是说,专家用户需要几乎所有工具的快捷方式,欣赏更新且更强大的功能,对程序的精通使他们不会受到复杂性增加的干扰。

中间用户是介于新用户与专家用户之间的群体,他们已经掌握了交互程序的意图和方位,不再需要解释,故更需要工具。工具提示是适合中间用户最好的习惯用法,它没有限定范围、意图和内容,只是用最简单的常用语言来告诉用户程序的功能,占用的视觉空间也最少。

中间用户知道如何使用参考资料,因此在线帮助工具是中间用户的极佳工具,他们通过索引使用帮助。中间用户会界定经常使用和很少使用的功能,他们通常要求将常用功能中的工具放在用户界面的前端和中心位置,容易记忆和寻找。

2. 年龄差异

个体认知能力的发展随年龄增长而存在很大差异。成年之前,认知能力发展的个体差异随年龄增加而减小;成年之后,认知能力减退的个体差异随年龄增加而增大。研究发现,人的认知能力在20岁以前随着年龄的增长而逐渐达到顶峰,20岁之后随着年龄的增长而逐渐下降,60岁以后认知能力发展的分离性有增大的趋势。

在针对老年人的交互设计中,最基本的通用设计原理仍然很重要,信息访问应采用多种方式,且必须利用冗余来支持不同访问技术的应用,应清楚、简单并且允许出错。此外,应该富有包容心,且相关训练的目标应针对用户当前掌握的知识和技能。

在设计技术方面,儿童与成人有不同的需求。他们不明白设计人员的专业词汇,也不能清楚、准确地表达自己的想法,因此为儿童设计交互系统充满挑战。在为儿童设计交互系统时,让儿童成为设计组的成员很重要。设计过程中,小组成员应用绘图和笔记技术记录他们观察到的事物,应用儿童熟悉的纸上原型能使成人与儿童一起在相同的立足点上参与建立和提炼原型设计。

儿童的能力与成人不同。例如,越小的儿童越难流畅使用键盘,因为他们的手眼协调功能没有完全发育成熟。基于笔的界面是一种有效、可供选择的输入设备。在为儿童设计应用界面时,允许有多种输入模式的界面对孩子们而言比键盘和鼠标更容易使用,通过文本、图形和声音等多通道呈现信息也将有效增强他们的体验。

3. 文化差异

文化差异同样会导致交互需求不同。虽然年龄、性别、种族、社会等级、宗教和政治等都作为一个人的文化身份,但是这些并非都是与一个系统的设计有关。

因此,如果要实行通用设计,可以抽出一些需要仔细考虑的关键特征,如语言、文化符号、姿势和颜色的应用。

规划和设计可以反映一种语言从左往右、从上往下读取,对不遵循这个模式的语言规则是不可使用的。例如,希伯来语是遵循自右向左、从上到下的书写习惯的。

在不同的文化符号中,符号有不同的含义。钩(√)叉(×)符号在一些文化中分别代表肯定和否定,而在另一些文化中,它们的意义却改变了。设计中不能假设每个人都以同样的方式解释符号,应该保证符号可选择的意义对用户不产生问题或混乱。

在界面设计中经常使用颜色反映通用约定,如红色表示危险,绿色表示安全。但事实上,红色和绿色在不同的国家有着不同的含义,红色除表示危险外,还表示生命(印度)、喜庆(中国)和皇室(法国),绿色还是丰收(埃及)、年轻(中国)的象征。虽然给出颜色通用的解释很困难,但是通过冗余为同样的信息提供多种形式,可以支持和阐明特定颜色的指定意义。

4. 健康差异

桌面、万维网和移动设备的灵活性使得设计人员有可能为残疾的用户提供特殊服务。在美国,康复法案 508 条款的修正案要求联邦部门确保雇员和公众对信息技术的访问,包括计算机和网站。康复法案 508 条款在网站详细说明了视力障碍、听力障碍和行动能力障碍用户的指南,其内容包括鼠标或键盘的替代物、颜色编码、字体大小设置、对比度设置、图像的替代文本和万维网特征。文本到语音的转换可以帮助视力障碍用户接收电子邮件或阅读文本文件。听觉障碍的用户主要通过视觉获得信息,图形界面交互能增强用户的体验感。对于身体受到损伤的用户,特别是使用键盘、鼠标等输入识别困难的用户,可采用语音输入或采用眼球跟踪来控制鼠标。

4.1.2　任务分析

层次任务分析法(Hierarchical Task Analysis,HTA)是一种描述目标及其下位目标(Subgoal)层次体系的方法,提供了通用的目标或任务分析描述框架,通常用于分析人类要完成的目标或者机器系统要完成的任务,同时提供了多种表示方式,且能够表示下位目标之间的多种时序关系。

HTA 中的三个最重要的原则如下。

(1)任务由操作和操作指向的目标组成。

(2)操作可分解为由下位目标定义的下位操作。

(3)操作和下位操作之间的关系是层级关系。

Annett 将 HTA 的使用过程主要分为以下九个步骤,这九个步骤也体现了上述三个原则,从作为目的的最高层出发,限定分析范围,扩大信息途径,再描述下位目标,最后对不同层次之间的关系进行规定,给出分析的终止条件等。

(1)定义分析目的。

(2)定义系统边界。

(3)通过多种途径获取信息。

(4)定义系统目标和下位目标。

(5)缩减下位目标数量。

(6)连接目标和下位目标,并定义下位目标的触发条件。

(7)当分析满足目的时,停止再次定义下位操作。

(8)使用专家法提高分析效度。

(9)对分析进行修订。

以图书馆目录服务为例,“借书”这项任务可分解为以下子任务:“访问图书馆目录”“根据姓名、书名、主题等检索”“记录图书位置”“找到书架并取书”“到柜台办理借阅手续”。这一组任务和其子任务的执行次序可以有变化,这取决于读者掌握了多少有关这本书的信息及对图书馆、书库的熟悉程度。图 4.1 概括了这些子任务,也说明了执行这些任务的不同次序。图中的缩进编排格式体现了任务和子任务间的层次化关系。执行次序中的编号对应于步骤编号。例如,执行次序 2 说明了 2 中的子任务顺序。

也可使用方框-连线图示表示 HTA,图 4.2 为图 4.1 的图形表示,它把子任务表示成带有名称和编号的方框。图中的竖线体现了任务之间的层次关系,不含子任务的方框下有一条粗横线。图中也在竖线边上注明了执行次序。

```
0. 借书
1. 前往图书馆
2. 检索需要的图书
    2.1 访问图书馆目录
    2.2 使用检索屏
    2.3 输入检索准则
    2.4 找出需要的图书
    2.5 记录图书位置
3. 找到书架并取书
4. 到柜台办理借阅手续
执行次序 0: 执行 1-3-4; 若图书不在期望的书架上，则执行 2-3-4
执行次序 2: 执行 2.1-2.4-2.5; 若未查到书，则执行 2.2-2.3-2.4-2.5
```

图 4.1 "借书"的层次化任务分析的文字描述

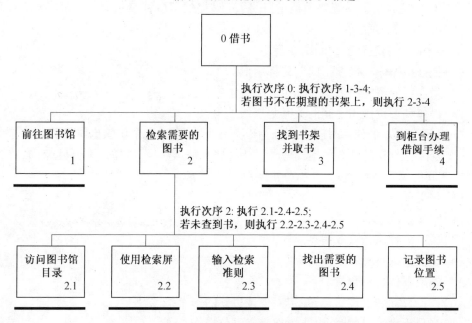

图 4.2 "借书"的层次化任务分析的图形表示

4.2 人机交互系统设计风格

设计是人类为达到某个特定的目的所进行的一项创造性活动,是人类得以生存和发展的最基本的活动,包含在一切人造物的形成过程之中。回顾人类发展的文明史,早在古代,人类就已经在器物上进行艺术造型活动和美的创造。在许多石器、陶瓷器、青铜器、铁器器物上都可看到独特的造型形式和多种精美的饰纹。但是,真正意义上的硬件界面设计是从工业革命开始的,并且无论历史上出现什么样的设计风格,都与当时的生产力水平、社会文化背景等相联系。

4.2.1 人机交互系统美学设计风格

1. 工业革命

18 世纪末工业革命(图 4.3)在英国兴起,到 19 世纪中叶在欧洲各国竞相完成。当时,欧洲的工业革命给全世界生产方式带来了历史性的影响,机器生产逐渐取代了手工生产,生产力得到了发展。当时,人们热衷于对机器生产的高效率和利润的追求,而对于在产品设计工作中所遇到的种种问题则没有予以充分考虑,如机器批量生产代替手工生产使产品形式单一、机器生产使产品由简单的几何形态代替复杂的自然形态、具有几何形态的产品如何给人以美感等。1851 年,第一届世界工业博览会在伦敦举行。当时,人们对于具有新功能、新结构、新工艺、新材料的工业产品还不知道如何在外观形式上表现美,也没有建立起工业时代新的美学观和新的设计理论与方法,而只满足于匆促地借用历史传统的式样进行工业产品的外表形式设计,因此表现为形式与内容不和谐、造型与功能不统一。

2. 工艺美术运动

在对 1851 年伦敦的世界工业博览会的批评运动中,以拉斯金和莫里斯为代表的工艺美术运动(1880—1910 年,图 4.4)诞生了。在设计上,工艺美术运动从手工艺品的"忠实于材料""合适于目的性"等价值中获取灵感,并把源于自然的简洁和忠实的装饰作为其活动基础。从本质上说,它通过艺术与设计来改造社会,并建立起以手工业为主导的生产模式。

图 4.3 工业革命　　　　　图 4.4 工艺美术运动——红屋

工艺美术运动对于设计改革的贡献是重要的,它首先提出了"美与技术结合"的原则。但工艺美术运动将手工艺推向了工业化的对立面,违背了历史的发展潮流,使英国设计走了弯路。

3.新艺术运动

在工艺美术运动的影响下,1900年左右,在欧洲和美洲,以法国和比利时为中心,掀起了一场声势浩大的设计高潮,人们称之为新艺术运动。这是设计史上第一个有计划、有意识地寻求一种新风格,以装饰艺术风格为特征的设计运动。

新艺术运动十分强调整体艺术环境,即人类视觉环境中的任何人为因素都应精心设计,以获得和谐一致的总体艺术效果。新艺术反对任何艺术和设计领域内的划分和等级差别。认为不存在大艺术与小艺术,也无实用艺术与纯艺术之分,主张艺术与技术相结合,注重制品结构上的合理和工艺手段与材质的表现。他们主张从自然界汲取素材,主张以曲线构形,强调装饰美,而反对采用直线进行设计。尽管他们承认机械生产的必要性,但是由于他们刻意追求曲线美和装饰美,因此这一运动的发展结果趋向形式化,而没有把艺术因素的外在形式与事物的内在属性相统一,导致产品的功能与形式相矛盾。

4.德意志制造联盟与包豪斯

设计真正意义上的突破,来自1907年成立的德意志制造联盟。该联盟的设计师为工业进行了广泛的设计,其中最富创意的设计是为适应技术变化而生的产品,特别是新兴的家用电器的设计。

在联盟的设计师中,最著名的是贝伦斯(Peter Behrens,1868—1940)。1907年,贝伦斯受聘担任德国通用电器公司AEG的艺术顾问,开始了他作为工业设计师的职业生涯。AEG是一家实行集中管理的大公司,贝伦斯有机会对整个公司的设计发挥巨大作用,他全面负责公司的建筑设计、视觉传达设计及产品设计,从而使这家庞杂的大公司树立起了一个统一完整的企业形象。作为工业设计师,贝伦斯设计了大量工业产品(图4.5),他也被称为现代工业设计的先驱。贝伦斯还是一位杰出的设计教育家,他的学生包括格罗皮乌斯(Walter Gropius,1883—1969)、密斯(Ludwig Mies van der Rohe,1886—1969)和柯布西耶(Le Corbusier,1887—1965)三人,他们后来都成了20世纪最伟大的现代建筑师和设计师之一。

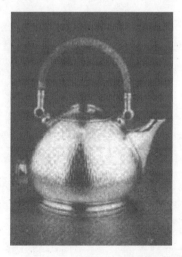 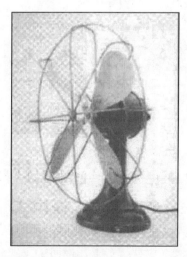

图4.5 贝伦斯设计的电水壶和电风扇

作为现代设计的发源地,其理论和方法直到今日仍对设计有重大影响的要数包豪斯(Bauhaus)学校了,它是在现代设计先驱、建筑师格罗皮乌斯领导下,于 1919 年 4 月 1 日在德国魏玛成立的。在设计理论上,包豪斯提出了以下三个基本观点,使设计走上了一条正确的道路:

(1)艺术与技术的新统一;

(2)设计的目的是人而不是产品;

(3)设计必须遵循自然规律和客观的法则来进行。

包豪斯的设计理论原则是:提倡自由创造,抛弃传统形式和附加装饰;尊重技术自身的规律和结构自身的逻辑;尽量发挥材料性能在机器成形条件下对形式美的表达;强调"形式追随功能"的几何造型的单纯明快。因此,产品具有简单的轮廓和流畅的外表,以便促进标准化的批量生产并兼顾到商业因素和经济性,强调产品必须是实用、经济、美观的结合。

包豪斯的理论原则实质上是功能主义设计原则。强调产品外观形式的审美创造要从经济和效能原则出发,简洁就是美。但包豪斯也有其局限性。由于它以功能主义理论作为设计的指导方针,因此产品设计缺乏人情味,没有和谐感;把几何形作为设计的中心,追随几何形的单纯甚至到了忽略功能的地步;强调批量生产的标准化,忽视社会需求的多样化和个性化,使得产品形式单一,形态严肃冰冷,缺乏人情味和温柔感;过分强调工业时代的形式几何特征,忽视了对传统艺术形式的继承、改造和借用,以至于使德国的产品很难见到德意志民族的传统特征。直到今天,一些德国工业产品仍然具有这样的特点。

5. 流线型设计

流线型设计是产生于美国并以美国为中心的一种设计风格,对现代生活及设计产生了深刻的影响。流线型原是空气动力学名词,用来描述表面圆滑、线条流畅的物体形状,这种形状能减少物体在高速运动时的风阻。但在工业设计中,它却成了一种象征速度和时代精神的造型语言而广为流传,不仅发展成了一种时尚的汽车美学,而且还渗入到家用产品的领域中,影响了从电熨斗、烤面包机到电冰箱等的外观设计,并成为 20 世纪三四十年代最流行的产品风格。

在富于想象力的美国设计师手中,不少流线型设计完全是出于它的象征意义,而并无功能上的含义。1936 年,由赫勒尔设计的订书机(图 4.6)就是一个典型的例子,号称"世界上最美的订书机"。这是一件纯形式和纯手法主义的产品设计,完全没有反映其机械功能。其外形颇似一只蚌壳,圆滑的壳体罩住了整个机械部分,只能通过按键来进行操作。此处,表示速度的形式被用到了静止的物体上,体现了它作为现代化符号的强大象征作用。在很多情况下,即使流线型不表现产品的功能,它也不一定会损害产品的功能,因此流线型变得极为时髦。

美国的流线型汽车设计(图 4.7)具有强烈的现代特征。一方面,它与现代艺术中的未来主义和象征主义一脉相承,用象征性的设计将工业时代的精神和对速度的赞美表现出来;另一方面,它与现代工业技术的发展密切相关。

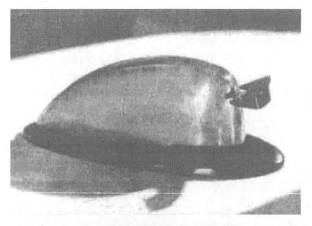

图 4.6　赫勒尔设计的流线型订书机

图 4.7　克莱斯勒公司的流线型小汽车

6. 国际主义风格与现代设计

真正把设计在实践中推向高潮,并在广义的范围内使设计普及和商业化是从美国开始的。20 世纪四五十年代是一个节制与重建的时代,美国和欧洲各国的设计主流是在包豪斯理论基础上发展起来的现代主义,又称国际主义(图 4.8)。

图 4.8　国际主义风格

与现代主义设计并行的还有其他设计风格,美国的商业性设计就是其中一例。商业性设计的本质是形式主义,它在设计中强调形式第一,功能第二。设计师为促销商品、增加经济效益而不断翻新花样,以流行的时尚来博得消费者的青睐,但这种商业性设计有时是以牺牲部分使用功能为代价的。

这一设计风格至今在某些行业还十分流行。在商品经济规律的支配下,现代主义的信条"形式追随功能"被"设计追随销售"取代。美国商业性设计的核心是"有计划的商品废止制",即通过人为的方式使产品在较短的时间内失效,从而迫使消费者不断地购买新产品。商品的废止有三种形式:一是功能型废止,即使新产品具有更多、更完善的功能,从而让以前的产品"老化";二是合意型废止,由于经常性地推出新的款式,因此原来的产品过时,即因不合消费者的意趣而废弃;三是质量型废止,即预先限定产品的使用寿命,使其在一段时间后便不能使用。

7. 多元化的设计浪潮与后现代主义设计

设计本来是因生活需要而产生,为生活需要而设计的。生活随着社会科学技术的发展、人们生活水平和审美情趣的改变而改变。20 世纪 60 年代,当现代主义设计登峰造极时,不同的设计取向、不同的设计需求已开始勃发和涌动了。

现代主义设计的理论基础是建筑师沙利文的"形式追随功能"和密斯的"少就是多",它适合于 20 世纪二三十年代经济发展及大战后亟建的需要。同时,它又是机器工业文明中理性主义的产物。随着世界经济发展和结构的调整,原先的设计理念已经不适应社会的发展,而是呈现出多元化的趋势。

(1)理性主义与"无名性"设计。

在设计的多元化潮流中,以设计科学为基础的理性主义占主导地位。它强调设计是一项系统工程,是集体性的协同工作,强调对设计过程的理性分析,而不追求任何表面的个人风格,因此体现出一种"无名性"的设计特征。这种设计观念试图为设计确定一种科学、系统的理论,即所谓用设计科学来指导设计,从而减少设计中的主观意识。作为科学的知识体系,它涉及心理学、生理学、人机工程学、医学、工业工程等各个方面,对科学技术和对人的关注进入了一个更加自觉的局面。随着技术越来越复杂,要求设计越来越专业化,产品的设计师往往不是一个人,而是由多学科组成的设计队伍。国际上一些大公司都建立了自己的设计部门,设计一般都是按照一定程序以集体合作的形式完成的,因此很难见到某一个人的风格。20 世纪 60 年代以来,以"无名性"为特征的理性主义设计为国际上一些引导潮流的大设计集团所采用,如荷兰的飞利浦公司、日本的索尼公司、德国的布劳恩公司等。

(2)高技术风格。

高技术风格是 20 世纪 70 年代以来兴起的一种着意表现高科技成就与美学精神的设计。其设计特征是喜爱用最新的材料,以暴露、夸张的手法塑造产品形象。有时将本应该隐蔽包容的内部结构、部件加以有意识的裸露;有时将金属材料的质地表现得淋漓尽致,寒光闪烁;有时则将复杂的组织结构涂以鲜亮的颜色用以表现和区别,赋予整体形象以轻盈、快速、装配灵活等特点,以表现高科技时代的"机械美""时代美""精确美"等新的美学精神。

高技术风格的设计起源于 20 世纪二三十年代的机器美学,这种设计美学直接表现了当时机械的技术特征,而且在不同的时代中随着表现对象的变化而有新的面貌。高技术风格的设计首先在建筑领域开始,经典之作是由意大利建筑师皮亚诺和英国建筑师罗杰斯设计的巴黎蓬皮杜国家艺术与文化中心(图4.9)。整座建筑占地 7 500 m²,建筑面积 10 万 m²,地上 6 层。整座建筑分为工业创造中心、大众知识图书馆、现代艺术馆及音乐音响谐调与研究中心等四大部分。设计者将原先的内部结构和各种管道、设备裸露在外,并涂以工业性的标志色彩,使工业构造成为一种独特的美学符号。

图 4.9　巴黎蓬皮杜国家艺术与文化中心

除建筑外,在产品设计上也有许多高技术风格的杰作,如 20 世纪 90 年代初日本西铁城手表透明的表壳,使人可以看见内部机芯运转情况等,展示了高技术的美及人们当时的审美情趣。

(3)后现代主义设计与孟菲斯。

后现代主义(Post-modern)是志在反抗现代主义纯而又纯的方法论的一场运动,它广泛地体现在文学、哲学、批评理论、建筑及设计领域中。所谓"后现代",并不是指时间上处于"现代"之后,而是针对艺术风格的发展演变而言的。

4.2.2　人机交互系统信息化设计风格

20 世纪 80 年代以来,随着计算机技术的快速发展和普及,以及互联网的迅猛发展,人类进入了信息时代。信息技术和互联网的发展在很大程度上改变了整个工业的格局。新兴的信息产业迅速崛起,摩托罗拉、英特尔、微软、苹果、IBM、康柏、惠普、美国在线、亚马逊、思科等 IT 业的巨头如日中天。以此为契机,工业设计的主要方向也开始了战略性的转移,由传统的工业产品转向以计算机为代表的高新技术产品和服务,在将高新技术商品化、人性化的过程中起到了极其重要的作用,并产生了许多经典性的作品,开创了界面设计发展的新纪元。

美国苹果(Apple)计算机公司首创了个人计算机,在现代计算机发展中树立起了众多的里程碑,无论是在硬件界面设计,还是在软件界面设计方面,都起到了关键性的作用。苹果不仅在世界上最先推出了塑料机壳的一体化个人计算机,倡导图形用户界面和应用鼠标,而且采用连贯的工业设计语言不断推出令人耳目一新的计算机,如著名的苹果 II 型计算机、Mac 系列计算机、牛顿掌上电脑、Powerbook 笔记本电脑等。这些努力彻底改变了人们对计算机的看法和使用方式,计算机成了一种非常人机的工具,使日常工作变得更加友善和人性化。由于"苹果"一开始就密切关注每个产品的细节,并在后来的一系列产品中始终如一地关注设计,因此成了有史以来最有创意的设计组织。

1998年,苹果推出了全新的iMac(图4.10),再次在计算机设计方面掀起了革命性的浪潮,成了全球瞩目的焦点。

(a)

(b)

图4.10 Apple公司的iMac

IBM是美国最早引进工业设计的大公司之一,在著名设计师诺伊斯的指导下,IBM创造了蓝色巨人的形象。但是,从20世纪80年代起,IBM的工业设计开始走下坡路,优秀的设计越来越少,品牌形象趋于模糊,这也反映了企业在经营上的不景气,创新精神逐渐消失。20世纪80年代末,IBM已与竞争者无太大的差异。

为改变这种局面,IBM的高层决定回归到设计计划的根本——以消费者导向的质量、亲近感和创新精神来反映IBM的个性。通过公司内部自上而下的努力,IBM终于以ThinkPad(图4.11)的设计为突破,实现了IBM品牌的再生,重塑了一种当代、革新和亲近的影像。

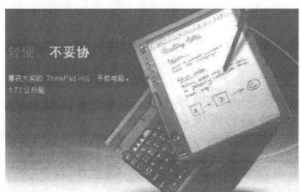

图4.11 IBM公司的ThinkPad

设计是为人设计的,人是设计的出发点和根本归宿点。但在设计发展过程或在设计存在的现实中,无论是在政府部门、企业家,还是在设计师眼中,以人为本的根本目的仍然具有理论和理想的色彩,或者说只是一种广告宣传效应。

(1)iMac能轻松地处理数码照片、电影、音乐和网页,美观的全屏媒体显示器令人赞不绝口。

(2)简约的6键Apple Remote遥控器让用户可以在房间的任何位置遥控音乐、电影和照片,并且不用时还可以巧妙地(磁性)吸附在 iMac 的一侧。

(3)iMac 配有 Super Drive 光驱。只要将光盘滑进侧面插槽,iMac 就会启动相应程序,非常智能。在赏心悦目的宽屏外观下,17 英寸(1 英寸=2.54 cm)或 20 英寸 iMac 显示器隐藏了整个计算机主体。iMac 允许以扩展桌面模式,通过高清晰数字信号的 DVI 连接另一台显示器,放宽视野范围,并由 256MBDDRSDRAM 的 ATIRadeonX1600 显卡提供动力。

(4)苹果技术工程师在一块芯片上嵌入两个处理器,为 iMac 赋予以前两倍的动力,相信这一技术革命会很快赢得更多赞叹声。iSight 摄像头就内置在 iMac 的显示器中,如果想要拍照或与世界各地的朋友视频聊天,它就会马上发挥功用。

著名的青蛙设计公司(Frog Design)提出了"形式服从情感"(Form Follows Emotion,又称"形式追随激情")的设计理念。他们认为消费者购买的不仅是产品,也购买了包含于赏心悦目的形式中的价值、经验自我意识。日本的 GK 设计公司把表达"真善美"作为设计的目标,认为设计是一种把人们的思想赋予形态的工作,将所有的人造物赋予美好的目的并加以实现,优秀的设计是真善美的体现。纽约市的 Cooper-Hewitt 国家设计博物馆馆长助理 Susan Yelavich 也认为"功能包含心理和情感"。对使用者的关注使设计从过去对功能的满足进一步上升到对人的精神关怀。

4.2.3 设计指南

早在计算时代的初期,界面设计人员就已经通过编写指南来记录他们的设计要求,并试图指导未来设计人员的工作。苹果公司和微软公司早期的设计指南不仅影响其界面设计人员,也已经被此后众多的互联网和移动设备的指南文档沿用。指南文档通过共同的开发语言来帮助提升多名设计者之间在术语使用、外观和动作序列方面的一致性,用适当的例子来记录从实际经验或实证中得出的最佳做法。通过指南文档,设计团体在输入/输出格式、动作序列、术语和硬件设备等问题上形成一致。

1. 界面导航

因为对很多用户来说,界面导航可能是困难的,所以提供清晰的规则会有所帮助。例如,美国国家癌症研究所(NCI)使用信息丰富的网页设计来帮助机构开展工作,其相应的设计指南已经得到广泛的应用。该指南条款大多数采用正面陈述,提供的研究支持包含设计过程通用原则和具体规则等。

(1)将任务序列标准化。

允许用户在相似的条件下以相同的顺序和方式执行任务。

(2)确保嵌入式链接是描述性的。

在使用嵌入式链接时,链接文字应该准确描述链接的目的地。

(3)使用独特的描述性标题。

使用彼此截然不同的标题,并在概念上与其所描述的内容相关。

(4)对互斥选择使用单选按钮。

当用户需要从互斥选项列表中选择一个响应时,提供单选按钮控件。

(5)开发适合于打印的页面。

其页面宽度应适合打印一页或更多页面。

（6）使用缩略图来预览较大的图像。

在查看全尺寸图像之前，先提供缩略图。

Access Board 是一个致力于残疾人可访问性的独立研究机构，它发布的促进残疾用户可访问性的指南（美国康复法案）经改编，被组织为无法访问、难以访问和访问时出现困难三个优先级。可访问性指南包括以下四个方面。

（1）替代文本。

为所有非文本内容提供替代文本，以便能够将之转换成人们需要的其他形式，如大字印刷、盲文、语音、符号或较简单的语言。

（2）基于时间的媒体。

为诸如电影或动画等提供替代物，将其标题或者与视觉同步的听觉描述与演示同步播放。

（3）可辨识。

使用户更容易看到和听到内容，包括将前景与背景分离。不能把色彩作为传达信息、指示动作、提示响应或辨识可视元素的唯一可视手段。

（4）可预测。

使网页以可预测的方式出现和运行。

这些指南的目的是让网页设计人员通过一些允许残疾用户使用的屏幕阅读器或其他特殊技术的特性访问网页的内容。

2. 组织显示

显示设计是很多特殊案例的主题。Smith 提出了以下五个高级目标作为数据显示指南的一部分。

（1）数据显示的一致性。

在设计过程中，术语、缩写、格式、颜色、大写等均应通过使用这些项的数据字典来实现标准化并加以控制。

（2）用户信息的有效吸收。

格式应该是操作者熟悉的，并应该与需要使用这些数据来执行的任务相关。这个目标通过以下规则实现：数据列保持整齐，字母数据左对齐，整数右对齐，小数点排成列，间隔适当，使用易于理解的标签、适当的度量单位和十进制数。

（3）用户记忆负担最小化。

不应要求用户为在一个屏幕上使用而记住另一个屏幕上的信息。任务应按只需很少动作就能完成的方式来安排，使忘记执行某个步骤的机会降至最低。应给新用户或间歇用户提供标签和通用格式。

（4）数据显示与数据输入的兼容性。

显示信息的格式应与数据输入格式清晰地联系起来。在可能且适当之处，输出域也应充当可编辑的输入域。

（5）用户控制数据显示的灵活性。

用户应能从最方便的任务显示中获取信息。例如，行和列的顺序应很容易被用户改变。

以上述内容为起点,每个项目都需要把它扩展成特定应用的、与硬件相关的标准和做法。例如,一份设计报告形成了以下这些通用指南。

(1)标签和图形的约定要一致。

(2)缩写标准化。

(3)在所有的显示(页眉、页脚、页码、菜单等)中使用一致的格式。

(4)仅当数据能帮助操作者时才提供。

(5)在适当的地方,通过使用行宽、刻度尺上的标记位置,减轻阅读强度和提供图形化信息。

(6)仅当必要而且有用时,才提供具体的数值。

(7)使用高分辨率的监视器并维护它们以提供最好的显示质量。

(8)设计用间距和排列来组织单色显示,然后在帮助操作者的地方审慎地添加颜色。

(9)让用户参与新的显示和过程的开发。

3. 引起用户注意

可能需要为用户的正常工作提供大量信息,所以异常状态或与时间有关的信息必须用醒目的方式来显示。以下指南详细描述了这样的技术。

(1)亮度。

仅使用两级,有限地使用高亮度来吸引注意。

(2)标记。

在项下面加下画线、封闭在框中、用箭头指向它或使用指示符(如星号、项目符号、破折号、加号或叉)。

(3)尺寸。

使用四种尺寸,用较大的尺寸吸引更多的注意。

(4)字体选择。

使用三种字体。

(5)反相显示。

使用反相着色。

(6)闪烁。

在有限的域中谨慎使用闪烁显示(2~4 Hz)或闪烁的颜色变化。

(7)颜色。

使用四种标准颜色,其他颜色为偶然使用而保留。

(8)声音。

使用柔和的音调表示正常反馈,使用刺耳的音调来表示罕见的紧急情况。

过度使用这些技术会造成显示混乱的问题。用户几乎普遍不赞同使用闪烁广告或动画图标来吸引注意,但当动画用来提供有意义的信息(如用作进度指示器)时会受到赏识。新用户需要简单的、按逻辑组织的、标注清楚的显示来指导他们的动作,而专家用户偏爱有限的域标签,以便更容易地提取数据,可以以微妙的突出来显示变化了的数值或定位。为实现可理解性,显示格式必须与用户一同测试。

同样,所有突出显示的项将被理解为是相关的。颜色编码在联系相关项方面的功能特别强大,但这种用法却使得人们难以聚集那些跨颜色编码的项。用户可以控制突出显示以符合个人的喜好,如允许手机用户为与亲密的家庭成员和朋友联系或为高度重要的会议而选择颜色表达等。

音调,如键盘按键声或电话铃声,能够提供有关进度的反馈信息。紧急情况下的警报声会迅速向用户报警,但必须提供禁止警报的机制。如果使用几种类型的警报,则必须对它们进行测试,以确保用户能从中分辨出警报的等级。预先录音的或合成的语音消息是有用的替代物,但由于它们可能干扰操作者之间的交流,因此应谨慎使用。

4. 便于数据输入

数据输入任务会占用用户的大量时间,也是应用中产生挫折和潜在危险的原因。以下五个目标可以作为数据输入指南的一部分。

(1)数据输入业务的一致性。

在所有条件下应使用类似的动作序列、分隔符和缩写等。

(2)最少的用户输入动作。

较少的输入动作意味着较高的用户生产率,以及通常较少的出错率。应使用一次按键、鼠标选择或手指触压,而不是通过输入冗长的字符串做出选择。在选项列表中进行选择,排除了记忆和构造决策任务的需要,也排除了输入错误的可能性。专家用户通常更喜欢输入6~8个字母,而取代把手移动到鼠标、操纵杆或其他选择设备上。应避免冗余数据的输入。对用户来说,在两个位置输入相同的信息会令人烦恼,因为重复输入被认为会浪费精力并增加出错的机会。当两个地方需要相同的信息时,系统应为用户复制信息,而用户应该仍有通过重新输入来覆盖它的选择权。

(3)用户记忆负担最小化。

当进行数据输入时,不应要求用户记住冗长的代码清单和复杂的句法命令字符串。

(4)数据输入与数据显示的兼容性。

数据输入信息的格式应与显示信息的格式紧密相连。

(5)用户控制数据输入的灵活性。

对于有经验的数据输入操作者而言,可能更喜欢按他们能控制的顺序输入信息。例如,在空中交通管制环境的某些情形中,到达时间在管制员心中处于首位;而在其他情况下,高度处于首位。但是,应谨慎使用灵活性,因为它违反一致性原则。

4.2.4 设计原则

比指南更为基本、广泛应用和持久的是设计原则。但设计原则的应用也需要更多的说明。例如,认识到用户的多样性对每位设计者都是有意义的,但必须对其仔细地加以解释。例如,玩计算机游戏的儿童与焦急而又匆忙工作的行政管理人员就有很大不同,这突出了用户在背景知识、系统使用培训、使用频率和目标方面的差异,以及用户操作错误的影响。因为没有哪一个设计对所有这些用户和情形都是理想的,所以成功的设计人员必须尽可能准确且完整地表示他们的用户及其产品使用环境的特点。

1. 确定用户的技能水平

了解用户是一个简单的想法,但却是一个困难且经常被低估的目标。虽然很少人反对这条原则,但很多设计人员只是假设他们了解用户和用户任务。成功的设计人员意识到人们会按不同的方式学习、思考和解决问题:有些用户更喜欢处理表格而不是图形,使用文字而不是数字,使用严格的结构而不是开放式的结构。

所有的设计都应从了解预期使用者开始,包括反映他们的年龄、性别、身体和认知能力的人口概况,教育、文化或民族背景,以及培训、动机、目标和个性。一个界面经常会有几个用户群体,特别是 Web 应用和移动设备,所以设计工作就会成倍增加,应该能够预期典型的用户群体所具有的知识和使用模式的各种组合。表示用户特色的其他变量包括地点(如城市与农村)、经济概况、残疾和对使用技术的态度。需要特别注意阅读技能差、教育程度低和动机较低的用户。

除这些情况外,了解用户对界面和应用域的技能也是重要的,可能会测试用户对界面特征的熟悉程度,如遍历层次结构的菜单或绘图工具。其他测试可能包含特定领域的能力,如城市代码、证券交易术语、保险索赔概念或地图图标的知识。对用户的了解甚至是永不休止的,因为有这么多东西需要了解而用户又在不断改变。然而,向着了解用户并将其视为具有与设计者不同观点个体的方向而迈出的每一步都可能更靠近设计成功。

例如,一种把用户分为新用户或首次用户、知识丰富的间歇用户和常用专家用户的类群分类,可能导致下面这些不同的设计目标。

(1)新用户或首次用户。

假定新用户实际上几乎不了解任务或界面的概念;相反,首次用户则经常是相当了解任务但缺少界面概念知识的专业人员。这两组用户可能具有使用计算机而抵制学习的焦虑。对于界面设计人员来说,应该通过使用说明书、对话框和在线帮助来克服这些局限性。对于开始培养用户来说,重要的是将词汇表限定为使用少批熟悉的、一致使用的概念术语。动作的数量也应减少,这样才能使新用户和首次用户能够成功地完成简单任务,从而使他们减少焦虑,树立信心并提供正面强化。有关每个任务完成情况的反馈信息是有帮助的,当用户出错时,应提供建设性的具体纠错信息。

(2)知识丰富的间歇用户。

很多人对各种系统都有一定了解,但只是间歇地使用它们(如使用文字处理软件处理出差报销数据的公司经理)。他们具有牢固的任务概念和丰富的界面概念知识,但可能难以记住菜单的结构或功能的位置。使用有条理的菜单结构、一致的术语和高水平的外观将减轻他们的记忆负担,这种方法强调识别而不是回忆。一致的动作序列、有意义的消息和对常规用法的指导将帮助这些用户重新发现如何适当地完成任务。这些特性也将帮助新用户和某些专家用户,但主要受益人是知识丰富的间歇用户。

为支持随意探索各种功能和使用部分遗忘的动作序列,预防危险也是必要的。这些用户将从依赖上下文的帮助中受益,来补足缺失的部分任务或界面的知识。组织良好且具有搜索能力的参考手册也是有帮助的。

(3)常用(专家)用户。

常用用户对任务和界面概念十分熟悉,力求让工作快速完成。他们要求快速的响应时间、简短且不令人困惑的反馈和只需几次按键或选择就可以完成工作的快捷方式。当经常执行三个或四个动作的序列时,常用用户会希望建立"宏"或其他缩短的形式以减少所需步数。命令字符串、菜单快捷方式、缩写和其他加速手段是他们所需要的,这三类用法的特点必须针对每种环境来改进。为一类用户设计很容易,而为几类用户设计就要困难得多。

当一个系统必须适应多个用户类别时,其基本策略是允许多层("利用层次的架构"或"螺旋")的学习方法。开始时只教给新用户对象和动作的最小子集,当他们只有很少的选择且受到保护以免犯错(使用辅助界面)时,就最可能做出正确的选择。从动手实践中树立信心后,这些用户就能够继续学习更高级的任务和相应的界面。学习计划应由用户掌握任务概念的进步控制,当需要新的界面来支持更复杂的任务时,才选择它们。对那些具有扎实的任务和界面概念的用户来说,快速进步是可能的。例如,手机新用户首先很快学会接打电话,然后学会使用菜单,再学会存储频繁呼叫者的电话号码。他们的进步受任务域控制,而不是受控于难以与任务相关联的命令的字母列表。多层的方法不仅必须应用于软件设计,而且必须应用用户手册、帮助屏幕、出错消息和教程的设计。多层设计似乎是最有希望的促进普遍可用性的方法。

另一种适应不同使用类别的选择是允许用户将菜单内容个性化。在文字处理软件的研究中,这种选择已被证明是有优势的。

第三个选择是允许用户控制系统所提供的反馈信息的密度。新用户想要更多的反馈信息以确认其动作,而常用用户想要较少的不令人困惑的反馈信息。同样,常用用户似乎比新用户更喜欢排列紧凑的显示。最后,交互的节奏可能被改变,对新用户要慢一些,对常用用户要快一些。

2. 识别任务

在仔细描写用户情况后,开发人员必须识别要执行的任务。虽然设计人员都认同在设计开始之前必须确定任务集合,但是其任务分析往往完成得并不完整。任务分析的成功策略通常包括仔细观察和采访用户,它帮助设计人员理解任务频率和序列,并做出支持什么任务的抉择,以此实现包含所有可能的动作,并寄希望于有些用户将发现它们有帮助,但这种做法会引起混乱。设计人员之所以取得成功,很可能是因为他们严格限制了功能性(日历、电话簿、待办列表和记事本),以保证简单性。

复杂的任务动作能够进行分解,并进而细化成用户使用一个命令、菜单选择或其他动作来执行的原子动作。选择最适当的原子动作集合是一项困难的任务。如果原子动作太小,用户将会因完成较高级任务所需大量动作而心情沮丧;如果原子动作过大且过于详尽,用户就需要很多带有特殊选项的动作。例如,在形成一组命令或菜单树时,相对的任务使用频率很必要。频繁使用的任务应简单快速地执行,即使以延长一些不频繁的任务为代价。相对使用频率是做出体系结构设计决策的基础之一。例如,在文字处理软件中,常用的动作可通过按特殊键,如四个箭头键、插入键和删除键来执行;对于不太常用的动作,可通过按单个字母键加上 Ctrl 键或通过从下拉菜单中进行选择来执行,如加下画线、加粗或保存;对于不常用的动作或复杂的动作,可能需要经过一系列的菜单选择或表格填充,如改变打印格式或修改网络协议参数。

3. 选择交互风格

在设计者完成任务分析并识别出任务对象和动作后,可以在以下交互风格中进行选择:直接操纵、菜单选择、表格填充、命令语言和自然语言。五种主要交互风格的优缺点见表4.1。

表4.1 五种主要交互风格的优缺点

	优点	缺点
直接操纵	可视化表示任务概念; 允许容易地学习; 允许容易地忘记; 允许避免错误; 鼓励探索; 提供高的主观满意度	可以编程; 可能需要图形显示器和指点设备(鼠标)
菜单选择	缩短学习时间; 减少按键; 使决策结构化; 允许使用对话框管理工具; 允许轻松地支持出错处理	提供很多菜单的危险; 可能使常用用户变慢; 占用屏幕空间; 需要快速的显示速率
表格填充	简化数据输入; 需要适度培训; 给予方便的帮助; 允许使用表格管理工具	占用屏幕空间; 出错处理能力弱
命令语言	灵活; 对高级用户有吸引力; 支持用户主导; 允许方便地创建用户自定义宏	需要大量的培训和记忆; 需要说明对话框
自然语言	减轻学习句法的负担	可能不显示上下文; 可能需要更多按键; 不可预测

向更直接操纵发展的例子有更少的记忆、更多的识别、更少的按键、更少的点击、更低的出错能力、更可见的上下文。其直接的范围包括:命令行;表格填充方式,用于减少输入;改进的表格填充,用于说明和减少错误;下拉菜单提供有意义的名字并消除无效值(如星期);二维菜单方式提供上下文、显示有效日期和启用快捷单(如日历)。

（1）直接操纵。

在设计者创建动作的可视化表示时，可以大大简化直接操纵的用户任务。这类系统的例子包括桌面隐喻、绘图工具、空中交通管制系统和游戏。通过点击对象和动作的可视化表示，用户能够快速执行任务，并能够立即观察到结果（如把某个图标拖放到垃圾桶中）。命令的键盘输入和菜单选择已被取代，转而使用鼠标从对象和动作的可见集合中进行选择。直接操纵对新用户有吸引力，对间歇用户而言也容易记忆。精心设计的直接操纵对常用用户而言也能很快捷。

（2）菜单选择。

在菜单选择系统中，用户首先阅读选项列表，然后选择最适合自己任务的选项，并观察结果。如果选项的术语和含义是可理解的、独特的，则用户几乎无须学习和记忆，并且只用几个动作就能完成任务。其最大好处就是有清晰的决策结构，因为一次提供了所有可能的选择。这种交互风格对新用户和间歇用户是合适的，如果显示和选择机制快，也能吸引常用用户。对设计人员来说，菜单选择系统需要细致的任务分析，以确保所有功能都得到方便的支持，精心选择并一致地使用术语。支持菜单选择的用户界面开发工具通过确保一致的屏幕设计、确认完整性和支持维护来提供巨大的收益。

（3）表格填充。

在需要数据输入时，菜单选择通常难以独自处理。而使用表格填充（又称"填空"）是适当的，用户看到相关域的显示，在这些域之间移动光标，并在需要的地方输入数据。使用表格填充交互风格时，用户必须了解域标签，知道允许值和数据输入方法，并能够响应出错消息。由于需要了解键盘、标签和允许值，因此可能需要某些培训。这种交互风格最适合于知识丰富的间歇用户或常用用户。

（4）命令语言。

对常用用户而言，命令语言提供强烈的掌控感，用户学习句法并经常能够快速表示复杂的可能性，而无须阅读分散注意力的提示信息。然而，这样做通常出错率高，必须经过培训，并且很难记忆。由于有各种可能性，而且从任务到界面概念和语法的映射很复杂，因此难以提供出错消息及在线帮助。命令语言和冗长的查询或编程语言属于常用专家用户的领域，他们经常因掌握一组复杂的语义和句法而得到很大满足。

（5）自然语言。

人们希望计算机能对有歧义的自然语言句子或短语做出适当反应。尽管迄今为止只获得了有限的成功，但这个愿望吸引着许多研究人员和系统开发人员。自然语言交互几乎不提供执行下一条命令的上下文，而是频繁使用说明对话框，所以可能会比从组织良好的菜单中进行选择要更慢、更麻烦。但当用户十分了解任务域且任务域的范围有限，只是间歇使用限制了命令语言的培训时，自然语言仍然存在机会。

在所要求的任务和用户不同时，混合几种交互风格可能是适当的。

4. 界面设计的八条黄金规则

界面设计的八条"黄金规则"可应用于大多数的交互系统，这些规则来自于经验并经过了多年的改进，需要针对特定的设计领域进行确认和调整。此类列表虽然没有一个是完整的，但对学生和设计人员确实是有用的设计指南。

（1）保持一致性。

在类似的环境中应要求一致的动作序列；在提示、菜单和帮助屏幕中应使用相同的术语；应始终使用一致的颜色、布局、大写和字体等。异常情况，如要求确认、删除命令或口令没有回显，这些应是可理解且数量有限的。

（2）满足普遍可用性的需要。

认识到不同用户和可塑性设计的要求，可使内容的转换更便捷。新手到专家的差别、年龄范围、残疾情况和技术多样性都能丰富指导设计的需求范围。为新用户添加特性（如注解）和为专家用户添加特性（如快捷方式和更快的节奏）能够丰富界面设计，并提高可感知的系统质量。

（3）提供信息反馈。

对每个用户动作都应有系统反馈。对于常用和较少的动作，其响应应该适中；而对于不常用和主要的动作，其响应应该较多。

（4）设计对话框以产生结束信息。

应把动作序列组织成几组，每组有开始、中间和结束三个阶段。一组动作完成后的信息反馈给用户，以完成任务的满足感和轻松感。例如，电子商务网站引导用户从选择产品一直到结账，最后以一个清楚、完成交易的确认页面来结束。

（5）预防错误。

要尽可能地设计出用户不会犯严重错误的系统，如将不适当的菜单项变灰或不允许在数值输入域中出现字母字符。如果用户出错，则界面应检测错误并提供简单、有建设性和具体的说明来恢复。例如，如果用户输入了无效的邮政编码，则他们不必重新输入整个表格，而应该得到指导来修改出错的部分。错误的动作应该让系统状态保持不变或者界面应给出恢复状态的说明。

（6）允许动作回退。

这个特性能减轻焦虑，因为用户知道错误能够撤销，而且鼓励探索不熟悉的选项。可回退的单元可能是一个动作、一个数据输入任务或一个完整的任务组。

（7）支持内部控制点。

有经验的用户强烈渴望那种他们掌管界面且界面响应他们动作的感觉。他们不希望熟悉的行为发生意外或者改变，并且会因乏味的数据输入序列、难以获得必需的信息和不能生成他们希望的结果而感到烦闷。

（8）减轻短期记忆负担。

人类利用短期记忆进行信息处理的能力有限（经验法则是，能够记忆 5~9 个信息块），这就要求设计人员避免在其设计的界面中要求用户必须记住一个屏幕上的信息，然后在另一个屏幕上使用这些信息。这意味着手机不应要求重新输入电话号码、网站位置应保持可见、多页显示应加以合并，以及给复杂的动作序列分配足够的培训时间。

这些基本规则必须针对每个环境来解释、改进和扩展。虽然它们有局限性，但为移动、桌面和 Web 领域的设计人员提供了一个好的起点。通过提供简化的数据输入过程、可理解的显示和快速的反馈信息以增强对系统的胜任感、支配感和控制感，可提高用户生产率。

5. 预防错误

预防错误(第五条黄金规则)是非常重要的。对于手机、电子邮件、电子表格、空中交通管制系统和其他交互系统的用户而言,他们犯错的频繁程度远比可预期的要高。即使是有经验的分析人员,甚至是在这些电子表格用于做出重要的业务决定时,也会在其将近一半的电子表格中犯错。改进由界面提供的出错消息是一种减少因错误而造成生产力损失的方式。较好的出错信息能够提高纠正错误率、降低未来出错率和提高主观满意度的成功率。良好的出错信息更具体,语气更积极并更有建设性(告诉用户做什么而不仅是报告问题)。鼓励设计人员使用通知消息,如"打印机关闭,请打开"或"月份范围为1~12",而不使用含糊的消息或者不友善的消息(如"非法操作"或"语法错误")。

然而,更有效的方法是预防错误的发生。

第一步是了解错误的性质。一种观点是设计人员能够按功能组织屏幕和菜单、设计独特的命令和菜单选项,以及让用户使用不可逆动作,以此来帮助人们避免出错或"疏漏"。此外,还有提供界面状态反馈(如改变光标以显示地图界面是处于放大还是选择模式)和设计一致的动作(如确保是/否按钮总是按同一顺序显示)。

用于减少错误的其他设计技术还包括以下两种。

(1)正确的动作。

工业设计人员认识到,成功的产品必须是安全的,并且必须防止用户以危险方式使用产品。飞机发动机在起落架没有放下之前不能挂倒挡,当汽车以高于 8 km/h 的速度向前行驶时不能挂倒挡。同样的原则也能应用于交互系统。例如,不适当的菜单项可以变灰,这样用户就无法因不慎而选中它们;允许 Web 用户在日历上单击日期,而不是必须输入飞机航班的起飞日期。同样,手机用户能够在经常或最近拨出电话号码列表中滚动,并用一次按压就选中其中的一个,而无须输入 10 位电话号码。一些系统,如 Visual Basic 编程环境使用的另一选项,正在提供自动命令完成以降低用户出错的可能性。用户输入命令的前几个字母,只要输入的字符足以将此命令与其他命令区分开,计算机就自动完成它,从而减少用户出错的可能。

(2)完整的序列。

有时,一个动作需要几个步骤来完成。由于操作者有可能忘记完成一个动作的每个步骤,因此设计人员会试图把一个步骤序列作为一个动作来提供。在汽车里,司机不必设定两个开关来发出左转弯信号,一个开关就导致汽车左侧的两个(前和后)转向信号灯闪烁。与之类似,当飞行员按开关放下起落架时,数百个机械步骤和检查自动调用。同样的概念也能应用于计算机的交互使用。又如,文字处理软件的用户能够指示,让所有节标题居中,设置为大写字母和加下画线,而不必在每次输入节标题时都执行一系列命令。然后,如果用户想要改变标题风格(如除去下画线),一个命令就保证所有节标题都得到一致的修改。

考虑普遍可用性也有助于减少错误。例如,在老年用户或行动受限的其他用户中,有过多小按钮的设计可能会造成高出错率,而增大按钮则使所有用户都会受益。

6. 增加自动化的同时确保人的控制

前面的介绍致力于简化用户任务,然后用户就能够避免常规的、冗长的和易于出错的动作,并集中精力来做出关键决定、处理意外情况和计划将来的动作。人和计算机的相对能力见表4.2。

表4.2　人和计算机的相对能力

一般人类擅长	一般计算机擅长
感觉低级刺激;	感觉人的范围以外的刺激;
在喧闹的背景中发觉刺激;	统计或测量物理量;
识别变化的情况中的不变模式;	准确地存储大量的编码信息;
感觉不平常和意外的事件;	监视预先制定的事件,特别是不常见的事件;
记忆规则和策略;	对输入信号做出快速、一致的反应;
在没有先验联系的情况下,恢复相关细节;	准确地回忆大量详细信息;
利用经验并使决定适应情况;	按预定方式处理定量数据;
若原方法失败则选择替代方法;	演绎推理,从一般规则中推测;
归纳推理,由个别到一般;	可靠地执行重复的、预先编制的动作;
在无法预知的紧急情况和新情况中行动;	发挥巨大的、高度受控的物理力量;
应用规则来解决不同的问题;	同时执行数个活动;
做出主观评价;	在信息负载过重时保持运行;
负荷过多时专攻重要任务;	在延长时间里保持性能;
使身体反应适应情况的变化;	
开发新的解决方案	

随着流程变得更加标准化和对生产率压力的增加,自动化的程度也日益增加。对常规任务来说,自动化是可取的,因为它降低了出错的可能性和用户的工作量。然而,即使增加了自动化,设计人员仍能提供用户偏爱的可预测且可控制的界面。因为现实世界是一个开放的系统(即不可预测事件和系统错误数值的不确定性),所以需要保持人的监督角色。相反,计算机组成一个封闭系统(只能适应硬件和软件中数量可确定的正常和故障情况)。在不可预测事件中,必须采取行动来保障安全、避免代价昂贵的故障或提高产品质量,对于这种事件,人的判断是必需的。

例如,在空中交通管制中,常见动作包括改变飞机的高度、方向或速度。这些动作很好理解,并有可能用调度和路径分配算法来实现自动化。但管制员必须在场,以便应对高度可变的和不可预测的紧急情况。一个自动化系统可能成功地处理巨大的交通量,但如果因天气恶劣而导致跑道关闭,则管制员不得不快速给飞机重定路线。现实世界的情况非常复杂,以至于不可能对每种意外事故都进行预测和编程。在决策过程中,人的判断和价值观是必要的。

很多应用中的系统设计目标是给予操作者有关当前状态和活动的足够信息,以确保在必须干预时,甚至在出现部分故障情况下,他们有知识和能力正确执行。美国联邦航空管理局(FAA)强调,设计应让用户处于控制地位,而自动化只为"提高系统性能,而不减少人的参与"。这些标准也鼓励管理人员"在用户怀疑自动化时培训他们"。整个系统必须不仅为正常情况,还要为能够预料到的大批异常情况而设计和测试。测试条件的扩展集可能作为需求文档的一部分包含在内,操作者需要有能对其动作负责的足够信息。

除监督决策和处理故障外,人的操作还起到改进系统设计的作用。

4.3　人机交互系统设计框架及策略

4.3.1　设计框架

设计框架定义了用户体验的整个结构,包括底层组织原则、屏幕上功能元素的排列、工作流程、产品交互、传递信息的视觉和形式语言、功能性和品牌识别等,如交互框架、视觉设计框架和工业设计框架。交互框架设计(Interaction Framework)指交互设计师利用场景和需求来创建屏幕和行为草图,简单地说就是绘制界面交互线框图。

Allan Cooper 提出的交互框架不仅定义了高层次的屏幕布局,还定义了产品的工作流、行为和组织,包括六个主要步骤,如图 4.12 所示。

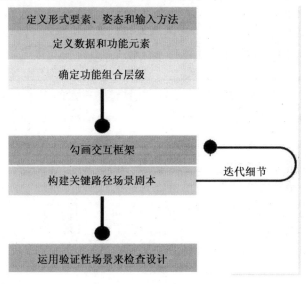

图 4.12　框架定义过程

1. 定义形式要素、姿态和输入方法

形式要素指在产品设计前期考虑要设计什么样的产品,是高分辨率屏幕上显示的Web 应用,还是低分辨率、轻便且在黑暗和高亮度光线下都能看见的手机端产品。如果产品的特点和约束对设计提出的要求不能给出明确的答案,可以回想一下人物角色和场景剧本,以便理解产品的使用情景和具体环境。

此外,还需考虑产品的基本姿态,确定该系统的输入方法。产品姿态是指用户会投入多大的注意力与产品互动,以及产品的互动会对用户投入的注意力做出何种反应。

输入方法是用户和产品互动的形式。它既取决于产品外形和姿态,也受人物角色的态度、能力和喜好影响。输入方法包括键盘、鼠标、拇指板、触摸屏、声音、游戏杆、遥控器及专门的按键等。例如,大多数计算机应用/网站都需要键盘和鼠标两种输入方法,而iPad 通常是用手指触摸或者手绘笔输入。

2.定义数据和功能性元素

数据元素通常是交互产品中的基本主体,包括相片、电子邮件及订单等,是能够被用户访问和操作的基本个体。对数据元素进行分类十分关键,因为产品的功能定义通常与其有关。此外,数据之间的关系也很重要,有时一个数据对象包含其他数据对象,有时不同数据对象之间还存在更密切的关系。

功能元素是对数据元素的操作及其在界面上的表达。一般来说,功能元素包括对数据元素操作的工具,以及输入或者放置数据元素的位置。通过将功能需求转换到功能元素,会使设计变得更加清晰。情景场景剧本就是设计者想要给用户带来的整体体验的载体,而设计者让体验者变得真实和具体。

3.确定功能组合层级

在获得了顶级功能和数据元素后,可以对定义的高层次功能和数据元素按照重要性进行分组,并决定它们的层次。元素分组是为了更好地在任务中和任务间帮助促进人物角色的操作流程。分组过程中需要考虑的因素包括哪些元素需要大量的屏幕空间、哪些元素是其他元素的容器、应如何安排容器来优化流程、哪些元素应该组合在一起等。例如,如果容纳对象的容器之间存在比较关系或需要放在一起使用,则应该是相邻的;如果是表达多个步骤的对象,通常也要放在一起,并且遵循一定的次序。同时,分组过程中还要考虑一定的产品平台、屏幕大小、外形尺寸和输入方法的影响。

4.勾画交互框架

在勾画的最初阶段,界面的视觉应该简单。Allan Cooper 提出了"矩形图阶段",它使用粗略的矩形图表达并区分每个视图,可以为每个矩形进行标注,用来说明或描述一个分组或元素如何影响其他分组或元素。交互界面的可视化首先应该简单,每个功能组或容器方框的名称和描述表示不同区域之间的关系(图 4.13),图中每个视图对应于窗格、控件(如工具栏)和其他顶层容器的粗糙矩形区域。

图 4.13 交互框架草图

5. 构建关键路径场景剧本

关键路径场景描述角色如何使用交互框架词汇与产品进行交互。这些场景描绘了人物角色通过界面的主要途径,其重点在任务层。例如,在电子邮件应用程序中,关键路径活动包括查看和撰写邮件,而不是配置新的邮件服务器。这些场景通常从上下文场景中演变而来,但是此处具体描述了角色与组成交互框架的各种功能和数据元素的交互。随着向交互框架添加越来越多的细节,迭代关键路径场景,可以更加明确地反映用户操作和产品响应周围的这些细节。

与面向目标的上下文场景不同,关键路径场景更加面向任务,侧重于上下文场景中广泛描述和暗示的任务细节,并提供每个关键路线的走向。如果需要,还可以使用低保真草图序列的故事板来描述关键路径场景剧本,可以详细地描述解决方案如何帮助角色实现目标。图 4.14 所示的这种故事板技术是从电影制作和漫画中借鉴而来的,在这种技术中,用相似的过程来计划和评估创意,而不必处理拍摄实际电影的成本和劳力。用户和产品之间的每个交互可以描绘在一个或多个框架或幻灯片上,通过它们的推进为相互作用的一致性和流动提供了显示的检查。

6. 运用验证性场景来检查设计

在创建了关键路径故事板之后,把重点转移到不太频繁使用和不太重要的交互上,通过验证性场景,指出设计方案的不足,并根据需要进行调整。应该按照以下顺序处理三个主要类别的验证场景。

(1)关键路径的替代剧本。

关键路径的替代剧本是沿着人物角色决策树的某个点从关键路径分离的替代或分岔点的交互,这些可能包括常见的异常情况、较少使用的工具和视图,以及基于二级角色的目标和需求的变化或其他情况。

(2)必须使用的场景剧本。

必须使用的场景剧本是指必须要执行,但又不经常发生的动作,如清空数据库、升级设备等请求都属于这个类别。

(3)边缘情形使用的剧本。

边缘情形使用的剧本指的是非典型情形下一些产品必须要有却又不太常用的功能。例如,用户 A 想添加两个同名的联系人,就是一个边缘情境场景。

Allan Cooper 框架定义过程不一定是线性的,但可以允许循环往复,有可能随设计者思维方式的改变而改变。

4.3.2　设计策略

做产品设计,至少需要从管理人员、工程师和用户三个角度去思考。对于大多数用户而言,简单的产品更加容易使用。根据 Giles Colborne 的交互设计策略,其目的就是让软件产品变得简单,提高大多数用户的用户体验。Giles Colborne 的交互设计策略主要包括删除、组织、隐藏和转移。

《狼牙之刃》故事板　　Page.01

镜头	画　面	文字描述	音　效	时间
1	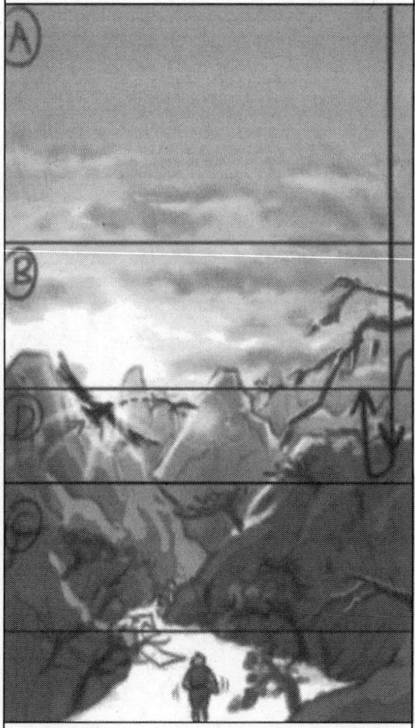	晴朗的天空，镜头下移，一只大雁从左侧入镜，盖过太阳光线，使阳光形成光晕，绕过远处山峰飞去。镜头移到山脚时，一位老翁从车马道家向前踉跄而奔。镜头自老翁入镜开始跟拍，直到老翁进入拐角消失 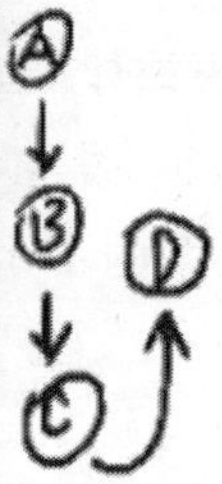	大雁叫声 老翁喘息声和脚步声	12 s
2	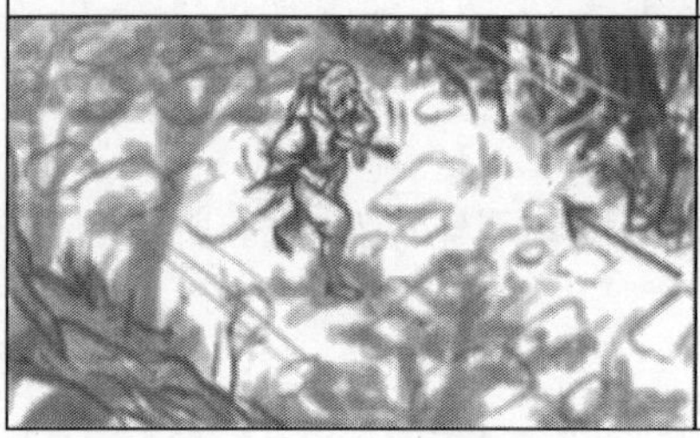	老翁在山道上奔走，脚步踉跄，左手护胸，胸口插一支箭，伤口流血。镜头以老翁为中心跟拍前进，背景向后移动	老翁疲惫的喘息声和脚步声	2 s

图 4.14　《狼牙之刃》故事板

1. 删除

所谓删除，就是删除所有不必要的内容，直到不能再删除为止。不是功能越多的产品就是越好的产品，好产品的判断不依据产品功能的多和少。删除一些不重要的、不常用的、杂乱的特性或许能让产品经理专注于把有限的、重要的问题解决好。

删除时应该遵循的原则包括以下几点。

(1)删除那些可有可无的界面元素，可以减轻用户的负担，让用户专心去完成自己的任务。

(2)删除过多的选择，因为过多的选择会影响用户的决策，有限的选择反而更令用户喜欢。

(3)删除让用户分心的内容,让用户注意力保持集中。

(4)删除多余的选项,选择合适的默认值。产品主要是为主流用户服务的,主流用户不追求产品的功能齐全和完美。

(5)清除错误是检阅用户体验的一个方面,此处的清除错误是指尽量减少用户碰到各种不必要的系统提示,因为在一定程度上,这些没必要的系统提示影响了用户的体验。

(6)删除视觉混乱的元素。

(7)删减文字,多余的文字浪费用户的时间,删减文字有利于将重要的内容呈现在用户面前,消除分析满屏幕内容的烦恼,用户对自己看到的内容更有自信。

总之,删除策略的核心就是删除那些分散用户注意力的因素,聚焦于产品的核心功能。

2. 组织

组织即按照有意义的标准将产品的某些界面元素或功能划分成组。组织有多种方式,主要包括通过分块、围绕用户行为、确定清晰的分类标准、字母表与格式时间和空间、网格布局、大小和位置、分层和色标,以及按照用户期望路径等方式对产品界面元素或功能进行组织。根据格式塔心理学原理,一个经典建议是把界面元素组织到"7+2"个块中,但也有不少的心理学家认为人类的瞬间存储空间大约只有四块。因此,唯一可以肯定的是分块越少,用户的负担就越轻。

3. 隐藏

隐藏是指把非核心功能隐藏在核心功能之后,避免分散用户的注意力,也就是将不常用的功能隐藏在常用功能背后。隐藏策略的应用在一定程度上可能会给用户带来体验上的障碍。因此,要知道哪些功能适合隐藏策略。一般情况下,那些主流用户不常用但是又不能缺少的功能应该隐藏,如事关细节、选项和偏好(系统设置),以及特定地区的信息等。

隐藏策略应用过程中需要做到:隐藏一次性设置和选项;隐藏精确控制选项,但专家用户必须能够让这些选项始终保持可见;不可强迫或寄希望于主流用户使用自定义功能,不过可以给专家提供这个选项;巧妙地隐藏或彻底隐藏,适时出现。

4. 转移

转移是指将一部分功能转移到另一个产品上,以达到让当前产品更简约的目的。有些功能在 A 平台上实现比较复杂,而转移到 B 平台上可能实现起来并不会那么难。例如,微信中的发现功能不适合于 PC 端,就需要把类似这样的功能转移到移动端设备上。

转移可以从一个平台转移到另一个平台,也可以从一个组件转移到另一个组件。这就需要某一个组件具备多种用途或功能,把相似的功能绑定在一起。

第5章　界面设计

进行界面设计时,主要是看界面本身和界面的组件、布局、风格等是否能支撑有效的交互。交互行为是界面约束的源头,当产品的交互行为已经被清楚地定义好时,对界面的要求就非常清楚了。界面上的组件是为交互行为服务的,它可以更美、更抽象、更艺术化,但不可以因任何理由而破坏产品的交互行为。

交互设计师和视觉设计师的区别在于双方追求的本质不一样。交互设计师追求的是产品对用户的"可用、易用、好用"等功能,而视觉设计师追求的是"美"。任何界面都要给用户带来愉悦的视觉享受,界面的视觉体现要遵循信息设计及交互设计的基本原则。在美学原则的基础上,设计除要符合一般视觉设计的法则外,还要有很多交互界面设计独有的视觉法则,这些法则是本章主要讨论的内容。

5.1　界面设计概述

界面设计需要定位使用者、使用环境、使用方式,并且为最终用户而设计,是纯粹的科学性的艺术设计。检验一个界面的标准是最终用户的感受,所以界面设计要与用户研究紧密结合,这是一个不断为最终用户设计满意视觉效果的过程。

5.1.1　视觉设计过程

视觉设计过程基本由一系列决定构成,这些决定最后产生一个策略,然后再定义出一个视觉系统,这个视觉系统通过提升细节和清晰的程度来最大化地满足这个策略。依赖主观判断来做出这些设计决定是灾难性的,同时也会导致设计方案难以得到用户的认同。正确的设计流程能使视觉设计师将主观性和猜测的影响降到最小。客观代替主观的第一步是从"研究"开始的,这通常由交互设计师主导一些研究,从用户行为方面来了解商业和用户的目标,视觉设计师适当地参与这些研究,以便确定一个可靠、有效的视觉策略。

1. 研究用户

通过用户访谈,视觉设计师可以了解更多关于用户和公司及其产品之间情感上的联系。另外,访谈也提供了一个造访用户所处环境的机会,可以直接了解用户在与产品进行交互时有可能遇到的挑战。

交互设计师和视觉设计师在用户研究阶段所寻找的是不同的模式,理解这一点非常重要。交互设计师想找出的是工作流程、心智模型和任务的优先级别,以及频率、障碍点等。而视觉设计师应该寻找以下模式。

（1）用户特征（如身体缺陷，尤其是视力）。

如果你曾经看到一个老年用户在努力辨认网页上 12 个像素的 Verdana 文字，那么他很容易就会忽略在书本上出现的 7 个像素。而针对行动困难的人的产品，他们的身体缺陷对设计的影响就更大了，因为这意味着他们的产品上的按钮需要更大的间距和尺寸。

（2）环境因素（灯光、用户和界面之间的距离，显示器上的保护膜等）。

通过一些人体测量学资料帮助，可以体验到独特的用户和环境因素，这有助于设计出一个适用于不同身材的产品。

（3）品牌中有可能引起用户共鸣的因素。

除理解用户和环境因素外，讨论品牌和个性也是很重要的。可以询问用户关于他们与你的公司或竞争对手的过往经历，这样就可以评估这些信息和团队中的假设是否一致。

（4）用户对体验的期望。

与用户进行视觉设计和品牌的交谈可能具有一定的挑战性，但它能提高视觉方案的成功率，因为这是基于与用户有关的故事设计的，而不是依赖于项目中某些专家的意见。

2. 形成视觉策略

一旦完成上面的这些研究工作后，就可以分析并确定模式了。

首先，将从研究中得到的结论应用到人物角色上，以确定所有情感或行为上的模式。交互设计师会专注于特定的人物角色的目标、背景和观点；视觉设计师则应注重情感化，以及用户和环境的因素等方面。

当人物角色创建好之后，列出从相关设计人员和用户访谈中得到的所有描述性的词汇，并将其分组，这些词汇组成正是形成一套"体验关键字"的基础，将用于确定和管理视觉策略。体验关键字描述的是这个人物角色在看到界面时最初 5 s 的情感反应。考虑这种最初反应有两个好处：通过提供一种积极的第一印象和持续的情感体验，可以强化公司的品牌；对于用户是否接受这个产品和忍受某些不足，它具有重大的意义。研究表明，具有美感的设计比没有美感的设计更有用。同时，当人们喜欢使用时，界面就会更可用。

一旦团队达成共识，体验关键字将为视觉设计指出一个明确的方向。

拥有了人物角色、体验关键字、品牌需要等标准，就意味着得到了一个用于决定视觉设计的坚实基础。现在，视觉设计师可以提供一个更加经过深思熟虑的视觉设计方案，并能得到更切合实际的反馈。

5.1.2 视觉界面设计的组成

从根本上讲，界面设计的工作重点在于如何处理和组织好视觉元素，从而有效地传达出行为和信息。视觉组成中的每一个元素都有一些基本属性，如形状和颜色，这些属性在一起可以创造出一定的意义。单个属性并不具备与生俱来的意义，而各种视觉元素的属性组合让界面具备了意义。当两个对象具有一些相同的属性时，用户就认为它们是相关、类似的；当用户发现两个对象中的属性有所不同时，则会认为它们是无关的；如果两个对象中的属性存在着大量不同，通常会吸引用户的注意。视觉界面设计正是利用人类的这种本领来创造出意义的，这远比单纯采用文字更丰富、更有力量。

在设计用户界面时,要考虑每个元素和每组颜色的视觉属性。只有小心运用每个属性,才能创造出有用并令人喜欢的用户界面。下面对每种视觉属性分别进行讨论。

1. 形状

形状是辨识物体的最主要方式。人们习惯于通过外形轮廓来辨识物体,如把毛线织成菠萝的形状,仍然认为它代表的是菠萝。不过,辨识不同的形状比辨识不同的其他属性(如颜色或者尺寸)需要更多的注意力。这意味着,如果想吸引用户的注意力,形状并不是用来产生对比的最佳选择。形状作为辨识物体的一个因素,具有明显的弱点。例如,苹果电脑中的 Dock(即屏幕下方的停靠栏)上虽然形状不同,但是大小、颜色和纹理相似的 iTunes 和 iDVD、iWeb 和 iPhoto 图标经常被搞混。

2. 尺寸

在一系列相似的物体中,较大的物体更容易引起人们的注意。尺寸也是有顺序且可量化的变量,人们可以按照物体的大小自动地将它们排序,并在主观上为这些不同的物体赋予相应的值。例如,对于文字,尺寸的不同会迅速引起人们的注意,也就默认尺寸越大、文字越粗,就越重要。因此,尺寸在传达信息层次结构时是一个很有用的属性。此外,尺寸还具有游离性,当一个物体尺寸非常大或者非常小时,其他变量(如形状)也就很难被注意到。

3. 明度(亮度)

明度是指色彩的亮度,是色彩三要素之一,用来衡量物体有多暗、多亮。当然,谈论物体的明亮程度或者黑暗程度,通常是相对于背景而言的。在黑暗背景下,暗色类型的物体不会凸显;而在明亮背景下,暗色类型的物体就会很突出。明度和尺寸都具有游离性。例如,一个照片太亮或者太暗,就很难看清楚照片拍摄的到底是什么。人们很容易快速地察觉到明度的对比反差,因此可以利用明度来突出那些需要引起人们注意的元素。明度同样也是有顺序的变量。例如,明度较低(较暗)的颜色在地图上用来标识较深的水域或较密的人口。

4. 颜色(色相)

使用不同颜色可以快速引起用户的注意。在一些专业领域中,可以利用颜色表示特殊意义。例如,会计会把"红色"当作负的,把"黑色"当作正的;证券市场上的交易员则将蓝色表示"买",红色表示"卖"(不同国家或地区也有不同)。在我们的文化习俗中,颜色也具有一定的含义,如红色在交通信号灯中的意思是"停止"。在西方,红色有时还意味着"危险";但在中国,红色则意味着吉祥。类似地,白色在西方代表纯洁与祥和,但在一些亚洲国家里则被用在葬礼中。颜色与尺寸、明度不同,它本质上是没有顺序的,也不是定量的,因此并不太适合表达某些类型的数据。此外,由于存在色盲现象,因此也不能过度依赖颜色并把它当作唯一的传达手段。

颜色难以把握,最好小心并合理地运用它。有效的视觉系统为让用户分辨出元素间的异同,就不能运用过多数量的颜色,这种狂欢节似的效果会淹没用户,进而难以进行有效的传达。界面的品牌需求和传达需求也可能会在颜色上发生冲突,这时就需要具有高水平并有经验的视觉设计师或者具有高水平的谈判能力的人来引导。

5. 方位

方位即上下左右。在需要传达与方向有关的信息(向上或向下、前进或后退)时,方位是个很有用的变量。但在某些形状下,或者尺寸较小时,方位比较难以察觉,因此最好将它作为次要的传达手段。例如,要表示股市下滑时,就可以使用一个向下指的箭头,同时标为红色。

6. 纹理

纹理是指粗糙还是光滑、规则还是不规则。当然,在屏幕上的元素只是具有纹理的外表,并没有真正的纹理。由于分辨纹理需要很强的注意力,因此很少被用来表达不同或引发注意。纹理通常也会占用不少的像素资源,不过它可以被用作重要的启示、暗示。例如,设备的把手为了增加摩擦力,通常附有橡胶,因此用户便会形成这个部位可能是用来抓握的思维定式;界面上的元素带有波纹,则意味着这个元素是可以拖放的;按钮上如果带有斜面、阴影,则意味着这个按钮是可以单击的。

7. 位置

位置与尺寸一样,既是有序的,也是可量化的,这就意味着它可以被用来传达层次结构方面的信息。利用从左至右的阅读顺序可以将元素排位,如把最重要的对象放在屏幕的最左上角。也可以用位置来创造出屏幕对象和现实世界对象的空间对应关系,如文件管理系统的设计。

这些原则着重关注视觉元素之间的关系,研究视觉元素呈现中的内在逻辑,帮助用户更好地理解信息,保证视觉信息传达的准确性与有效性。

5.2 界面设计要素

以技术为中心的风格正在改变为适应用户技能、目标和喜好的设计要求。在需求和特性定义设计阶段、开发过程和整个系统生命周期期间,设计人员寻求与用户直接交流。迭代设计方法允许对低精度原型进行早期测试、基于用户反馈进行修改及进行由可用性测试管理人员建议的增量优化,这种方法催生了高质量的系统。

如今,可用性工程已经具有成熟的实践性及一组不断增长的标准。可用性测试报告正逐步标准化(如通用工业规范),软件的购买者能够通过对各个供应商进行比较来选择产品。设计情形的多样性使得管理人员必须调整相关的策略,以适应他们的组织、项目、计划和预算,强调支持可用性设计。

作为一个目标,应该使工具和开发能力更接近于最终用户,尤其是在互联网领域,期望开发进程是灵活、开放的,并且给最终用户提供一些裁剪能力,这些期望能够增加用户界面开发成功的机会。成功的用户界面开发有四个要素:用户界面需求、指南文档与过程、用户界面软件工具,以及专家评审与可用性测试。这四个要素能够帮助用户界面架构师将好的思想转化为成功的系统(图 5.1)。经验已经表明,每个要素都能在此过程中产生数量级的加速作用,并能促进建立优秀的系统。

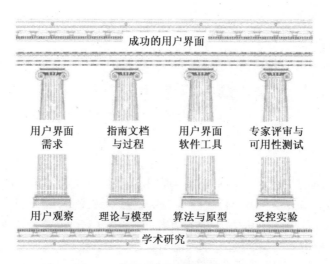

图 5.1　用户界面开发的四个要素

5.2.1　用户界面需求

软件项目的成败经常取决于所有用户与实现者之间理解的精确性和完整性。如果没有适当的需求定义,就既不能确定正在解决什么问题,也不会知道何时能够完成。

在任何开发活动中,征求和清楚地指明用户需求是取得成功的一个主要和关键的因素。得出并达成用户界面需求协议的方法因公司和行业而异,但其最终结果是相同的,即一个清楚的用户群体及用户所执行任务的说明书。拟定用户界面需求是整个需求开发和管理过程的一部分,系统需求(硬件、软件、系统性能及可靠性等)必须清楚地加以陈述,任何处理用户界面的需求(输入/输出设备、功能、界面及用户范围等)都必须指明并达成共识。一个确定用户需求的成功方法是通过用户观察、监视正在行动的真实用户的背景和环境。

5.2.2　指南文档与过程

在设计过程的前期,用户界面架构师应该产生一套工作指南。苹果公司 Macintosh(麦金塔)计算机成功的一个要素就是机器前期的可读指南文档,它提供了让很多应用开发人员遵循的一组清晰的原则,因此确保了跨产品设计的和谐性。微软经过多年改进的Windows 用户体验指南也为许多程序员提供了一个良好的起点及有教育意义的体验。指南文档应考虑以下几方面。

1. 词、图标和图形

(1)术语(对象和动作)、缩写和大写。

(2)字符集、字体、字体大小和风格(粗体、斜体、下画线)。

(3)图标、按钮、图形和线的粗度。

(4)颜色、背景、突出显示和闪烁的使用。

2. 屏幕布局问题

(1)菜单选择、表格填充和对话框格式。

(2)提示、反馈和出错消息的措辞。

(3)对齐、空白和页边空白。

(4)项和列表的数据输入和显示格式。

(5)页眉和页脚的内容及使用。

(6)适应小和大显示器的策略。

3. 输入与输出设备

(1)键盘、显示器、光标控制和指点设备。

(2)可听见的声音、语音反馈、语音 I/O、触摸输入和其他特殊输入方式或设备。

(3)各种任务的响应次数。

(4)为残疾用户准备的替代物。

4. 动作序列

(1)直接操纵的点击、拖动、释放和手势。

(2)命令语法、语义和序列。

(3)快捷键和可编程功能键

(4)苹果 iPhone 等设备与微软 Surface 等平板系统的触摸屏导航。

(5)错误处理和恢复过程。

5. 培训

(1)在线帮助、教程和支持群体。

(2)培训和参考资料。

指南的建立应有助于帮助它获得可见性并赢得支持。有争议的指南(如何时使用语音警报)应由同事评审或进行经验性检测。应制定分发指南的规则以确保实施。指南文档应能适应变化的需求,并通过体验而改进。把指南文档分为严格的标准、可接受的做法和灵活的指南这种三级方法能增加其可接受的程度,这种方法说明哪些项是较稳定的,哪些项是易于改变的。

一个指南文档如下。

(1)为开发人员提供一个交流过程。

(2)记录决定以备各方查看。

(3)提倡一致性和完整性。

(4)便于设计的自动化。

(5)允许有多个级别,如严格的标准、可接受的做法、灵活的指南。

(6)发布以下方面的政策。

①教育。如何得到它?

②实施。谁评审?

③特许。谁决定?

④增强。多久一次？

在项目开始实施时建立指南文档以关注界面设计,并提供对有争议问题进行讨论的机会。开发团队采用指南时,具体实现就能快速进行,并且只有很少的设计变更。对于大型的组织,可能有两级或更多级的指南,以在允许项目具有独特风格和本地的术语控制时提供组织的同一性。

创建文档和过程的基础如下。

(1)教育。用户需要培训和讨论指南的机会,开发者必须按综合指南进行培训。

(2)实施。需要一个及时、清晰的过程来验证界面是否遵循指南。

(3)特许。当使用创造性的想法或新技术时,需要一个快速的进程来获得批准。

(4)增强。需要一个可预测的评审过程,以保持指南是最新的。

5.2.3 用户界面的软件工具

设计交互系统的困难之一是客户和用户可能对新系统并没有一个清晰的想法。由于在很多情况下,交互系统都是新奇的,因此用户可能认识不到设计决策的用意。但是,一旦系统已经实现,再对系统进行重大修改就是困难、昂贵和耗费时间的。尽管对这个问题还没有一个完整的解决方案,但如果在早期阶段就能够给客户和用户以最终系统的真实印象,就能够避免一些严重的困难。

虽然打印出来的文稿对初步体验是有帮助的,但具有活动键盘和鼠标的屏幕展示却更为真实。菜单系统的原型可能用一两条活动路径来代替为最终系统预想的数千条路径。对于表格填充系统,其原型可能只是显示域而没有真正处理它们。原型常常使用简单的绘图或文字处理工具,甚至使用 PowerPoint 幻灯片来演示开发。其他原型演示工具有 Flash、Adobe Page Maker 和 Illustrator。

微软的 Visual Basic/C++等开发环境不仅易于上手,而且具有一组杰出的特性。Visual Studio、C#和. NET 框架也能用于评估用户界面开发项目。要确保评估工具的能力、易学性、成本和性能,应按照工作的规模进行相应工具的选择。构建一个支持用户界面开发项目的软件体系结构与任何其他(特别是大型)软件开发活动同样重要。

5.2.4 专家评审与可行性测试

现在,网站的设计人员认识到,在将系统交付给客户使用之前,必须对组件进行很多小的和一些大的初步试验。除各种专家评审方法外,与目标用户一起进行的测试、调查和自动化分析工具被证明是有价值的,其过程依可用性研究的目标、预期用户数量、错误的危害程度和投资规模而有很大变化。

5.3　界面流程设计

5.3.1　参与式设计

参与式设计是指人们直接参与到所开展的协同设计之中,但这个概念是有争议的。

赞同意见认为更多的用户参与会带来有关任务的更准确信息及用户影响设计决策的机会。然而,在成功的实现中,构建用户自我投资的参与感可能在增加用户对最终系统的接受度方面有最大的影响。另外,用户的广泛参与可能是昂贵的,并可能延长实现周期,也可能使未参与或建议被拒绝的人产生敌意,潜在地迫使设计人员放弃他们的设计,以使不胜任的参与者满意。

然而,参与式设计的经验大多还是正面的,避免了很多会被遗漏的重要用户意见。抵制的用户更喜欢形式化的多案例研究协同技术,并主动通过视频来探索可塑界面方法。用户画出界面草图,使用纸条、塑料片和胶带来创建低精度的早期原型,然后把场景走向记录在录像带上,以便向管理人员、用户或其他设计人员演示,在正确领导下能够有效地引出新的想法,并且所有参与的人都会觉得有趣。参与式设计的很多变体已经提出,这些变体的参与者创建戏剧表演、摄影展、游戏或仅仅是草图或书面场景。高精度的原型和仿真也可能是引出用户需求的关键。

仔细挑选用户有助于建立成功地参与式设计的经验。竞争性挑选可增加参与者的重要感和强调项目的严肃性。可能要求参与者承诺出席重复性的会议,并应告知期望他们发挥什么样的作用和影响。他们可能必须了解技术和组织的商业计划,并要求充当与他们所代表的更大用户群的沟通管道。

有经验的用户界面设计人员知道,在决定交互系统成功方面,组织的政策和个人的喜好可能比技术问题更为重要。例如,如果仓库管理人员看出他们的职位受到了交互系统的威胁,则因为这种系统通过桌面显示为高级管理人员提供最新信息,所以他们就可能试图通过拖延数据录入或不尽力保证数据的准确性来确保系统失败。界面设计人员应该考虑到该系统对用户的影响。应该请求他们参与以确保所有关心的事都被尽早明确,以避免起反作用和抵制改变。新颖性正在威胁很多人,所以对预期结果的清楚陈述能够有助于减少焦虑。

有关参与式设计的想法正在与不同的用户一起改进,这些用户的范围从儿童直到老年人。对有些用户,如有认知障碍的用户或时间宝贵的用户(如外科医生)来说,安排其参与是困难的。参与的等级正在变得更清楚。一种分类法描述儿童在开发儿童界面中的角色,老年人在开发其典型用户将是其他老年人的界面中的角色等,其角色变成消息提供者再变成设计合作者(图 5.2)。测试者只是在他们试验新设计时被观察,而消息提供者通过访谈和焦点小组来评论设计人员。设计合作者是设计团队中活跃的成员,在儿童软件的案例中,合作者自然包括很多年龄段的参与者。

图 5.2　用户参与四级模型

5.3.2　场景开发

在需求定义不十分明确的项目中,很多设计人员发现所描述的日常生活场景有助于表示用户执行典型任务时所发生事物的特征。在设计的早期阶段,应该收集有关当前性能的数据以提供基线。收集类似的系统信息是有帮助的,也能够与利益相关者(如用户和管理人员)进行访谈。

　　一种早期描述新系统的方式是编写使用场景。如果可能,则把它们以戏剧的形式演示出来。当多个用户必须合作(如在控制室、驾驶舱或金融交易室中),或使用多个物理设备(如在客户服务台、医疗实验室或旅馆前台区域)时,这种技术特别有效。场景能够使用新用户和专家用户来表示普遍或应急的情况,而角色也能够包含在场景生成中。

5.3.3　设计影响分析

　　交互系统经常会对大量用户产生巨大影响。为减少风险,考虑周到地陈述在利益相关者之间流传的预期影响,对于在开发的前期阶段(当改变最容易时)就引出有益的建议是一个有用的过程。

　　政府、公用事业等行业逐渐需要信息系统来提供服务。社会影响报告类似于环境影响报告,有助于在与政府相关的应用领域中开发出高质量的系统。广泛的前期讨论能够揭示一些关注点,并促使利益相关者能够公开说明他们的立场。报告可能包括以下部分。

1. 描述新系统及其好处

(1)表达新系统的高级目标。

(2)识别利益相关者。

(3)识别具体的好处。

2. 讨论关注和潜在的障碍

(1)预测工作职能的改变和潜在的停工。

(2)讨论安全和隐私问题。

(3)讨论可说明和系统误用与故障的责任。

(4)避免潜在的偏见。

(5)权衡个人的权利与社会利益。

(6)评价集中化与非集中化之间的折中。

(7)保持民主原则。

(8)确保不同的访问。

(9)促进简单性和保持有效的方法。

3. 模拟开发过程

(1)提交估计的项目进度计划。

(2)提出决策过程。

(3)讨论如何把利益相关者包括在内的期望。

(4)认识到需要更多的人员、培训和硬件。

(5)提出数据和设备的备份计划。

(6)概述移植到新系统的计划。

(7)描述测量新系统成功的计划。

社会影响报告应在开发过程中尽早开发,以影响项目进度计划、系统需求和预算。它能够由包括最终用户、管理人员、内部或外部的软件开发人员及可能的客户的系统设计团队开发。对大型系统来说,社会影响报告的规模和复杂性应使具有相关背景的用户易于访问。社会影响报告写完后,应由适当的评审小组及管理人员、其他设计人员、最终用户和其他将被所提议系统影响的人加以评估。潜在的评审小组可能包括政府部门、管理机构、专业协会和工会。评审小组将接受书面报告,主持公开听证会和要求修改,社会团体也应该有机会提出他们的关注和备选方案。

社会影响报告一旦被采纳,就必须强制执行。社会影响报告记载新系统的意图,利益相关者需要看到这些意图得到行动支持,评审小组一般是适当的执行当局。

涉及的工作量、成本和时间对项目来说应该是适当的,同时应便于细心评审。通过预防修正费用昂贵的问题、改进隐私保护、使法律挑战最小化和创造更满意的工作环境,这一过程就能提供大量的改进。

5.3.4　法律问题

随着用户界面变得越来越重要,严肃的法律问题就显现出来了。每个软件和信息的开发者都应该对可能影响到设计、实现和市场营销的法律问题进行评审。

每当计算机用于存储数据或监视活动时,隐私总是一个值得关注的问题。医疗的、法律的、财经的和其他数据必须得到保护,以防止未经批准的访问、非法篡改、不慎丢失或恶意损害。最近实施的隐私保证法律,如强加给医疗和金融群体的法律,能够产生复杂的、难以理解的政策和规程。禁止访问的物理安全措施是基本的。此外,隐私保护能够包括控制口令访问、身份检查和数据校验。有效的保护提供高等级的隐私权,只有最少的混乱和入侵渗透。网站开发人员应该提供易于访问且可理解的隐私政策。

第二个值得关注的问题包含安全性和可靠性。飞机、汽车、医疗设备、公共设施控制室等的用户界面能够影响到生死攸关的决定。如果空中交通管制人员被显示的状况搞乱,则他们就可能犯致命的错误。如果此类系统的用户界面经证明是难以理解的,就可能给设计者、开发者和操作者带来指控设计不当的诉讼。设计人员应该争取制作遵守最新设计指南、经过反复测试的高质量界面。记载测试和使用情况的准确记录在问题出现时将保护设计者。

第三个值得关注的问题是软件的版权或专利保护。花费时间和金钱开发软件包的软件开发人员在试图收回成本和获利时,如果潜在用户非法复制该软件包而不采取购买方式,就有可能面临麻烦。已经有相应的技术方案可以用来防止复制,但黑客通常能规避那些障碍。虽然因复制程序而受到起诉的个人案例还不多见,但企业和大学已经有了相关诉讼案例。某些免费软件联盟反对软件版权和专利,强调知识共享,相信广泛传播是最好的政策。一些开放源代码软件产品(如 Linux 操作系统和 Apache 网络服务器)已经获得成功,并占据了相当大的市场份额。

第四个值得关注的问题是在线信息、图像或音乐的版权保护。如果客户访问了在线资源,他们有权以电子形式保存信息供以后使用吗? 用户能把电子副本发送给他的同事或朋友吗? 用户和网站谁拥有社交网络的好友列表和其他共享数据呢? 个人、机构或网络操作者拥有电子邮件消息中所包含的信息吗？具有大规模数字图书馆的互联网的扩大已使版权讨论升温并且节奏加快,发布者寻求保护他们的知识资产,而图书管理员则夹在为顾客服务的愿望和对出版者的职责之间。如果有版权的作品被自由散布,那么对发布者和作者将有什么激励呢？如果未经许可或付费就传播有版权的作品是非法的,那么科学、教育和其他领域将受到损害。出于个人和教育的目的而有限复制的合理使用原则有助于处理由影印技术引起的问题。然而,互联网许可的、完美的快速复制和广泛的散布要求考虑周到的修订。

第五个值得关注的问题是电子环境中的言论自由。用户有权利通过电子邮件或列表服务器发表有争议的或有潜在攻击性的言论吗？网络是像街角一样,言论自由得到保证,还是像电视广播一样,社会标准必须受到保护呢？网络操作者应该有责任还是被禁止去删除那些有攻击性的或淫秽的笑话、故事或图像呢？互联网服务提供商是否有权利禁止那些用于组织客户反抗他们自己的电子邮件消息？网络操作者是否有义务封锁种族主义者的电子邮件评论或发帖到公告栏？如果诽谤言论被传播,人们能控告网络操作者连同来源吗？

网站是一个有关隐私法规和相关问题的优秀信息源,其中包括已经意识到的很多其他法律问题,如反恐怖主义、伪造、垃圾邮件、间谍软件、债务、互联网税收等。这些问题需要引起注意,且最终可能需要立法

5.4　Web 界面设计

5.4.1　Web 基础

互联网近年来对社会影响很大,它不仅为全世界信息的沟通提供了前所未有的便利渠道,而且影响到人类生活的很多方面。最初,互联网只是作为数据传输、信息连接的以纯文字为基础的计算机工具;如今,互联网已经成为全面支持多媒体,能在多种平台上运行的庞大信息服务系统。在互联网技术飞速发展的同时,互联网的应用范围也日趋扩大,被广泛用于商业办公、业务管理、购物娱乐等人类生活的各个方面。

20 世纪 90 年代初,随着互联网的发展,人们开始开发各种在互联网上浏览信息的工具。位于瑞士日内瓦的欧洲核能研究中心是一个国际研究机构,分布在世界各地的科学家亟须高效率的通信方式来进行彼此交流与分享信息。该中心的高能核理学家 Tim Bemers-Lee 研究发展了万维网(World Wide Web,WWW)的雏形,其目的是建立一个能够整合各种资源、文件及多媒体的系统,让使用者方便地取得不同媒体的资料。

最初,Web 只是提供超文本文档服务的一种途径。1993 年 2 月,美国国家超级计算机应用中心发行了一个面向 Unix 系统的图形浏览器 Mosaic,它集成了图形用户界面,能直接浏览 Web 中的图形,同时可以支持其他媒体类型,并能方便地浏览文本、声音、图像等多媒体信息。图形浏览器的出现使 Web 得到了社会各界的关注,成为 Web 逐渐流行起来的原因之一。Web 的快速发展也使互联网的信息量爆炸性发展,使得 Web 成为互联网上最主要的服务项目。

简单来说,WWW 建立在客户/服务器模型之上,以超文本标记语言(Hyper Text Markup Language,HTML)和超文本传输协议(Hyper Text Transport Protocol,HTTP)为基础,通过互联网把遍布世界各地的服务器连接起来,构成一个环球信息网络空间,它能够提供各种互联网服务,具有一致用户界面的信息浏览功能。

Web 网站的基本单元是用 HTML 文件描述的 Web 页面,这是一种可以在互联网上传输,并可被浏览器识别和翻译为页面的文件。Web 页面并不包含图形及其他元素,而是靠 HTML 将它们连接在一起,使它们展现在 Web 页面中。

Web 的一个发展趋势是图形 Web 页面的爆炸性发展。现在,在网上浏览时可以注意到图形在 Web 上得到了广泛的使用,这也包括大量使用的动态图形,使图形 Web 遍布网络的各个角落。

近年来,HTML 对互联网和 Web 的发展贡献巨大,但 HTML 的局限性也限制了 Web 的进一步发展。一方面,HTML 的固定标记集使 HTML 尤法支持 Web 不断涌现的新应用;另一方面,HTML 缺乏对文档的结构信息的描述,链接功能也不够强大,可扩展标记语言(Extensible Markup Language,XML)是新一代 Web 信息描述标准,它克服了 HTML 的局限性,能更详尽地描述文档的结构信息,具有比 HTML 更强大的功能,为 Web 的发展提供了强有力的支持。

互联网的发展日新月异,已经逐渐成为强有力的传播媒体,全球各个企业和机构纷纷建立自己的 Web 网站。Web 网站的外观经常是最先被注意到的,好的 Web 界面设计与网站外观直接相关,第一印象关系到网站的界面外观是否友好与吸引人。因此,对于设计人员来说,Web 界面设计至关重要。Web 界面设计是人机交互界面设计的一个延伸,是人与计算机交互的演变,是随计算机技术发展而发展的。人性化的设计是 Web 界面设计的核心,如何根据人的心理、生理特征,运用技术手段,创造简单、友好的界面,是 Web 界面设计的重点。

从人机交互界面设计的角度考虑,可以将互联网理解为一个用户与其他用户的知识之间的抽象界面。自从发明了写作以来,人们就开始设计信息源,帮助他人构筑知识。网站是一种新的信息传播工具,它没有改变信息生成的本质,只是运用了一种新的信息传递的通路。

Web 的信息交互模型是用来解释 Web 的人机界面件质的一个模型(图5.3),它提出网页是用户和知识之间的界面。Web 信息交互模型对于信息提供者来说是信息的表达,对于使用者来说则是信息的获取。信息的表达与获取分别受到二者认知结构的制约。

Web 信息交互模型涉及信息的三种类型:当一条信息被反复、简单地提供时,称为数据,如机票价格;当信息用来叙述事件时,称为复杂信息,如多媒体信息;当信息有明确目标并相互作用时,称为过程性信息,如在线练习、在线测试等。当前,互联网中更多的是前两种类型的信息,但 Java 等语言的使用使交互变得切实可行,过程性信息可望获得更大的发展。

该模型还涉及信息的两种特性:动态性和一致性。例如,股票价格、机票价格等信息在不断地变化,具有动态性。其中,股票价格比机票价格相对变化更大,而信息元素总是通过一定的方式结合在一起,如通过讨论、说明,或根据电话号码、名字、数字等方式陈列,组织方式具有一致性。

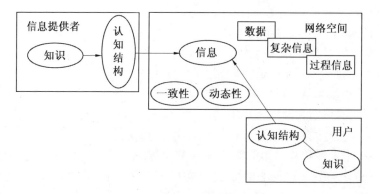

图 5.3　Web 信息交互模型

信息的三种类型和两个特性都影响了知识的表达和构造,从而影响到网站的界面设计。而信息提供者和用户的认知结构将影响界面的有效性。

5.4.2　Web 信息设计模型

Web 信息设计模型是解释 Web 人机界面性质的另一个模型,它是一种研究网页的信息设计模式。

在设计中,要考虑到信息的两个方面:一方面是信息的选取,即应该呈现或忽略什么信息,从这个角度来说,Web 设计任务包含经由设计人员的认知结构将知识转化为信息的过程;另一方面是指信息该如何被表现。

Web 设计在这方面是富有创造性的,包括三种设计空间:通路结构、兴趣结构和执行结构(图 5.4)。

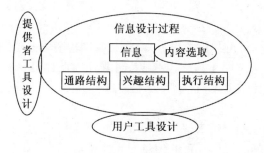

图 5.4　Web 信息设计模型

1. 通路结构

通路结构的功能是说明作者要展示的关键问题,如出版物中的索引、标题、摘要、概述等,它使用户更容易获取有用的信息。Web 网站地图和各栏目标题等信息都属于通路结构。

2. 兴趣结构

兴趣结构的目的是捕捉用户的注意力,并维持用户浏览网页的注意力。目前有一些模型用于系统的陈述兴趣结构元素,如 Malone 的内在动机模型,它是在对计算机游戏分析的基础上发展出来的,将用户的兴趣分类为挑战、幻想与好奇几种。

3. 执行结构

执行结构是从教育设计理论借用过来的,它是学习和教育材料之间的一系列交互,尤其是基于计算机的交互,主要是指描述学习和网页信息之间的交互。

5.4.3 Web 设计概要

无论是哪种类型的 Web 网站,想要把界面设计得丰富多彩,吸引更多的用户前来访问,Web 网站规划都是至关重要的。Web 网站规划是指在网站建设之前对市场进行分析,确定网站的目的和功能,并根据需要对网站建设中的技术、内容、费用、测试、维护等做出规划。创建新 Web 网站与其他产品设计方法相同,最佳方法是先建立原型系统,再进行详细设计,最后正式实施。

原型系统最主要的目标是学习,尝试采用不同的方法修改目标,更新形象。原型系统开发过程中要解决 Web 网站建设中的一些基本问题,如 Web 网站的结构、信息的组织与管理、新增文件与原有系统保持一致的措施、存储信息的物理方法(采用数据库还是文件系统)、文档版本控制、结构的完整性及维护方法等。

详细设计包括 Web 页面的布局、系统的内部结构、实现方法和维护方法等,这些对于以后的系统开发和投资估计都有着极其重要的意义。进行详细设计时,最重要的是确定 Web 网站的运行模式,是制造企业网站、商业企业网站、门户网站、新闻网站、个人网站,还是通过广告、销售等方式进行运作的网站。不同运行模式的网站,其设计的方式、内容和风格有着很大的区别。

Web 界面的内容要符合确定的设计目标,面向不同的对象要使用不同的口吻和用词。例如,面对广泛消费者的网站应当用通俗的词汇、引人注目的广告方式、个性化并有趣味性的语言等;但是,面对专业人员设计的网站就应当采用最科学、最准确的词语和表达方式,避免可能造成的任何误解,尤其是推销式的语言。在设计未成年人可以浏览的网页时,要杜绝任何只适用于成年人的内容成分。

1. 网站内容设计的原则

在进行网站设计时,需要遵循以下原则。

(1)HTML 文档的效果由其自身的质量和浏览器解释的方法决定。不同浏览器的解释方法不尽相同,所以在网页设计时要充分考虑到这一点,让所有的浏览器都能够正常地浏览。

(2)网站信息的组织没有任何简单快捷的方法,吸引用户的关键在于总体结构的层次分明。应该尽量避免形成复杂的网状结构,因为这样的结构不仅不利于用户查找感兴趣的内容,而且在信息不断增多后还会使维护工作变得非常困难。

(3)图像、声音和视频信息能比普通文本提供更丰富和直接的信息,产生更大的吸引力,但文本字符可提供较快的浏览速度。因此,要权衡图像和多媒体信息的数量,在不影响网站效果的前提下,应尽量减少图像的数量和所占面积。

(4)网站的首页非常重要,因为它给用户带来的是第一印象,好的第一印象能够吸引用户再次光临这个网站。

（5）网站内容应是动态的，应即时进行修改和更新。在主页上注明更新日期及链接对于经常访问的用户来说非常有用。

（6）网页中应该提供一些联机帮助功能。例如，输入查询关键字就可以提供一些简单的例子，其至列出常用的关键字，不能让用户不知所措。

（7）网页的文本内容应简明、通俗易懂。所有的内容都要针对设计目标而写，不要节外生枝。文字要正确，不能出现低级的语法错误和错别字。

2. Web 界面的风格

Web 界面的风格是指网站的整体形象给浏览者的综合感受。这个整体形象包括网站的标志、色彩、字体、布局、交互方式、内容价值、存在意义等。一个杰出的网站与实体公司一样，也需要整体的形象包装和设计。为儿童设计的网站应当使用比较丰富的色彩和图形，并且较多使用动画和声音等多媒体表现工具。同时，也应当针对不同的年龄段采用不同的动画角色。为老年人设计的网站需要考虑采用较大的字体、直截了当的信息显示和简单的浏览方式，以适用于老年人可能逐渐减弱的视力和记忆力。网站可以采用独特的风格，这是网站与其他传播媒体不同的地方。色彩、技术或交互方式能让浏览者明确分辨出这是哪家网站所独有的。例如，迪士尼公司网站专门为儿童而设计，其界面非常生动活泼，色彩丰富多彩。

网站的发布意味着全世界都可以看到其中的信息。为适应各个国家的不同语言环境，许多跨国公司的网站还设置了多语言选择。其中，跨文化研究也非常重要。不同的语言表达可以产生不同的效果，英语虽然是一种国际通用的语言，但它与本国语言在表述上还有很大差别。为此，为研究互联网上的文化，防止文化侵袭，很多国家开展了互联网上跨文化研究，以维护本民族的文化特色。

如果网站面向使用不同语言的用户，则在设计时可能要考虑包括不同语言的版本。这时，要将选择语言版本的功能放在网站的主页，并以不同版本的语言进行标注。这样做可以使完全只懂某种语言的用户在访问主页时知道如何进入自己语言的版本。另外，由于不同语言文字的物理结构不同，因此在设计界面布局时也要分别考虑。例如，表达同样的意义时，德语书写所需要的长度一般要大于英语，而英语书写所需要的长度一般要大于汉语，并且汉语比英语或德语更容易对齐，所以在同样屏幕大小的不同语言版本上可能使用不同的界面布局，其至不同的界面元素和表达方式。

设计不同语言网站版本不仅是简单的语言翻译，还应当注意到不同地区的文化特点。例如，某些颜色在不同的文化背景下的理解是不同的，并且有些内容在一个地区是允许的或适用的，但是在另外一个地区使用却是不适用的。为不同地区设计的内容还应当符合各个地区的货币单位、时间格式等习惯，应当避免显示对用户不适合的内容。

5.4.4　Web 界面设计要素

1. Web 界面布局

Web 界面设计虽不等同于平面设计，但它们有许多相似之处，应充分加以利用和借鉴。在设计中，应努力做到整体布局合理化、有序化、整体化。优秀的作品善于以巧妙、合理的视觉方式使一些语言无法表达的思想得以阐述,做到丰富多彩而又简洁明了。

Web网站的一个版面是使用浏览器可以看到的一个完整的页面。因为显示器的分辨率不同,所以对同一个页面可能出现640×480、800×600、1024×768等不同像素大小。布局就是以最合适浏览的方式将图片和文字排放在页面的不同位置。

常用的Web页面布局有以下几种形式。

(1)"同"字形结构布局。

"同"字形结构布局就是指页面顶部为主菜单,下方左侧为二级栏目条,右侧为链接栏目条,屏幕中间显示具体内容的布局。其优点是页面结构清晰、左右对称、主次分明,得到了广泛的应用;缺点是太过规矩呆板,需要善于运用细节色彩的变化调剂。

(2)"国"字形结构布局。

"国"字形结构布局是在"同"字形结构布局的基础上发展的,在页面下方增加了一个横条菜单或广告。其优点是充分利用版面、信息量大、切换方便。还有的网站将页面设计成镜框的样式,显示出网站设计师的品位。

(3)左右对称布局。

左右对称布局采取左右分割屏幕的方法形成对称布局。其优点是自由活泼,可显示较多文字和图像;缺点是二者有机结合较为困难。

(4)自由式布局。

自由式布局打破了上述三种布局的框架结构,常用于文字信息量少的时尚类和设计类网站。其优点是布局随意、外观漂亮、吸引人;缺点是显示速度慢。

2. Web界面色彩

网站给人的第一印象来自视觉冲击。颜色元素在网站的感知和展示上扮演着重要的角色。某个企业或个人的风格、文化和态度可以通过网页中的色彩混合、调整或对照的方式体现出来,所以确定网站的标准色彩是相当重要的。不同的色彩搭配产生不同的效果,并可能影响到访问者的情绪。

在设计网页时,常常遇到的问题就是色彩的搭配问题。色彩理论中把红、绿、蓝三色称为三元色,其他色彩都可以用这三种色彩调和而成。HTML语言中的色彩表达就是用这三种颜色的数值(RGB)表示的,三种颜色搭配可形成丰富的色彩。

颜色分为非彩色和彩色两类。非彩色指黑、白、灰;彩色指除非彩色外的所有色彩。任何色彩都有饱和度和透明度的属性,属性的变化可产生不同的色相,所以至少可以产生几百万种色彩。

专业机构的研究表明,彩色的记忆效果是黑白的3.5倍。也就是说,在一般情况下,色彩丰富的页面比只有黑白两色的页面更加吸引人。

一般来说,普通的底色应柔和、素雅,配上深色文字,读起来自然、流畅。但是为追求醒目的视觉效果,可以使用较深的颜色,然后配上对比鲜明的字体。其实,底色与字体的合理搭配要胜过用背景图画,因为背景图画太杂乱,有种不安静的感觉,而纯色给人的感觉较好,尤其是看多了图片以后,纯色会更实用。善于使用标准色彩有利于加强网站整体形象。

"标准形象"是指能体现网站形象和延伸内涵的色彩,它与企业形象的标准色彩既有区别又有联系。一个网站的标准色彩不超过三种,太多则让人眼花缭乱。标准色彩主要用于网站的标志、标题、主菜单和主色块,给人以整体统一的感觉。也可以使用其他色彩,但只是作为点缀和衬托,决不能喧宾夺主。

网页色彩搭配应考虑以下原则。

(1)色彩的鲜明性。

网页的色彩要鲜明,容易引人注目。

(2)色彩的独特性。

要有与众不同的色彩,使得用户对网页的印象深刻。

(3)色彩的适合性。

色彩与网页要表达的内容气氛相适合。

(4)色彩的联想性。

不同色彩会产生不同的联想,如蓝色想到天空、黑色想到黑夜、红色想到喜事等,选择色彩要与网页的内涵相关联。

3. Web 界面字体

为有效地使用字体,需要理解一些基本的排版内容。字体是每一个网站的必要组件,应合理选择字体和颜色,与其他页面元素一起产生一个视觉效果。即使用户仅仅瞥一眼,所选择的字体及他们在文档中放置的方法也能带来一个清晰的信息,易于查看和导航,这是一个网站完善的标志。图 5.5 所示的网页就很好地利用了不同的英语字体。

图 5.5　应用了不同英文字体的网页

(1)常用的英文字体。

Web 上最常用的英文字体是 Times New Roman 和 Arial 字体,这些字体使网站更清晰、更具有吸引力。动态和内嵌字体这样的技术正在迅速出现,也提供了更多的选择。字体的使用可以给网页增加趣味性,并且可以向用户指示何时做出过渡,或者强调部分文本或网页。

①Serif 字体。Serif 字体是在字母主要笔画的结束处加上的小装饰笔画。Serif 引导眼睛随着打字线移动,提高了可读性。Serif 字体最适合于正文文本。

②Sans-Serif 字体。

Sans-Serif 字体没有小装饰笔画,字符的外观被减少到只含有必要的笔画。Sans-Serif 文本必须逐个字母地阅读,建议在小尺寸文本和非常大的文本中使用。通常,利用 Serif 字体和一个 Sans-Serif 字体就可以在网页上提供一个较好的文本组合。

③True Type 字体。许多字体都是 True Type 字体,即可以产生任意尺寸而不降低字母质量。True Type 是苹果公司开发的一项数字技术,现在被 Apple 和 Microsoft 操作系统使用。Times New Roman 和 Arial 都是 True Type 字体。

(2)常用的中文字体。

Web 界面中常用的中文字体有宋体、仿宋体、楷体和黑体。除这四种基本字体外,还有多种可选用的字体,如书宋体、报宋体、隶书体、美黑体、广告体、行草体等。汉字大小定为九个等级,按初、一、二、三、四、五、六、七、八排列,在字号等级之间又增加一些字号,并取名为小几号字,如小四号、小五号等。

①正文中的中文字体。可以采用传统媒体中的各种字体作为 Web 界面正文中的字体,根据 Web 网页中的不同要求选择相应的字体和字号。常见的正文中文字体用法见表5.1。

表5.1 常见的正文中文字体用法

名称	正文字体	正文字号
图书	书宋(宋体)	五号、小五号
工具书	书宋(宋体)	小五号、六号
报纸	报宋	小五号、六号
公文	仿宋	三号、四号
期刊	书宋、细等体	五号、小五号、六号

②标题中的中文字体。网页应该重视标题的处理,把标题排版作为版面修饰的主要手段。标题的字体变化更为讲究,用于网页排版系统一般要配十几到几十种字体,才能满足标题用字的需要。

网页标题一般无分级要求,字形普遍要比图书标题大,字体的选择多样,字形的变化修饰更为丰富。

(3)使用字体的原则。

一旦已经为 Web 页面上的某些元素选择了字体,就应该在整个网站上统一使用。网站中可能会使用多种字体,但是同一种字体应该表示相同类型的数据或者信息。文字的颜色应该一致,让用户可以容易地确定不同文本和颜色所代表的内容。为找到实现目的的最佳字体、匹配总体概念,必须要意识到每一个字体变化的和可以使用的范围。

考虑一种字体如何适应网页,以及字体与整个设计的关系,不要只是为在页面上使用多种字体而使用不同的字体。选择的字体与整个页面及网站应融为一体。

设计元素如页边框、行间距、背景颜色和前景颜色等都会影响最终的结果。即使一个相对中性的字体,通过不同的安排也可以让网站产生丰富变化的外观和感觉。

4. Web 界面的动画与多媒体

设计者可以在设计 Web 网页时使用不同的多媒体对象,这使得多媒体在 Web 上流行开来。动画、音频和视频这样的多媒体可以补充平淡的文本或者二维图形,这丰富了网站的视觉、音响设计等。

当前,Web 设计者可以使用很多多媒体处理工具和技术进行设计,但是带宽及浏览器的支持能力限制了多媒体技术的应用。为充分享受新技术,通常需要大带宽、浏览器插件或第三方应用程序的支持。

动画是区别 Web 和其他媒体的一个重要展示形式。动画可以分为不同的级别,从简单的动画 GIF 图像到三维及虚拟环境。最常用的基本动画类型是 GIF、Rollover 和 Macromedia Flash 文件。动画赋予了用户运动和投入的感受。动画 GIF 是静止图像的汇集,可以按照指定的序列号和速度重复运动,许多标志广告就是动画 GIF。动画 GIF 可以在屏幕同一区域内有效地显示附加信息,也可以吸引用户的注意力,为静止页面增加运动性。Rollover 是按钮、图像或者网页上的其他指定区域,当用户鼠标穿过时触发动作。图 5.6 所示为 Rollover 按钮的不同状态。

(a)　　　　　　　　(b)　　　　　　　　(c)

图 5.6　Rollover 按钮的不同状态

图 5.6 中的三幅图分别代表了按钮的三种不同的状态。第一个状态是初始状态;第二个状态是鼠标穿过时的状态;当鼠标单击按钮后,按钮转换为第三种状态。Rollover 通常用于导航元素,使用这种导航元素,意味着用户访问过的链接不再有颜色指示。有效地使用其他导航助手和指示器,用户就不会注意到有任何差别。

Macromedia Flash 文件在网站设计中被广泛地接受。Flash 引入了一种新的动画形式,它在带宽有限的情况下提供了丰富的媒体内容。Flash 允许设计者创建吸引人的动画网站,为常规的静态网站提供一种新的选择。

5. Web 界面导航

大多数 Web 网站都包含导航条,用户利用导航条的提示在信息的空间里移动,许多真实世界的导航观点在 Web 中被采用。然而,网站设计者应该注意,Web 是真实的世界,直接的转换并不总是奏效。Web 导航应该帮助用户理解他们在哪里、他们能去哪里、他们怎样获得其他信息。为使用户得到真实的感觉,必须充分考虑可见性、标记和导航元素的布局。

一个 Web 页屏幕实际上仅有顶部、底部、左侧、右侧和中央五个基本区域用来放置导航元素,各个位置都有其优缺点。导航的位置必须保持一致性,如果主导航在底部,辅助导航在左侧,就应保持这种导航布局。主页的导航位置与其他页面可以有所不同。

导航的布局应与页面的布局保持一致。导航应该是一致的,元素在位置、次序和内容上应该是稳定的,应尽量按一个固定的页面尺寸保持页面,可以使设计保持一致性,并提高用户的可预见性。尽量把导航引导页竖放在屏幕上,与所有其他页上主导航的放置一样。

除尽量限制导航元素的滚动外,设计者还应限制鼠标在导航选择项之间的移动。要经常考虑导航元素和退回按钮之间的距离。尽管高级用户会用单击鼠标右键或类似的导航快捷方式避免移动指针到屏幕的左上角,但许多用户并不这样做。因此,当可能时,应使导航项和退回按钮间的距离保持最小。

无论网站的形式如何,导航的目标都是能够简单地帮助用户找到他们的路线。在Web 的导航设计中要注意以上一些问题,这样会使网站更具有吸引力。

第6章 直接操纵与沉浸式环境

6.1 直接操纵

"直接操纵"最早是由 Shneiderman 提出的,它通常体现为所谓的 WIMP 界面。WIMP 可以有两种相似的含义:一种是指窗口、图标、菜单、定位器(Window、Icon、Menu、Pointer);另一种是指窗口、图标、鼠标、下拉式菜单(Window、Icon、Mouse、Pull Down Menu)。直接操纵界面的基本思想是指用光笔、鼠标、触摸屏或数据手套等坐标指点设备,直接从屏幕上获取形象化命令与数据的过程。也就是说,直接操纵的对象是命令、数据或对数据的某种操作,直接操纵的工具是屏幕坐标指点设备。

Shneiderman 认为直接操纵应具有以下特点。

(1)该系统展现了真实世界的一种扩展。

它假定用户对于其兴趣范围内的对象和操作非常熟悉。系统简单地将其复制并呈现在屏幕上,人们有权访问修改这些分布在窗口中的对象。人们可以在一个熟悉的环境中以熟悉的方式进行工作,关注数据本身,而不是应用程序或工具。而往往不太熟悉的系统物理构造从视图中隐藏了起来,不会打扰用户。

(2)对象和操作一直可见。

用于执行操作的提示是可见的,从复杂的语法和命令名称变成了带标签的按钮。光标的动作和运动显得直观、自然,而且是物理可见的。Nelson 将这个概念描述为"虚拟现实",即一个可以被操纵的真实世界的反映。Hatfield 称其为 WYSIWYG;Rutkow 把这种将智能应用在任务上,而不是提供一个工具的特性称为透明;Hutchins、Hollan 和 Norman 认为它应当直接包含在对象世界中,而不是通过一个中间媒介进行交流。

(3)迅速且伴有直观的显示结果的增量操作。

因为触觉反馈(即当一个人触摸某物体时手的感觉)目前还不可能,所以操作的结果应当立即以当前的形态直观地显示在屏幕上,也可以提供声音反馈。前一个操作的效果会迅速地被看见,任务的进展是持续、不费力的。

(4)增量操作可以方便地逆转。

如果发觉操作是错误的或不是所期望的,那么要能够方便地撤销。

直接操纵的概念其实是在第一个图形化系统之前出现的。最早的一些全屏幕文本编辑器已经包含类似的特性。屏幕上的文本类似于桌上的一张纸,可以创建它(真实世界的扩展),可以对其整体进行浏览(持续的可见性),可以很容易地编辑修改它(通过快速的增量操作)并立即得到结果。需要时,操作可以逆转。当然,它促使了图形系统的出现,明确了直接操纵的概念。

但是,直接操纵界面还有一些潜在的困难。首先,用户必须知道一个可视化对象表示的意义是什么。每个图标代表一些东西,尽管这些表示对界面的创建者而言可能非常清楚,但并不是所有的用户都清楚。其次,真实世界的可视化表示可能令人误解。由于许多界面看起来眼熟并且与真实世界中的某些事物类似,因此用户可能会认为理解了这个特定表示的意义,但实际上他得出的结论可能是不正确的,用户可能高估或低估了计算机对真实世界实际类比的深度。再次,对于某些操作,键盘可能是最有效的直接操作设备,所以用鼠标或手指指向图标实际上可能比使用键盘慢。当用户是习惯用键盘输入复杂密集指令的有经验的打字员时,这个问题显得尤为突出。最后,为真实世界中的对象和动作选择合适的表示不是一项简单容易的任务,必须为真实世界选择一个简单的比喻或类比。混合比喻可能会导致混乱,比喻可能有负面含义,用户可能不了解比喻所基于的整个真实世界。因为存在这样的困难,所以直接操纵用户需要与许多用户一起进行大量的测试。

在实践中,直接操纵并非对于屏幕上所有对象和操作都是可行的,具体如下。

(1)这个操作在图形化系统中可能很难概念化。

(2)系统的图形能力可能有局限性。

(3)窗口中用于放置操纵控件的空间也许存在限制。

(4)让人们学习并记住所有需要的操作也许很困难。

当出现这些情况时,就会使用间接操纵。在间接操纵中,下拉式或弹出式菜单等一一取代了符号,并用键盘输入代替了定位指向。

大多数的窗口系统都综合了直接和间接操纵。菜单可以通过指向菜单图标并进行选择(直接操纵)来访问,而菜单本身是一些操作的名称列表(间接操纵)。当列表上的某个操作通过指向或者键盘选择之后,系统便开始执行相应的命令。

6.2　直接操纵的应用

虽然没有一个界面会具有所有令人赞赏的属性或设计特点,但下面所讨论的每个例子都已经有足够多的特性来获得大量用户的支持。

一个最受喜爱的直接操纵例子是驾驶汽车,景象通过前窗直接可见,刹车和驾驶等的性能已经成为文化常识。例如,如果想左转,则驾驶员只需向左转动方向盘。响应是立即的,景象随即改变,这就提供反馈来改进转向。设想一下,试图通过输入命令或从菜单中选择"左转30°"来使汽车准确转向是多么困难。很多应用系统中的优雅交互是因为逐渐应用了直接操纵。

6.2.1　文字处理软件历史与现状

20 世纪 80 年代,早期的文本编辑是用面向行的命令语言完成的,用户每次只能看到一行,上下移动文件或做任何改变都需要输入命令。后来出现的全屏幕编辑器是具有光标控制的二维界面,在这些界面中,用户能够查看全屏幕文本,通过使用退格键来编辑,或者通过输入来直接插入。全屏幕编辑器得到了办公自动化的一致偏爱,因为用户能够清楚地看到屏幕上斜体、加粗、加下画线或居中等的文本,使得用户能够专注于内容。

20世纪90年代早期,全屏幕编辑器被描述为WYSIWYG。微软的Office(图6.1)目前在Apple和Windows平台上处于主导地位,同时大多数与其竞争的文字处理软件逐渐成为历史。

图6.1 WYSIWYG编辑器的例子:微软Office 2016

WYSIWYG文字处理软件的优点如下。

(1)用户看到全页面文本。同时显示的数十行文本使读者对每个句子有更清晰的上下文关联的感觉,同时允许用户更容易地阅读和浏览文档。

(2)文档可打印预览。消除格式化命令的混乱,简化了文档的阅读和浏览,表格、列表、分页符、跳行、节标题、居中的文本和图表能够按其最终格式查看,几乎消除了调试格式化命令的烦恼和延迟,因为错误通常是立即显现的。

(3)光标动作可见。在屏幕上可以看到箭头、下画线或闪烁框,给予操作者集中注意力和执行动作的清晰感觉。

(4)光标移动是自然的。箭头键、鼠标、触摸板或写字板等设备为移动光标提供了自然的物理机制,这与光标移动命令系统形成明显的对照。

(5)标签图标使常用动作快速。大多数文字处理软件在工具栏中都有常用动作的标签图标,这些按钮充当永久的菜单选择显示,用于提醒用户其特性并使快速选择成为可能。

(6)立即显示动作结果。当用户按下按钮来移动光标或使文本居中时,其结果会立即在屏幕上显示。删除动作是立即显现的:字符、字或行被擦除,剩余文本重新排序。同样,插入或文本移动动作在每次按键或按功能键后显示。

(7)迅速响应和显示。大多数文字处理软件都可以高速运行,包含图形的一整页文本显示率高,响应时间短,会产生令人满意的力量感和速度感。光标能够快速移动,大量的文本能够被快速浏览,动作结果几乎能够立即显示。快速响应也减少了对附加命令的需要,因此简化了设计和学习。

(8)易于反向的动作。用户能够通过把光标移动到问题区域和插入或删除字符、字或行来进行简单的更改。在输入文本时,只需要退格或重新输入就能改正不正确的按键。一个有用的设计策略是每个动作都有自然反向的动作(如增大或减小字体大小)。

很多显示编辑器提供的选择是简单的取消动作,该动作使文本返回到上一个动作之前的状态。容易的可逆性减少了用户对犯错或破坏文件的担心,同时也鼓励特性的探索。

(9)图形、电子表格和动画等集成到文档体中。

(10)桌面出版软件可以生成复杂的多栏打印格式,并允许输出到高分辨率的打印机中,包括多种字体、易于集成的图形/图片、高质量灰度和彩色文档、简讯、报告、报纸或图书,如 Adobe InDesign。

(11)呈现艺术字和图形布局项可供带有大屏幕显示(投影仪或显示屏)的计算机直接使用,并允许以动画的方式进行放映,如微软的 PowerPoint。

(12)超媒体环境与互联网允许用户使用可选取的按钮或嵌入的热链接,从一页或一篇文章跳到另一页或另一篇文章。读者能够添加书签、批注和概览。

(13)改进的宏工具使用户能够构造、保存和编辑常用动作序列。相关特性(如样式表)允许用户为间距、字体、边距等指定和保存一组选项。同样,模板的保存也允许用户将同事的格式化工作作为自己文档的起点。大多数文字处理软件为商业信函、简讯或小册子提供几十种标准模板。

(14)拼写检查器和词典是大多数全功能的文字处理软件的标准功能。拼写检查也能设置为当用户正在输入时起作用和自动改正一般错误。

(15)语法检查器给用户提供单词和书写风格方面潜在问题的评论。

(16)文档编辑器允许用户使用标准段落来编写复杂文档,如合同。

6.2.2　VisiCalc 电子制表软件及其后续产品

第一个电子制表软件 VisiCalc 是哈佛商学院学生 Dan Bricklin 于 1979 年开发的。他在商务研究生课程的重复计算时遇到挫折,于是与朋友一起创建了“即时计算电子工作表”(其用户手册这样描述它),允许在 254 行 63 列上进行计算并立即显示结果。

电子表格可以被编程,如第 4 列显示第 1 列至第 3 列中值的总和。然后,每当前 3 列中有数值变化时,第 4 列的值也会随之改变,如可用于制造成本、分销成本、销售收入、佣金和利润之间的复杂依赖关系,能够按若干销售区域和不同月份而分类存储。电子表格用户能够试算备选计划或“假设分析”场景,并立即看到改变对利润的影响。这种对会计数据表的模拟使得商业系统分析员易于理解对象和允许的动作。

VisiCalc 的竞争对手迅速涌现出来,不仅对用户界面进行了有吸引力的改进,而且扩展了所支持的任务。Lotus 1-2-3 于 20 世纪 80 年代主导了市场,而当今的电子表格领导者是微软的 Excel(图 6.2),它提供了很多特性和专门增加的功能。Excel 及其他现代电子表格程序都提供了图形显示、多窗口、统计程序和数据库访问等功能,大量操作特性由菜单或工具栏调用,扩展性则由强大的宏工具提供。

早期的办公自动化系统的设计人员使用直接操纵原则。早期的 XeroxStar 软件提供了高级的文本格式化选项、图形、多种字体,以及分辨率高的、基于光标的用户界面。用户可以把文档图标移到(而不是拖到)打印机图标上,产生一个硬拷贝打印输出。苹果的 Lisa 系统也应用了很多直接操纵原则,尽管 Lisa 并未获得商业上的成功,但是为 Macintosh 奠定了成功的基础。Macintosh 的设计人员汲取 XeroxStar 和 Lisa 的经验,做出了很多简化决定,同时为用户保留了足够的功能。硬件和软件的设计支持用于下拉菜单、窗口操纵、图形和文本的编辑,以及图标拖动的快速连续的图形交互。Macintosh 的变体不久后出现在其他流行的个人计算机上,现在则由微软主导着办公自动化市场。微软 Windows 的设计仍与 Macintosh 的设计密切相关,二者都需要大量改进窗口管理,为新用户简化操作,为高级用户增加功能。

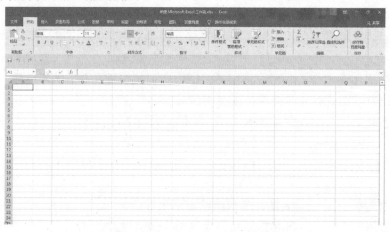

图 6.2 微软的 Excel 2019 电子表格软件

6.2.3 空间数据管理

地理应用系统为人们提供了熟悉的基于现实模型的地图,给出了自然的空间表示。"空间数据管理系统"原型的开发人员将其基本思想归因于麻省理工学院的 Nicholas Ne-groponte。在一个早期的场景中,用户坐在世界的彩色图形显示前,可以放大其上的太平洋区域来查看军舰护航的标记,用户通过移动操纵杆使单个舰船的轮廓充满屏幕,缩放所显示的详细数据,如最后可显示船长的全彩照片。

此后出现的空间数据管理系统,如 XeroxPARC 的 InformationVisualizer,是一套工具,支持用三维动画来探索建筑物、锥形文件目录、组织结构图,把特征项放在前面并居中的透视墙,以及几种二维和三维的信息布局。

ArcGIS 是得到广泛应用的地理信息系统(Geographic Information System,GIS),提供丰富、分层的地图相关信息的数据库。用户能够放大感兴趣的区域、选择他们希望查看的信息种类(道路、人口密度、地形、降雨量和更多信息),并进行受限搜索。简单得多但极其流行的公路、天气和经济地图覆盖所有大陆,可在互联网、CD-ROM、桌面和移动设备上获得。

谷歌地图(GoogleMap)和更强大的谷歌地球(GoogleEarth)把来自空中的照片、卫星图像与其他来源的地理信息结合在一起,以创建容易查看和显示的图形信息数据库。在一些区域,其细节能够一直扩延到街道上的个别房屋。它对 Mac 和 PC 平台都是可用的,并作为插件提供给某些浏览器。更健壮、详细的商业版可付费使用,而成千上万的用户则使用免费版。空间数据管理系统的成功取决于设计人员在选择对用户来说自然且易于理解的图标、图形表示和数据布局方面的技能。

6.2.4　电子游戏

对很多人来说,最令人兴奋、设计良好且在商业上成功的直接操纵概念应用在电子游戏世界。早期的简单且流行的游戏 Pong 要求用户转动旋钮来移动屏幕上的白色矩形块。一个白点充当乒乓球,它击中墙后弹回,这时必须被移动的白色矩形击回。用户逐步提高放置"球拍"的速度和准确度以防止错过不断加速的球,而计算机扬声器在球弹跳时发出"乒乓"声,经过 30 s 的学习,就足以完成全部训练,但要成为一个熟练的专家则需要数小时的练习。

后来的游戏在规则、彩色图形和声音方面要复杂得多,包括多人竞赛(如网球或空手道游戏)、三维图形、较高的分辨率和立体声等。这些游戏的设计人员提供刺激的娱乐、对新手和专家的挑战,以及很多吸引人的、界面设计的个性因素方面的课程,这与很多用户对办公自动化设备表现出的焦虑和抵制形成了鲜明的对比。

游戏世界正在迅速地发展,在很短的时间内,游戏都在不断地更新换代,游戏平台已经把强大的三维图形硬件引入了家庭。如今,互联网上的在线多人游戏也受到了很多用户的欢迎。

大多数游戏连续显示分数,以便用户能够度量自己的进步程度.并与他们以前的成绩相比较,与朋友或最高得分的人进行竞争。通常,10 个最高得分的人能够把他们名字的首字母保存在游戏中以供公开展示,这种策略提供一种鼓励精通的正面增强形式。对儿童的研究已经表明,连续显示分数是极其有价值的。机器生成的反馈(如"很好"或"你做得真好")不是那么有效,因为相同的分数对不同的人来说具有不同的意义,大多数用户更喜欢做出自己的主观判断,提供行为数据和态度数据的组合能够增加游戏的沉没质量。

6.2.5　计算机辅助设计

大多数用于汽车、电路、飞机或机械工程的计算机辅助设计(Computer Aided Design,CAD)系统都使用直接操纵原则。房屋建筑师和居家设计师已经配置了强大的工具,即Autodesk Inventor(图 6.3),其组件可用于处理结构工程、平面布置、内部构造、环境美化、配管工程和电气安装等。使用这类程序时,操作者可能在屏幕上看到电路简图,使用鼠标单击能够把部件移进或移出所建议的电路。在设计完成后,计算机能够提供关于电流、压降和造价方面的信息,以及关于不一致或制作问题的警告。同样,报纸版面设计师或汽车车身设计师能够在几分钟内容易地尝试多个设计,并能够记录有前景的方法,直至他们找到更好的方法为止。使用这些系统的乐趣源于直接操纵感兴趣对象的能力和迅速生成多个备选方案。

大量制造企业都在使用 AutoCAD 和类似的系统,对于厨房和浴室布局、环境美化计划及其他情形,也有专门的设计程序。这些程序允许用户控制不同季节阳光的角度,以查看环境的影响和房屋不同部分的阴影。他们允许用户查看厨房布局,计算地板与工作台面的尺寸估值,甚至直接用软件打印出材料清单。在住宅和商业市场中,室内设计软件领域的产品设计用来跨越从桌面到万维网的所有环境工作,并且提供各种视图(俯视图、架构视图、正视图)来为客户生成更真实的设计概况。

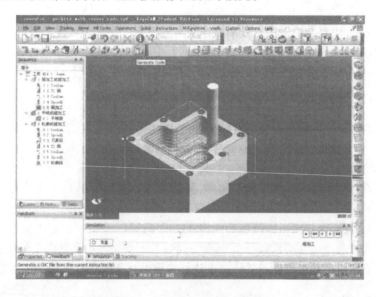

图 6.3　Autodesk Inventor 软件

一些应用系统用于计算机辅助制造(Computer Aided Manufacturing,CAM)和过程控制,如霍尼韦尔公司的 Experion 过程知识系统给炼油厂、造纸厂或发电厂的经理提供其工厂的彩色图解视图。而图解视图可能在多个显示器上或在墙面大小的地图上显示,并用红线指示任何超出正常范围的传感器值。操作者单击一次就能得到有故障部件的更详细视图,操作者再单击一次就能检验单个传感器或使阀门和电路复位。这种设计的一个基本策略是消除对复杂命令的需要,操作人员可能仅在一年一次的紧急情况期间需要回忆这种命令。图解视图提供的可视概况方便使用模拟方式对问题求解,屏幕表示和工厂的温度或压力之间的联系非常紧密。

6.2.6　直接操纵的持续演进

成功的直接操纵界面必须提供现实世界的适当表示或模型。对有些应用来说,转到使用视觉语言可能是困难的,但在使用了可视化直接操纵界面后,大多数用户和设计者几乎不再会愿意使用复杂的语法符号来描述基本的视觉过程。在现代文字处理软件、绘图程序或电子制表软件中有大量的特性,学习关于这些特性的命令是难以设想的,但是视觉线索、图标、菜单和对话框甚至使间歇用户也可能成功地使用系统。

直接操纵界面应用十分广泛,包括个人理财和旅游安排。直接操纵的另一新兴应用是智能家居。因为如此多的家庭控制涉及平面布置图,所以直接操纵动作自然发生在平面布置图的显示上,并且每个状态指示器(如盗窃报警器、热传感器与烟感探测器)和激活器(如开/关窗帘或遮光器的控制器、空调控制器、音/视频扬声器或屏幕的控制器)在平面布置图显示上都有可选择的图标。例如,用户只需把 CD 图标拖到卧室和厨房,就能把起居室中 CD 播放的声音发送到这些房间,他们能够通过移动线性标尺上的标记来调节音量。

视频的直接操纵正在由直接拖动内容的选项扩展。使用传统的直接操纵窗口组件时,用户沿着时间标尺移动滑块来得到期望的视频位置。一项被称为相对流拖动的技术允许用户直接操纵画面内容来进行视频回放或快进。这项技术在触摸输入的手持式多媒体设备中工作得很好。

用户正试图更好地理解所有数据和现在可用的其他视觉内容。管理这种信息的一种方式是通过使用导航板,一次就能够查看大量的信息直接操纵它们,在视觉上观察其影响,这是一个强大的概念。商家和公司每天都被大量数据轰炸,把这种用户生成的数据组织成有用的图形格式的能力能够帮助他们管理资源和发现趋势。

20 世纪 90 年代,直接操纵的变体已经对超越桌面的设计有一定影响,如虚拟现实、普适计算、增强现实和有形用户界面。虚拟现实把用户放在一个与外界隔离的沉浸式环境中。他们看到立体眼镜内的人工世界,只要他们一转头,这个人工世界就被更新。用户通常通过数据手套内的手势来控制活动,数据手套允许他们指点、选择、抓取和导航。手持式控制器允许用户具有一个 6 自由度的指示器(三维的位置和三维的方向)来模仿鼠标单击,或在它们指示的方向飞行。虚拟世界允许用户穿过人身、游过海洋、坐在电子云上绕核子转动或与那些通过互联网连接的远距离协作者共同参与到幻想世界中。现在,这个概念已经扩展到第二人生游戏中,用户能够在游戏中穿越空间进行远距传物,并且在另一个世界中有社交活动。用户能够呈现各种化身的形象,并且完全改变他们的特征:老人能够变成年轻人,男人能够变成女人,长发能够变成短发。

将来肯定有很多直接操纵的变体和扩展,但其基本目标仍将保持为类似的:能快速学习的可理解界面、可预测和可控制的动作,以及确认进展的适当反馈。直接操纵之所以有吸引用户的能力,是因为它是快速甚至是有趣的。如果动作简单,可逆性就是有保证的,记忆起来也容易,会减少焦虑。用户感觉处于控制地位,满意度会不断提高。

6.3　直接操纵设计

6.3.1　直接操纵设计指南

直接操纵界面的一些设计指南如下。

1. 使用易于理解的图标

图标的意义应该尽可能明确。一个不恰当的图标不能很好地表示它的信息。例如,在基于 Windows 的系统中,垃圾站表示删除的条目的放置位置,这个图标的意义就很容易理解。

2. 避免令人迷惑的类比

图标应以预期的方式工作。例如,对基于 Windows 系统上的垃圾站的情况,如果放在垃圾站中的条目不能恢复,图标就没有按预期的方式来工作,因为用户知道实际生活中放在垃圾箱中的东西被收垃圾的人清空之前是可以恢复的。

3. 不违反大众习惯

不同的用户群体可能对一个图标如何工作有不同的设想。例如,在美国,绿色左箭头表示可向左拐,因为交通已使用了红灯。但在加拿大,闪烁的绿灯表示可向左拐。

4. 为特有目的使用图标

图标不见得比键盘输入更快或更容易使用。用户用鼠标选中一个图标的速度可能没有键盘快。例如,有经验的打字员录入数学表达式要远快于在使用图标的计算器上选择数字和操作。为同时满足新手和熟练的打字员,Windows 的计算器程序被设计成既可以通过键盘输入数据也可以用鼠标单击计算器面板。

6.3.2 直接操纵设计原则

直接操纵的吸引力体现在用户的热情中,它的优势能够概括为以下三个原则。

(1)用有意义的视觉隐喻连续表示感兴趣的对象和动作。

(2)用物理动作或按压有标签的按钮来取代复杂的语法。

(3)使用快速、增量的可逆动作,这些动作对感兴趣对象的影响是立即可见的。

使用这三个原则,就可能设计出具有以下有益属性的系统。

(1)新用户能够快速学会基本功能,这一般通过更有经验用户的演示来实现。

(2)专家用户能够快速工作以执行范围广泛的任务,甚至是定义新的功能和特性。

(3)有知识的中间用户能够记住操作概念。

(4)很少需要出错消息。

(5)用户能立即看到他们的动作是否正在推动其目标。如果该动作是起反作用的,则他们仅能改变他们活动的方向。

(6)用户感受到的焦虑较少,因为界面是可理解的且动作能够易于反向。

(7)用户获得信任感和掌控感,因为他们是动作的发起人,感觉到处于控制地位,并且能预测界面的反应。

与文本描述符相比,处理对象的视觉表示可能更"自然",更符合人天生的能力。在人类进化的过程中,动作和视觉技能的出现远在语言之前。心理学家早就知道,当提供给人们视觉的而非语言的表示时,人们会更快地领会空间关系和动作。而且,形式数学系统的适当视觉表示经常能够促进直觉和发现。

瑞士心理学家 Jean Piaget 描述了运算发展的四个阶段:感知运动(从出生到大约 2岁)、前运算(2~7 岁)、具体运算(7~11 岁)、形式运算(从大约 11 岁开始)。根据这一理论,在具体运算阶段,在对象上的物理动作是可理解的,这时孩子们获得守恒性或不变性的概念。在大约 11 岁时,孩子们进入形式运算阶段,在这个阶段中,他们使用符号处理来表示在对象上的动作。由于数学和程序设计都需要抽象思维,这对孩子们来说是困难的,因此设计人员必须把符号表示与实际对象联系起来。直接操纵把活动带到具体运算阶段,使得某些任务对较大的孩子和成年人都变得更容易。

6.3.3 视觉思维与图标

视觉语言和视觉思维的概念是由 Amheim 提出的,并且得到商业图形设计人员、符号学(研究记号和符号的学科)方向的学者和数据可视化大师的欣然接受。计算机可以提供一种不寻常的视觉环境,用于揭示结构、显示关系和使吸引用户的互动成为可能。计算机界面渐增的视觉性质有时能够挑战有逻辑的、线性的、面向文本的、理性的程序员,而他们是第一代黑客的核心。尽管这些陈规或笨拙的模仿经不起科学的分析,但它们确实表达了计算技术正在遵循的两条道路。

在计算机世界中,图标经常是一个小的图片或对象的表示。更小的图标经常用于节省空间或集成到其他对象之中,如集成到窗口边框或工具栏中。绘图程序经常用图标表示工具或动作(如套索或剪刀表示裁剪图片、刷子表示绘画、铅笔表示绘图、橡皮表示擦净),而文字处理软件通常用文本菜单表示动作。这种差异似乎反映了视觉导向和文本导向用户的不同认知风格,或者至少是在任务方面的差异。

当用户正在从事视觉导向任务时,通过使用图标而"保持视觉风格"是有益的;而在从事文本文档任务时,通过使用文本菜单而"保持文本风格"是有益的。

对于视觉图标和文本项都可能使用的情况(如在目录列表中),设计人员面对着两个相互交织的问题:一是如何在图标和文本之间选择;二是如何设计图标。例如,明确的公路标志是有用经验的来源,对道路弯道之类的表示来说,图标是最佳的,但有时"单行道,勿入!"之类的短语比图标更好理解。研究表明,图标加文本是有效的。因此,如何在图标和文本之间选择,不仅取决于用户和任务,还取决于所建议的图标或文字的质量。

图标可能包括很多使用鼠标、触摸屏或笔的手势。这些手势可能表示复制(上下箭头)、删除(一个叉)、编辑(一个圈)等。图标也可以与声音相关联。

6.3.4　直接操纵编程

除通过直接操纵来执行任务外,也可以考虑通过直接操纵来编程,至少针对某些问题是这样的。用直接操纵方式来给物理设备编程,适当的视觉信息表示使直接操纵编程在其他领域成为可能。例如,电子表格软件就有丰富的编程语言,允许用户通过执行标准的电子表格动作来编制程序段(记录宏)。这些动作的结果保存在电子表格的另一部分中,用户能以文本形式对其进行编辑、打印和存储。数据库程序(如 Access)允许用户创建按钮,激活按钮时将引发一系列动作和命令,并生成报告。同样,Adobe Photo Shop 记录用户动作的历史,然后允许用户使用动作序列和重复使用直接操纵来创建程序。

当用户忙于执行一个重复性的界面任务时,如果计算机能够可靠地识别出重复的模式并自动创建有用的宏,则将是有用的。然后,在用户确认的情况下,计算机就可以自动接管和执行该任务的剩余部分。这种自动编程的愿望是吸引人的,但更有效的方法可能是给用户提供视觉工具来确定和记录他们的意图。一些手机的按键能够通过编程来给家里或医生打电话,或呼叫其他紧急号码,这允许用户得以面对较简单的界面并屏蔽掉任务的细节。

直接操纵编程给代理场景提供了一个选择方案。代理的倡导者相信计算机能够自动发现用户的意图,或能够基于目标的模糊陈述采取动作。虽然不可能这么容易地确定用户的意图,并且模糊陈述通常也不太有效,但如果用户能够用可理解的、从视觉显示中选择的动作来指定他们想要的事物,通常就能够迅速实现其目标,同时保持他们的控制感和成就感。

6.4　3D 界 面

一些设计人员梦想能构建出接近三维现实的丰富界面。他们相信,界面越接近现实世界,就越容易使用。这种对直接操纵的极端解释是一种值得怀疑的主张,因为用户研究表明,使人迷失方向的导航和复杂的用户动作等都能使现实世界和 3D 界面中的性能降低。很多界面(有时称为 2D 界面)通过限制移动、限制界面动作和确保界面对象的可见性而设计得比现实世界简单。然而,用于医学、建筑、产品设计和科学可视化的"纯"3D 界面的强大实用性意味着它们仍然是对界面设计人员的重要挑战。

一个吸引人的可能性是"增强"的界面可能比 3D 现实要好。增强的特性使超人的能力成为可能,如快于光速的远距传物、飞越物体、物体的多个同步视图和 X 光线视觉等。与那些只寻求模仿现实的人相比,好玩游戏的设计人员和创造性应用系统的开发人员已经把技术更加推进。

对于那些基于计算机的任务(如医学成像、建筑绘图、计算机辅助设计、化学结构建模和科学仿真等),纯 3D 表示显然是有用的,且已经成为重要产业。然而,甚至在这些情形中,其成功也经常是因为使界面优于现实的设计特性。用户能够如戏法般地改变颜色或形状复制对象、缩/放对象、把组件分组/解组、用电子邮件发送它们和附加浮动标签。在这些表示中,用户还能够执行其他有用的超自然动作,包括取消最近动作等。

吸引人的、成功的 3D 表示的应用是游戏环境。这些环境包括第一人称动作游戏和角色扮演幻想游戏。在第一人称动作游戏中,用户在城市街道上巡逻或沿着城堡的走廊飞奔的同时射击对手;在角色扮演幻想游戏中,具有优美的岛屿泡口或山丘要塞。很多游戏通过允许用户选择 3D 化身来表示他们自己而使社交场合丰富多彩,用户能够选择与自己相像的化身,但他们经常选择奇异的造型或者奇幻的形象,具有颇富魅力的特征。

一些基于 Web 的游戏环境,如第二人生,可能包括数百万的用户和数千个由用户创建的"世界",如学校、大型购物中心或城市居民区。游戏爱好者可能每周都要花很长时间沉浸在他们的虚拟世界中,与合作者聊天或与对手谈判。

这些环境可能被证明是成功的,因为基于空间认知的社会背景逐渐丰富,即用户开始认识到环境和选择站在他们身边的重要参与者的重要性。这些环境可能开始支持有效的业务会议,设想虚拟参观埃及吉萨大金字塔,探索它的内部走廊和查看细节,甚至石头上的凿痕。

三维艺术和娱乐体验通常由 Web 应用软件实现,它给创新应用软件提供另一种机会。3DNA 等公司创建 3D 前端,这种前端为购物、游戏、互联网和办公室应用软件提供房间,并且对游戏、娱乐和运动的爱好者非常有吸引力。早期的 Web 标准如虚拟现实建模语言(VRML)并没有产生巨大的商业成功,它已经让位于更丰富的 Web 标准,如 X3D。该标准拥有大企业的支持者,他们相信它将导致可行的商业应用软件的产生。

3D 技术的适当用法是把突出显示添加到 2D 界面中,如看起来似乎被抬起或按下的按钮、重叠和留下阴影的窗口或类似现实世界物体的图标。这些可能是有趣的、可识别的和令人难忘的,它们改进了空间记忆的使用,但是也可能造成视觉上的注意力分散和混乱,因为增加了视觉复杂度。

下面列举一些有效的 3D 界面特性,可能充当设计人员、研究人员和教育工作者的检查表。

(1)谨慎使用遮挡、阴影、透视和其他 3D 技术。

(2)尽量减少用户完成任务所需的导航步骤。

(3)保持文本为易读的(较好的渲染、与背景的对比度良好和不超过 30°的倾斜)。

(4)避免不必要的视觉混乱、注意力分散、对比度增大和反射。

(5)简化用户移动(保持移动为平面的,避免穿墙而过等情况发生)。

(6)预防错误(即创建只切割需要之处的外科工具,以及只产生真实分子和安全化合物的化学工具箱)。

(7)简化物体的移动(便于对接、跟随可预测路径、限制旋转)。

(8)按对齐结构来组织项目组,以允许快速的视觉搜索。

(9)使用户能构建视觉组以支持空间回忆(把项放在角落或有色彩的区域)。

基于奇思妙想的突破似乎是可能的。用立体显示、触觉反馈和 3D 声音来丰富界面还可证明不止在专门的应用程序中是有益的。如果遵循包含增强的 3D 特性以下指南,就可能更快地得到更大的回报。

(1)提供概览,这样用户就能看到大图片(俯视图显示、聚合视图)。

(2)允许远距传物(通过在概览中选择目的地来快速切换背景)。

(3)提供 X 光线视觉,以便用户能够看透或看穿物体。

(4)提供历史操作保存(记录、取消、回放、编辑)。

(5)允许对物体进行丰富的用户动作(保存、复制、注释、共享、发送)。

(6)允许远程协同(同步的、异步的)。

(7)给予用户对说明文本的控制权(弹出、浮动或偏心标签和屏幕提示),让他们按需查看细节。

(8)提供用于选择、标记和测试的工具。

(9)实现动态询问,以便快速滤掉不需要的项。

(10)支持语义缩放和移动(简单的动作把对象移到前面和中心并披露更多的细节)。

(11)地标在远处也能清楚地显示。

(12)允许有多个坐标视图(用户一次能处于不止一个地方,一次能看到不止一种排列的数据)。

(13)开发更可识别和记忆的、新奇的 3D 图标来表示概念。

三维环境深受某些用户的赏识,对某些任务是有帮助的。如果设计人员超越模拟三维现实的目标,三维环境就会有用于新的社会、科学和商业应用系统的潜力。增强的 3D 界面能够成为使某种类型的 3D 远程会议、协同和远程操作流行的关键。当然,它将采用良好设计的 3D 界面(纯的、受约束的或增强的)并进行更多的研究,以发现除吸引首次用户的娱乐特性外的回报,还成功用于那些提供引人注目的内容、相关的特性、适当的娱乐和新的社会媒体结构支持的设计人员。通过研究用户性能和测试满意度,这些设计人员将能够完善其设计,并改进指南以供其他人效仿。

6.5 远 程 操 作

远程操作有两个起源:个人计算机中的直接操纵和在复杂环境中由操作者进行的物理过程控制。典型的任务是运行发电厂或化工厂、控制制造厂或外科手术、驾驶飞机或车辆。如果这些物理过程发生在远程位置,则讨论远程操作或远程控制。为远程执行控制任务,操作者可能与计算机交互,计算机可能在没有人干预的情况下执行一些控制任务。这种想法是由监督控制概念得来的。尽管监督控制和直接操纵源于不同的问题领域,且通常应用于不同的系统结构,但它们具有很强的相似性。

如果可接受的用户界面能够构建出来,实现设备的远程控制或远程操作的机会就会很大。当设计人员有足够的时间来提供适当的反馈以允许有效的决策时,在制造、医疗、军事行动和计算机支持的协同工作方面有吸引力的应用系统就是可行的。家庭自动化应用系统能把电话应答机的远程操作扩展为安全和访问系统、能源控制和家电操作。太空、水下或敌对环境中的科学应用系统使新的研究项目能够既经济又安全地实施。

在传统的直接操纵界面中,感兴趣的对象和动作连续显示:用户通常使用指向、单击或拖动而不是输入,且指示变化的反馈是即时的。然而,如果所操作的设备是远程的,这些目标就不可能实现。因此,设计人员必须花费额外的努力来帮助用户处理较慢的响应、不完整的反馈、增大的故障可能性和较复杂的错误恢复过程。这些问题与硬件、物理环境、网络设计和任务域紧密相连。

一个典型的远程应用系统是远程医疗或通过通信链路实现的医疗护理,这允许内科医生远程地给病人做检查及外科医生完成远程手术。一个不断增长的应用系统是远程病理学。病理学家在远程显微镜下检查组织的样本或体液,发送工作站有一台装在电动光学显微镜上的高分辨率摄像机,接收工作站的病理专家能够使用鼠标或小键盘来操纵该显微镜,并能看到放大的样本的高分辨率图像,两名医护者通过电话交谈来协调控制,远程病理学家能够请求将载玻片人工放置在显微镜下等。

远程环境的体系结构引入以下若干复杂因素。

(1)时间延迟。

网络硬件和软件造成发送用户动作和接收反馈的延迟。传输延迟或命令到达显微镜所花的时间(如通过调制解调器来传输命令)和操作延迟即直到显微镜响应的时间。系统中的这些延迟妨碍操作者得知系统的当前状态。例如,定位命令已经发出,载玻片可能需要几秒钟的时间才开始移动。

(2)不完整的反馈。

原来为直接控制而设计的设备可能没有适当的传感器或状态指示器。例如,显微镜能够传送它的当前位置,但它运转得很慢,甚至无法指示当前的精确位置。

(3)非期望干预。

由于被操作的设备是远程的,因此与桌面直接操纵环境相比,非期望干预更可能发生。例如,如果本地操作者意外地移动了显微镜下的载玻片,则指示的位置可能是不正确的。在执行远程操作期间也可能会发生故障,没有将指示发送到远程场所。

这些问题的解决方案之一是把网络延迟和故障作为系统的一部分来加以详细说明，用户看到系统开始状态的模型、已被初始化的动作和系统执行动作时的状态。用户可能更喜欢确定目的地（而不是动作）然后等待，直到动作被完成。如果需要，就重新调整目的地。

6.6　虚拟现实与增强现实

　　虚拟现实（Virtual Reality，VR）又称灵境技术或人工环境，是利用计算机模拟产生一个三度空间的虚拟世界，提供使用者关于视觉、听觉、触觉等感官的模拟，让使用者如同身临其境一般，可以及时、没有限制地观察三度空间内的事物。使用者进行位置移动时，计算机可以立即进行复杂的运算，将精确的 3D 影像传回，产生临场感（图 6.4）。

图 6.4　虚拟现实

　　而增强现实（Augmented Reality，AR）则是通过计算机系统提供的信息增加用户对现实世界感知的技术，将虚拟的信息应用到真实世界，并将计算机生成的虚拟物体、场景或系统提示信息叠加到真实场景中，从而实现对现实的增强。在视觉化的增强现实中，用户利用头盔显示器，把真实世界与计算机图形多重合成在一起，便可以看到真实的世界围绕着它（图 6.5）。

图 6.5　增强现实

6.6.1 虚拟现实关键技术

为飞行学员设计的飞行模拟器是虚拟现实的典型应用。设计人员努力为飞行员的训练创建最真实的体验:驾驶舱的显示器和控制器取自飞机原生产厂的同一生产线,窗户由高分辨率计算机显示器代替,精心编制声音,给人以发动机启动或反推力的效果,再由液压千斤顶和复杂的悬架系统建立飞行爬升和转弯期间的震动和倾斜。这项精密技术估价为 1 亿美元,但即使这样,与它所模拟的价值 4 亿美元的喷气机相比便宜得多,而且训练时更安全、有用。

虚拟现实是多种技术的综合,包括实时三维计算机图形技术,广角(宽视野)立体显示技术,对观察者头、眼和手的跟踪技术,以及触觉/力觉反馈、立体声、网络传输、语音输入输出技术等。直接操纵原则对那些正在设计和改进虚拟环境的设计者来说也是适用的。当用户能够通过指点或做手势来选择动作且显示反馈立即发生时,用户就能强烈地感受到这种因果关系。界面对象和动作应该是简单的,以便用户查看和操纵任务域的对象。

在虚拟现实的头盔手套方法(图 6.6)中,系统跟踪用户手和头的动作及手指手势来控制场景的移动和操纵。为进入这种虚拟环境,需要特殊的装备,立体观测装置把不同的二维图像数据转换成三维图像。

图 6.6　虚拟现实的头盔手套方法

1. 实时三维计算机图形

相比较而言,利用计算机模型产生图形图像并不太难。如果有足够准确的模型,又有足够的时间,就可以生成不同光照条件下各种物体的精确图像。但是,问题的关键是实时。例如,在飞行模拟系统中,图像的刷新相当重要,同时对图像质量的要求也很高,再加上非常复杂的虚拟环境,问题就变得相当困难。

2. 显示

虚拟现实人看周围的世界时,由于两只眼睛的位置不同,因此得到的图像略有不同,这些图像在脑子里融合起来,就形成了一个关于周围世界的整体景象。这个景象中包括距离远近的信息。当然,距离信息也可以通过其他方法获得,如眼睛焦距的远近、物体大小的比较等。

在 VR 系统中,双目立体视觉起了很大作用。用户的两只眼睛看到的不同图像是分别产生的,显示在不同的显示器上。有的系统采用单个显示器,但用户戴上特殊的眼镜后,一只眼睛只能看到奇数帧图像,另一只眼睛只能看到偶数帧图像,通过奇、偶帧之间的不同即视差就产生了立体感。

（1）用户（头、眼）的跟踪。

在人造环境中，每个物体相对于系统的坐标系都有一个位置与姿态，用户也是如此。用户看到的景象是由用户的位置和头（眼）的方向来确定的。

（2）跟踪头部运动的虚拟现实头套。

在传统的计算机图形技术中，视场的改变是通过鼠标或键盘来实现的。用户的视觉系统和运动感知系统是分离的，而利用头部跟踪来改变图像的视角，用户的视觉系统和运动感知系统之间就可以联系起来，感觉更逼真。另外，用户不仅可以通过双目立体视觉去认识环境，而且可以通过头部的运动去观察环境。

在用户与计算机的交互中，键盘和鼠标是目前最常用的工具，但对于三维空间来说，它们都不太适合。在三维空间中，因为有 6 个自由度，所以直观地把鼠标的平面运动映射成三维空间的任意运动比较困难。

3. 声音

人能够很好地判定声源的方向。在水平方向上，通常靠声音的相位差及强度的差别来确定声音的方向，因为声音到达两只耳朵的时间或距离有所不同。常见的立体声效果就是靠左右耳听到在不同位置录制的不同声音来实现的，所以会有一种方向感。现实生活中，当头部转动时，听到的声音的方向就会改变。但目前在 VR 系统中，声音的方向与用户头部的运动无关。

4. 感觉反馈

在一个 VR 系统中，用户可以看到一个虚拟的杯子。可以设法去抓住它，但是手没有真正接触杯子的感觉，并有可能穿过虚拟杯子的"表面"，这在现实生活中是不可能的。解决这一问题的常用装置是在手套内层安装一些可以振动的触点来模拟触觉。

5. 语音

在 VR 系统中，语音的输入输出也很重要。这就要求虚拟环境能听懂人的语言，并能与人实时交互。而让计算机识别人的语音是相当困难的，因为语音信号和自然语言信号有其"多边性"和"复杂性"。例如，连续语音中的词与词之间没有明显的停顿，同一词、同一字的发音受前后词、字的影响，不仅不同人说同一词会有所不同，就算是同一个人，其发音也会受到心理、生理和环境的影响而有所不同。

使用人的自然语言作为计算机输入目前有两个问题：首先是效率问题，为便于计算机理解，输入的语音可能会相当啰唆；其次是正确性问题，计算机理解语音的方法是对比匹配，而没有人的智能。

6.6.2　虚拟现实的应用

虚拟环境已经在医学领域获得了成功。例如，虚拟世界能够用于治疗恐高症病人，其方式是给病人一种能够控制其视角和移动的沉浸式体验。安全的沉浸式环境使恐惧症患者能够自我调节以适应令人惊惧的刺激，为应对现实世界中类似的经历做准备。

VR 在医学方面的应用具有十分重要的现实意义。在虚拟环境中，可以建立虚拟的人体模型,借助于跟踪球、数据手套,学生可以很容易地了解人体内部各器官结构,这比现有的采用教科书的方式要有效得多。医学院校的学生可在虚拟实验室中进行"尸体"解剖和各种手术练习。一些用于医学培训、实习和研究的虚拟现实系统仿真程度非常高,其优越性和效果是不可估量和不可比拟的。例如,导管插入动脉的模拟器可以使学生反复实践导管插入动脉时的操作;眼睛手术模拟器根据人眼的前眼结构创造出三维立体图像,并带有实时的触觉反馈,学生利用它可以观察模拟移去晶状体的全过程,并观察到眼睛前部结构的血管、虹膜和巩膜组织及角膜的透明度等。此外,还有麻醉虚拟现实系统、口腔手术模拟器等。

外科医生在真正动手术之前,通过虚拟现实技术的帮助,能在显示器上重复地模拟手术,移动人体内的器官,寻找最佳手术方案并提高熟练度。在远距离遥控外科手术、复杂手术的计划安排、手术过程的信息指导、手术后果预测及改善残疾人生活状况,乃至新药研制等方面,虚拟现实技术都能发挥十分重要的作用。

丰富的感觉能力与3D显示环境使得VR成为理想的视频游戏工具。由于在娱乐方面对VR的真实感要求不是太高,因此近些年来VR在该方面发展最为迅猛。作为传输显示信息的媒体,VR在未来艺术领域方面所具有的潜在应用能力也不可低估。VR所具有的临场参与感与交互能力可以将静态的艺术(如油画、雕刻等)转化为动态的,可以使观赏者更好地欣赏作者的思想艺术。另外,VR提高了艺术表现能力,如一个虚拟的音乐家可以演奏各种各样的乐器,手脚不便的人或远在外地的人可以在他生活的居室中去虚拟的音乐厅欣赏音乐会等。表演者穿戴动作捕捉服如图6.7所示,表演者佩戴由17个无线传感器和3个无线收发器组成的动作捕捉服,连接到实时网,在虚拟情景中互动,加上头戴式显示器,跟踪头部和身体,可以产生身临其境的体验。

图6.7　表演者穿戴动作捕捉服

对艺术的潜在应用价值同样适用于教育。例如,在解释一些复杂的系统抽象的概念(如量子物理等方面)时,VR是非常有力的工具。

虚拟现实不仅是一个演示媒体,还是一个设计工具,它以视觉形式反映了设计者的思想。例如,在装修房屋之前,首先要做的事就是对房屋的结构、外形做细致的构思。为使之定量化,还需设计许多图纸。当然,这些图纸只有内行人能读懂,虚拟现实可以把这种构思变成看得见的虚拟物体和环境,使以往只能借助传统的设计模式提升到数字化WYSIWYG 的完美境界,大大提高了设计和规划的质量与效率。运用虚拟现实技术,设计者可以完全按照自己的构思去构建、装饰虚拟的房间,并可以任意变换自己在房间中的位置,去观察设计的效果,直到满意为止。这既节约了时间,又省了做模型的费用。

虚拟现实已经被一些大型企业应用到工业的各个环节,对企业提高开发效率,加强数据采集、分析、处理能力,减少决策失误,降低企业风险起到了重要的作用。例如,工业仿真可以应用在以下领域。

(1)石油、电力、煤炭行业多人在线应急演练。

(2)市政、交通、消防应急演练。

(3)多人多工种协同作业(化身系统、机器人人工智能)。

(4)CAD/CAM/计算机辅助工程(Computer Aided Engineering, CAE)。

(5)模拟驾驶、训练、演示、教学、培训等。

(6)军事模拟、指挥、虚拟战场、电子对抗。

(7)地形地貌、GIS。

(8)生物工程(基因/遗传/分子结构研究)。

(9)虚拟医学工程(虚拟手术/解剖/医学分析)。

(10)建筑视景与城市规划、矿产、石油。

(11)航空航天、科学可视化。

利用虚拟现实技术,结合网络技术,可以将文物的展示、保护提高到一个崭新的阶段。首先,将文物实体通过影像数据采集手段,建立起实物三维或模型数据库,保存文物原有的各项形式数据和空间关系等重要资源,实现濒危文物资源的科学、高精度和永久的保存。其次,利用这些技术来提高文物修复的精度和预先判断、选取将要采用的保护手段,同时可以缩短修复工期。通过计算机网络来整合统一大范围内的文物资源,并且通过网络在大范围内来利用虚拟技术更加全面、生动、逼真地展示文物,文物可以脱离地域限制,实现资源共享,真正成为全人类可以拥有的文化遗产。使用虚拟现实技术可以推动文博行业更快地进入信息时代,实现文物展示和保护的现代化。

6.6.3　增强现实技术原理

增强现实技术是一种将真实世界信息与虚拟世界信息"无缝"集成的新技术,是把原本在现实世界的一定时间空间范围内很难体验到的实体信息(视觉信息、声音、味道、触觉等)通过计算机等科学技术模拟仿真后再叠加,将虚拟的信息应用到真实世界,被人类感官感知,从而达到超越现实的感官体验,真实的环境和虚拟的物体实时地叠加到了同一个画面或空间,同时存在。在视觉化的增强现实中,用户利用头盔显示器把真实世界与计算机图形重合成在一起,便可以看到真实的世界围绕着它。

增强现实技术包含多媒体、三维建模、实时视频显示及控制、多传感器融合、实时跟踪及注册、场景融合等新技术。增强现实提供了在一般情况下不同于人类感知的信息。

AR 系统具有以下三个突出的特点。

（1）真实世界和虚拟世界的信息集成。

（2）具有实时交互性。

（3）在三维尺度空间中增添定位虚拟物体。

AR 技术可广泛应用到军事、医疗、建筑、教育、工程、影视、娱乐等领域。在基于显示器的 AR 实现方案中，摄像机摄取的真实世界图像输入到计算机中，与图形系统产生的虚拟景象合成并输出到显示器，用户从屏幕上看到最终的增强场景图片。

增强现实要努力实现的不仅是将图像实时添加到真实的环境中，而且还要更改这些图像以适应用户的头部及眼睛的转动，以便图像始终在用户视角范围内。增强现实系统正常工作所需的三个组件是头戴式显示器、跟踪系统和移动计算能力，开发人员要将这三个组件集成到一个单元中，该设备以无线方式将信息转播到类似于普通眼镜的显示器上。

Google Glass（图6.8）是由谷歌公司于2012年4月发布的一款增强现实眼镜，它具有与智能手机一样的功能，可以通过声音控制拍照、视频通话和辨明方向，以及上网冲浪、处理文字信息和电子邮件等。

图 6.8　Google Glass——一款实现增强现实技术的硬件设备

第7章 导航设计

7.1 导航设计概述

书面语言的历史丰富多彩,在数字或其他概念的精确记法出现以前,洞穴墙壁上的早期记数符号和象形文字就已经存在了几千年。5 000年前的古埃及象形文字(图7.1)是一项巨大的进步,这种标准记法方便了跨时空的交流。最终,具有小字母表和组词造句规则的语言占据了主导地位,因为它们相对而言更易于学习、书写和阅读。除这些自然语言外,还出现了用于数学、音乐和化学领域的专门语言,其方便了交流和问题的求解。

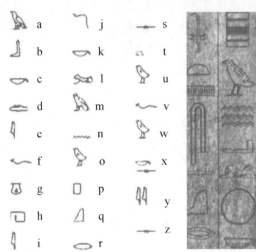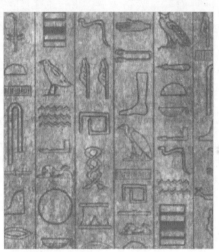

图7.1 古埃及象形文字

印刷机的发明成为语言发展的重大促进因素,它的出现使得书面作品可以广泛传播。计算机技术也已成为语言发展的另一个重大促进因素,通过网络的更广泛传播成为可能,并且计算机是操纵语言的工具,语言也是操纵计算机的工具。

计算机作为促进因素,对很多新的、正规书面语言发展有很大影响。与之相比,它对自然语言的影响不大。早期的计算机构建用来执行数学计算,所以第一代编程语言有很浓的数学风格。但人们很快发现,计算机是逻辑表达式、商业数据、图形、声音和文本的有效操纵工具。逐渐地,计算机对现实世界产生影响,如指挥机器人、在银行机器上投放货币、控制制造过程、引导宇宙飞船等。这些较新的应用系统鼓励语言设计人员寻找方便的记法来指挥计算机,同时满足用户使用语言进行交流和问题求解的需要。

有效的计算机语言不仅必须能表示用户的任务并满足人们交流的需要,而且能与在计算机上记录、操纵和显示这些语言的机制协调一致。

在不能使用直接操纵策略时,菜单和表格填充就成为有吸引力的选择。用熟悉的术语编写菜单项并用方便的结构和顺序组织时,用户能容易地在其中进行选择。如今,现代风格的下拉菜单、复选框、对话框中的单选按钮和互联网页面上的嵌入式链接都可以通过鼠标、手指或输入笔来选择。面向这些基本的菜单风格在互联网上的很多变化,相应的程序设计手段也比较灵活。平滑的动画、彩色和整洁的图形设计能够把简单的菜单变成可定制组件,进而有助于定义网站或应用程序的独特视感。

菜单能为用户提供有效的识别线索,而不是强迫用户回忆命令的语法,用户用指点设备或按键来做出选择并获得立即反馈。对于没有受过什么训练、偶尔使用界面、对术语不熟悉或在构造其决策过程方面需要帮助的用户来说,简单的菜单选择特别有效。然而,如果有精心设计的复杂菜单和快速交互,菜单选择甚至对常用专家用户也都具有吸引力。

为保证界面具有吸引力并且易于使用,除菜单、表格填充和对话框外,还需要精心考虑和测试很多设计问题,如任务相关的组织、菜单项的措辞和顺序、图形布局和设计、选择机制(键盘、指点设备、触摸屏和语音等)、在线帮助及错误纠正等。

当设计人员不能创建适当的直接操作策略时,菜单选择、表格填充及对话框等工具就成为有吸引力的选择。设计人员以现成的用户接口部件作为素材在用户界面上布置可视构件,是设计过程的一个组成部分。在大多数情况下,设计人员必须在大量构件中选择最合适的构件来实现最终界面。可供选择的构件包括标准可视构件和针对特别应用领域或环境的定制构件。本部分仅介绍窗口、菜单、对话框、工具栏及常用构件的组成和设计要点。

7.1.1　窗口和菜单

现代 GUI 又称 WIMP,由窗口(Window)、图标(Icon)、菜单(Menu)和指点设备(Pointer)组成。当然,还有其他类型的组件,如按钮和复选框。

GUI 是窗口化的接口,它们使用被称为窗口的矩形框表示一个应用组件或一个文件夹中的内容。窗口可被认为是一个容器,如一个文件窗口可能包含了文件内容,可能是文字也可能是图形元素,甚至是二者的结合。主应用程序窗口可能包含多个这样的文件窗口及其他组件,如画板、菜单和工具栏。窗口内有时也可以包含一些嵌套的容器。

窗口实例状态有最大化窗口、最小化窗口和还原窗口三个状态。

1. 最大化窗口

最大化窗口占据整个屏幕,它允许用户看到窗口中的内容,并且每个当前打开的应用在任务栏都有对应的按钮。最大化窗口是用户最喜欢的方式,因为它充分利用了屏幕空间大小,用户可以利用任务栏进行各个程序之间的切换,各个程序之间的复制和粘贴操作也相当方便,但在各程序之间不能进行拖放操作。

最大化窗口下,由于其他窗口完全被活动的窗口遮挡,用户并不能通过单击该窗口成为当前活动的窗口,因此需要一种在各个窗口之间切换的方法。通常的做法是单击这个窗口在任务栏的按钮。

2. 最小化窗口

如果一个窗口暂时不使用,但在不长的时间之后又会被使用,则该窗口可被最小化。最小化窗口被缩放成一个小的按钮或图标,并且被放置到桌面某个特定的位置。在最小化窗口状态下,无论是最大化状态还是原始状态,只需单击按钮,就可以返回其前一种状态。

3. 还原窗口

还原窗口是指窗口被还原到以前的大小。在此状态下,窗口可以调整大小并且可与其他窗口堆叠在可还原或可调整大小的状态,窗口有三种表示风格:平铺窗口、重叠窗口和层叠窗口。

(1)平铺窗口。

平铺窗口是多个窗口完全占据了整个屏幕,系统窗口管理器分配每个窗口的大小及在屏幕上的位置,使得所有窗口在屏幕上都是可见的,并给每个窗口都保留了自己的标题栏和工具栏。这种方式会消耗大量屏幕空间,并且使窗口变得较小,限制了内容的可视性。平铺窗口允许用户在窗口之间拖放某些对象。相比复制到粘贴板,获取目标窗口,再粘贴到新文件夹的方法,拖放操作是较直接的方法。

(2)重叠窗口。

重叠窗口的位置及大小由用户确定,并且每个窗口将维持其大小和位置,直到用户做出新的调整。这种表示风格允许用户看到窗口中的一部分内容,除非窗口完全被其他窗口遮挡。当前活动窗口在其他窗口的上方,当单击任何一个窗口时,该窗口成为当前活动窗口。

相比于平铺窗口,重叠窗口允许拖放操作,且更有效地使用了屏幕空间。然而,当大多窗口同时被打开时,重叠窗口将变得比较复杂。

(3)层叠窗口。

层叠窗口是一种特殊的窗口重叠表现风格,窗口被操作系统的窗口管理程序以对角线偏移的形式重叠放置。类似于重叠方式,层叠方式也能较好地有效利用屏幕空间,但用户很难对窗口的位置和大小进行控制。

菜单已经成为窗口环境的标准特征,它们的操作方式、编辑方式、位置和结构也已经标准化。由于用户期望使用标准化菜单,因此设计者应当努力满足用户的期望,使得用户可以很容易地找到需要的工具。

现代 GUI 的标准菜单包括文件、开始、插入、设计、页面布局、引用、邮件、审阅和视图等,如图 7.2 所示。

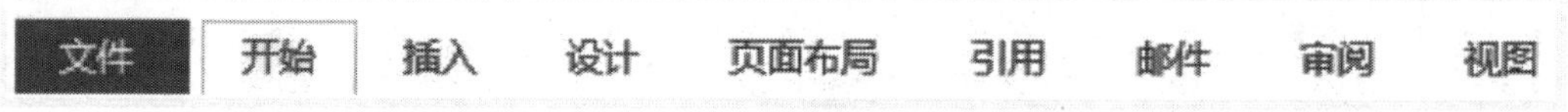

| 文件 | 开始 | 插入 | 设计 | 页面布局 | 引用 | 邮件 | 审阅 | 视图 |

图7.2　GUI菜单

"开始"菜单对文件操作进行了分类,包括编辑、字体、段落、样式及查找替换等。"插入"菜单包括页面、表格、插图及媒体等功能。"设计"菜单包括主题、文档格式及页面背景等功能。

设计菜单时应遵循以下原则。

(1)菜单应该按语义及任务结构来组织,同时用户认为应该在一起或者在实际操作中经常被一起使用的菜单项最好放在一起,较少关联或完全不关联的菜单项不应该放在同一个菜单里。

(2)应合理组织菜单接口的结构与层次,使菜单层次结构和系统功能层次结构相一致。通常来说,菜单太多或太少都表明菜单结构有问题。太少的菜单可能意味着菜单中包含较多的功能,并导致接下来的菜单项太长或层次太深;太多的菜单会导致功能分类较多而使用户感到迷惑,并难以找到完成任务所需要的功能。通常,好的菜单设计结构会在菜单栏上布置3~12个菜单,而6~9个菜单可以满足大多数软件的需求。程序窗口最大化时的菜单栏宽度可作为一个最佳的上限。实践证明,广而浅的菜单树优于窄而深的菜单树。

(3)菜单及菜单项的名字应符合日常命名习惯或反映出应用领域和用户词汇。菜单项的名字应能清楚地表明其中包含的菜单项,菜单项的名字也能反映其所对应的功能。

(4)菜单选项列表既可以是有序的也可以是无序的,菜单项的安排应有利于提高菜单选取速度。可以根据使用频率、数字顺序、字母顺序及逻辑功能顺序等原则来组织菜单项顺序,频繁使用的菜单项应当置于顶部。

(5)应为菜单项提供多种选择路径和快捷方式。菜单接口的多种选择途径增加了系统的灵活性,使之能适应不同水平的用户。菜单选择的快捷方式可加速系统的运行。

(6)为增加菜单系统的可浏览性和可预期性,菜单项的表示应符合一些惯例,以区分立即生效、弹出对话框及弹出层叠菜单等情况。

(7)应该对菜单选择和单击设定反馈标记。例如,当移动光标进行菜单选择时,凡是光标经过的菜单项,应提供亮度或其他视觉反馈标识;选择菜单项经用户确认无误后,用户使用显式操作来选取菜单项。对选中的菜单也应该给出明确的反馈,如为选中的菜单项加边框或在前面加"√"等。对当前状态下不可能使用的菜单选项,也应给出可视的按钮,如用灰色显示。

菜单快捷键允许菜单选项通过键盘访问。这个功能对视觉上有缺陷的用户十分重要,并且也是有经验的用户推荐使用的。Galitz针对菜单快捷键的设计和使用提出了以下建议。

(1)对所有的菜单选项都要提供一个辅助内存。

(2)使用菜单选项描述的首个字母作为快捷键,在出现重复的情况下,使用首个字母后续的辅音。

（3）在菜单中，对首个字符加下画线。

（4）尽可能使用工业标准。

为促进界面的国际化、标准化和规范化，DelGaldo 和 Nielsen 建议键盘的内存应当放置于键盘的固定位置，即无论键盘设置为何种语言，它们都应当一致地被放置在相同的实际键位置上。这种固定定位更易于为应用程序构建国际化的用户指南。正是出于这个原因，剪切、复制和粘贴的快捷键分别是 Ctrl+X、Ctrl+C 和 Ctrl+V。用于复制的内存使用了英文单词"Copy"的首个字符，而"剪切"或"粘贴"命令并没有如此直接使用英文单词的首字母大写，这只是因为这些键的定位比较靠近。

7.1.2　对话框

对话框是一个典型的辅助性窗口，它叠加在应用程序的主窗口上，在对话中给出信息并要求用户输入，从而让用户参与进来。当用户完成信息的阅读或输入后，可以先选择接受或拒绝所做出的改变，再把用户交给应用程序的主窗口。

对话框通常有标题栏和关闭按钮，但没有标题栏图标和状态栏。对话框没有调节窗口大小句柄，也不能通过拖动窗口边框来调整大小。对话框的外观没有标准，但出现在对话框中的组件却有相应的标准。

对话框分为模态对话框和非模态对话框。模态对话框是最常见的类型，它又可以分为应用模态对话框和系统模态对话框。模态对话框冻结了它所属的应用，禁止用户做其他的操作，直到用户处理了对话框中出现的问题，即用户需要单击"确定"按钮或输入某些特定的数据后，程序才可以继续运行下去。对话框出现时，用户可以切换到其他程序进行操作，但如果用户访问同一进程的其他功能，应用系统会给出警示。由于模态对话框严格定义了自身的行为，因此很少被误解。但是模态对话框可能会导致用户停止当前的工作或导致正常工作流程中断。

非模态对话框的结构和外表与模态对话框相似，但是当非模态对话框打开时，用户仍旧可以访问应用程序的所有功能。虽然对话框的突然出现可能使用户分心，但用户并没有受到太大的影响。例如，微软 Office 中 Excel、Word 等的查找和替换对话框就是典型的非模态对话框，它们允许在文本中查找内容并进行编辑。在编辑过程中，对话框仍然保持开放状态。

由于操作范围的不确定性，因此非模态对话框对用户而言是难以使用和理解的。用户更熟悉模态对话框，因为其会在调用的瞬间为当前选择调整自己，而且它认为在其存在的过程中选择不会变化。相反，在非模态对话框存在的过程中，选择很可能发生改变。

对话框可用于不同的目的，如属性、功能及进度等。

属性对话框向用户呈现所选对象的属性或设置。属性对话框可以是模态的，也可以是非模态的。一般来说，属性对话框控制当前的选择，遵循的是"对象–动词"形式，即用户选择对象，然后通过属性对话框为所选对象选择新的设置。图 7.3 所示为字处理软件中的表格属性对话框。

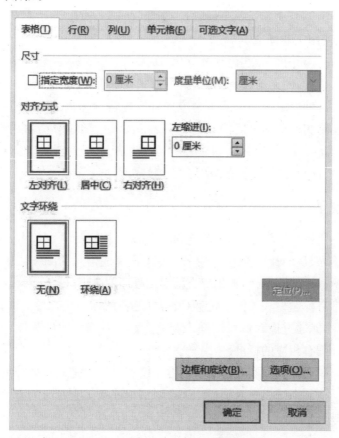

图7.3　字处理软件中的表格属性对话框

　　功能对话框是最常见的模态对话框,用于控制打印、插入对象或拼写检查等应用程序的单个功能。功能对话框不仅允许用户开始一个动作,而且也经常允许用户设置动作的细节。例如,在许多程序中,当用户请求打印时,可以使用打印对话框制定打印多少页、多少份、哪一台打印机打印输出,以及其他与打印功能相关的设置。图7.4所示为一个打印对话框例子,对话框上的"打印"按钮不仅用于确认所做的各项设置和关闭对话框,同时还执行打印操作。

　　进度对话框由程序启动而不是根据用户请求启动。它向用户表明当前程序正在忙于某些内部功能,其他功能的处理能力可能会下降。通过某个应用程序启动一个将要运行很长时间的进程,进度对话框必须清晰地指出它很忙,不过一切正常。如果程序没有表明这些,用户可能会认为程序很"粗鲁",甚至会认为程序已经崩溃,必须采取某些激烈的措施。

　　设计良好的进度对话框应包含以下四个任务。

　　(1)向用户清楚地表明正在运行一个耗时的进程。

　　(2)向用户清楚地表明一切正常。

（3）向用户清楚地表明进程还需多长时间。

（4）向用户提供一种取消操作和恢复程序控制的方式。

公告对话框与进度对话框一样，同样不需要请求，由程序自动启动。

对话框设计时应展现出明显的视觉层次，不仅需要按照主题的相似性进行视觉分组，还要按照阅读顺序的惯例布局。对话框使用时应该始终显示在最上面的视觉层，每个对话框都必须有一个标题来标示它的用途。每个对话框至少有一个终止命令控件，它被触发时会让对话框关闭或者消失。

7.1.3　控件

控件是用户与数字产品进行交流的屏幕对象，具有可操作性和自包含性。它们是创建图形用户界面的主要构建模块，有时又称"小部件"（Widget）、"小配件"（Gadget）或"小零件"（Gizmos）。

根据用户目标不同，控件可分为命令控件、选择控件、输入控件和显示控件四种基本类型。

1. 命令控件

命令控件用于启动功能，控件接受操作并立即执行。命令控件的习惯用法是按钮，按钮的视觉特征显示了它的"可按压特性"。例如，当用户指向按钮并单击时，视觉上按钮从凸起变为凹下，显示它已被启动。

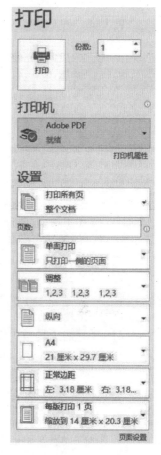

图7.4　打印对话框

2. 选择控件

选择控件用于选择选项或数据，允许用户从一组有效的选项中选择一个操作对象，还可以用来设定操作。常见的选择控件有单选按钮、复选框和列表框等。单选按钮提供了简单的多选一的操作，具有简单、可见和优雅的特点；复选框是一种变种的单选按钮，但允许用户选择多个选项；当选项的数目太多而不适合在屏幕上显示时，列表框可用来替换复选框或单选按钮，列表框相比单选按钮和复选框而言更为紧凑，具有占据较少空间的优点。

3. 输入控件

输入控件能让用户在程序中输入新的信息，而不只是从已有的列表中选择信息。输入控件向程序传递名词，最基本的输入控件是文本编辑字段。

4. 显示控件

显示控件用于可视化地直接操作程序，显示和管理屏幕上的视觉显示方式，典型的显示控件有滚动条、标尺、导航栏和网格等。

7.1.4 工具栏

工具栏是由微软首次引入主流用户界面中的,作为对菜单的重要补充,用户可以通过工具栏直接调用功能。菜单提供了完整的工具集,主要用于教学,尤其适合新用户学习。典型的工具栏是图标按钮的集合,通常没有文本标签。图 7.5 所示的 Altium Designer 工具栏可以对放置于场景中的对象进行操作,如旋转、平移、缩放等。工具栏下层是布线、放置元件、放置端口等按钮。工具栏上层是账户、显示层设置、窗口布局等。它以水平的方式置于菜单栏下方,或者以垂直的形式紧贴在主窗口的一边,工具栏将菜单以图形化的方式显示,它将图形化菜单以单行(列)的方式排列,且始终对用户可见。

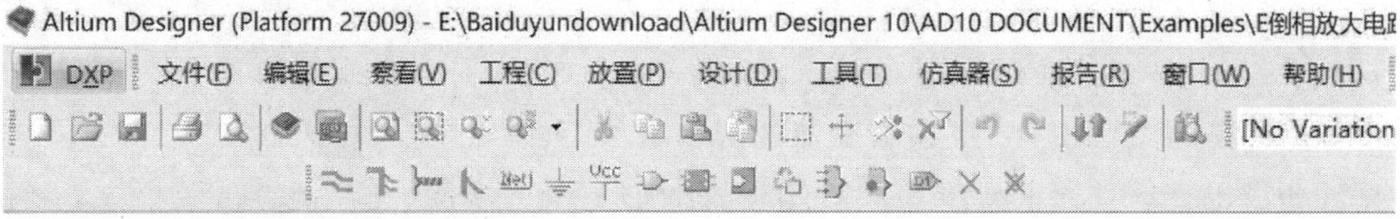

图 7.5 Altium Designer 工具栏

工具栏的设计应该遵循如下原则。

(1)良好的工具组织应以含义及其使用场合为基础。因为其易于按类别或类型来区分工具,所以软件开发者常常依赖于语义组织。但是有时即使一个分类集合很简单,用户理解仍然可能产生问题。工具太多会使用户感觉混乱并降低界面的可用性。经过进一步调整布局,将经常一起使用的工具放到一起,可以更好地实现对常用功能的有效支持。

(2)寻找代表对象的图像要比寻找代表动作或关系的图像容易得多。代表垃圾桶、打印机的图片和图标比较容易理解,但是想用图片来表达"应用格式""连接""转换"等动作语义却十分困难。

(3)适当禁用工具栏控件。如果不能用于当前选择,则工具栏控件应该被禁用,一定不能提供模棱两可的状态。

例如,如果图标按钮被禁止按下,控件本身应该变为灰色,使可用状态和禁止状态能明显区分。

7.2 菜单界面设计与单菜单设计

7.2.1 菜单界面设计

菜单界面是一种最流行的控制系统运行的人机界面,它提供各种菜单项让用户选择。用户不必记忆应用功能命令,就可以借助菜单界面完成系统功能。当菜单中的某一项被选中时,就以高亮度显示出来,同时还改变按钮的形状和颜色。

在菜单系统中,用户接收命令且必须在有限的一组选项中进行识别和选择,他们更多的是响应而不是发出命令。设计良好的菜单界面能够把系统语义(做什么)和系统语法(怎么做)明确、直观地显示出来,并给用户提供各种系统功能的选择。

菜单界面适合于结构化的系统,每一菜单项都可以对应于一个子程序功能或下一级子菜单。菜单界面减轻了用户的学习、记忆及培训负担,并简化了操作。菜单界面要占用一定的屏幕空间和显示时间,菜单的转移和返回也需要一定的操作时间。但如果采用功能键(快捷键)来进行菜单选择,则可避免这一缺点,这对于熟练型用户而言具有很大的优势。

1. 菜单界面的语义组织

菜单结构设计的关键在于首先考虑按照用户任务来确定语义组织,即首先要确定任务菜单选项和结构,其次才是显示屏幕上选项的数目。菜单中的选项在功能上与按钮相当,一般具有命令、菜单和窗口项中的一种或几种。

菜单的类型一般有单一菜单、线状序列菜单、树状结构菜单、循环网络及非循环网络菜单等(图7.6)。其中,树状结构菜单最为常见。

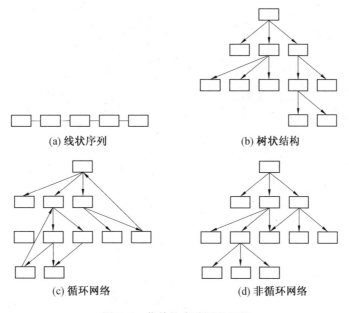

(a) 线状序列	(b) 树状结构
(c) 循环网络	(d) 非循环网络

图7.6 菜单的多种语义组织

例如,线状序列和多重菜单提供了简单、有效的手段,用一组相关联的菜单指导用户贯穿整个决策过程,使决策过程结构化。用户清楚地知道如何向前推进和目前在菜单中所处的位置,并且可以重返以前所做出的选择,也可以结束或重新开始这个序列。Word中的"页面设置"就是采用这种形式,包含一个线形序列菜单,用来选择页边距、纸张版式、文档网格等(图7.7)。

当一组选项的个数增加到难以处理时,通常将其划分为若干类,类似的选项组合成一组,最后形成一个树状结构,如 Word 中的菜单栏。在树状菜单设计时,要注意菜单树的深度(层数)与广度(每层的选项数目),这将影响用户的操作速度。一般认为,每个菜单包含 48 个选项,总的层数不超过 34 层。当菜单很大时,倾向于选用广而浅的菜单树。

图 7.7　Word 的"页面设置"界面

2. 菜单界面式样

菜单界面式样有很多种,最简单的就是全屏幕(文本)菜单。当软件系统支持窗口功能时,把菜单和图形系统相结合可以产生许多丰富多彩的新菜单形式,如条形菜单、水平和垂直的弹出式菜单(许多软件中的工具栏属于弹出式菜单的一种(图 7.8))、下拉式菜单、图标菜单(如 Windows 的"控制面板")等。

3. 菜单界面的设计原则

在设计菜单界面时应遵循以下原则。

(1)根据系统功能的合理分类,将选项进行分组和排序,并力求简短、前后一致。

(2)合理组织菜单界面的结构与层次。分配菜单界面的宽度和深度,使菜单层次结构和系统功能层次结构相一致。实践证明,广而浅的菜单树优于窄而深的菜单树。

(3)为每幅菜单设置一个简明、有意义的标题。菜单标题大致上解释了该幅菜单的作用。例如,可以把第一级菜单命名为主菜单,主菜单中的各菜单项反映了系统的基本功能和程序框架。一般来说,靠左对齐列出的标题是广为接受的方式。

图7.8　Photoshop、Flash、Authorware中的工具栏

(4)合理命名各菜单项的名称。使用熟悉的、前后一致的菜单项名，并保证各选项彼此不雷同。

(5)菜单项的安排应有利于提高菜单选取速度。可以根据使用频率、数字顺序、字母顺序、功能逻辑顺序等原则来组织安排菜单项顺序。

(6)保持各级菜单显示格式和操作方式的一致性。例如，在菜单和联机帮助中必须使用相同的术语，对话必须具有相同的风格。

(7)为菜单项提供多种选择途径，以及为菜单选择提供捷径。菜单的多种选择途径增加了系统的灵活性，使之能适应于不同水平的用户。菜单选择的捷径加速了系统的运行。

(8)应该对菜单选择和点取设定反馈标记。例如，当移动光标进行菜单选择时，凡是光标经过的菜单项，都应提供亮度或反视频的反馈标志，但是这时并未选取。选择菜单项经用户确认无误后，用户使用显示操作来选取菜单项。对选中的菜单也应该给出明确的反馈标记。例如，可为选中的菜单项加边框，或者为选中菜单项前面加"√"等。对当前状态下不可使用的菜单选择项，也应给出可视的暗示(如用灰色显示)。

(9)设计良好的联机帮助。对于大多数不熟练用户来说，联机帮助具有非常重要的作用。如果用户做了一个不可接受的选择，应该在指定位置显示出错信息。

7.2.2　单菜单设计

单菜单要求用户在两项或更多项之间选择,也可能允许多个选择。最简单的情形是二元菜单,如"是/否""真/假"或"男/女"选项。这些简单的菜单(如删除对话框中)可能重复使用,所以要仔细选择快捷方式和默认行为(图7.9)。

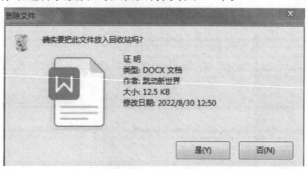

图 7.9　二元菜单

单选按钮支持多项菜单的单项选择(圆形),而复选框允许在一个菜单中选择一项或多项(方形)。多选菜单是用于处理多个二元选择的简便选择方法,因为用户在做决定时能够浏览项目的完整列表(图7.10)。

图 7.10　多选菜单

采用动画的滚动条菜单是一个备受关注的显示组件,能在显示空间有限时充当菜单(如在手机上)。用户不需要手动滚过或翻页穿过菜单项,而是通过单击或触摸就能停止滚动和选择看得见的项。

7.2.3 长列表菜单

有时,菜单项的列表可能很长,如超出了 30～40 行,解决方案之一是创建树状结构菜单。但有时,确实需要将界面限制到一个概念菜单里,如用户需要在全国的省份中选择其一,或者从列表中选择一个国家时。典型的列表按字母表顺序排序,以支持用户输入前导字符后跳到适当的区域。但是,分类列表可能是有用的,菜单列表的排序原则是适用的。

1. 滚动菜单、组合框和鱼眼菜单

滚动菜单显示菜单的第一部分和附加菜单项,而附加菜单项通常是产生菜单序列中下一个项集的箭头。滚动(或分页)菜单可能有连续数十乃至更多项,使用大多数图形用户界面中均可发现的列表框容量。虽然快捷键可能允许用户输入字母"M"直接滚动到以"M"开头的第一个单词处。但用户并非总能发现这个特性。组合框把滚动菜单与文本输入域结合在一起,使这种选择更加明显,用户可输入前导字符来加速滚过列表。另一种选择是鱼眼菜单(图7.11),它同时在屏幕上显示所有菜单项,但只以全尺寸显示光标附近的项,项离光标越远,显示的字体就越小。对于有 10～20 个项而缩放比例较小,且所有项始终可读的菜单,鱼眼菜单是有吸引力的。当项数和缩放比率如此小以至于更小的项变得不可读时,鱼眼菜单有潜力提高穿越滚动菜单的速度,但与之相比,层次菜单仍然更快。

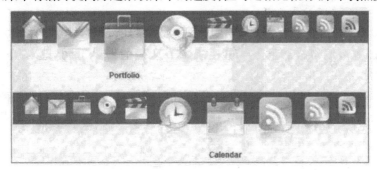

图7.11　鱼眼菜单

2. 滑块和字母滑块

当项由数值范围构成时,就自然用上了滑块。用户通过使用指点设备沿着刻度尺拖动滑块拇指(滚动框)来选择值。当需要更大精度时,滑块拇指能通过点击位于滑块每一端的箭头而逐渐调整。滑块、范围滑块和字母滑块的紧致性常用于交互可视化系统的控制面板中(图7.12)。

3. 二维菜单

使用多列菜单的二维菜单给用户以良好的选项概览,减少所需动作数,并且允许快速选择。多列菜单在网页设计中特别有用,应用图标或文本可将查看长列表所需的滚动减到最少如用日历来选择航班的出发日期、用彩色空间来表示颜色选择器及图标或地图上的区域等。

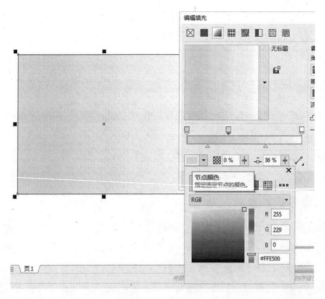

图 7.12　滑块

7.2.4　嵌入式菜单和热链接

除前面所介绍的各种显式菜单外,在很多情形中,菜单项还可能嵌入文本或图形之中,且仍然是可选的。例如,允许用户阅读有关人、事件和地方的书,通过在上下文中选择名字的方式来检索详细的信息等。嵌入到有意义文本中的菜单项包括突出显示的名字、地方和短语,而相应的文本通知用户还有助于理解菜单项的含义。嵌入式链接在网络和互联网环境中已经得到了广泛应用(超链接)。

嵌入式链接的上下文相关的显示有助于让用户始终关注其任务和感兴趣的对象。要在提供很多选项的同时提供上下文来帮助用户做出选择,图形菜单是一种特别有吸引力的方式,如导航地图和日程表(图7.13)。信息丰富的紧凑可视化使庞大菜单的显示成为可能。

图 7.13　日程表

7.3　多菜单组合与使用表格填充数据

7.3.1　线性菜单序列与同步菜单

一系列相互依赖的菜单常用来指导用户完成一系列选择。例如,比萨订购界面可能包括线性菜单序列,用户在其中选择大小(小、中或大)、厚度(厚、正常或薄的皮)和馅料。其他熟悉的例子是在线考试,有一些多选测试项序列,每个序列组成菜单或向导。向导提供提示卡序列和菜单选项,带领用户完成软件安装或其他过程。线性序列一次提供一个决定,以此指导用户。对新用户执行简单任务是有效的。

同步菜单在屏幕上同时提供多个动作菜单,允许用户以任意输入选择(图7.14)。由于需要更大的显示空间,因此对某些显示环境和菜单结构而言可能是不适当的。然而,研究表明,执行复杂任务的有经验用户受益于同步菜单。

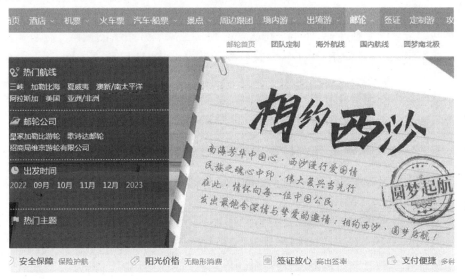

图 7.14　同步菜单在屏幕上同时提供多个动作菜单(部分)

7.3.2　树状结构菜单

当项的集合增长时,设计人员应该组织形成相似项的类别,从而创建树状结构。树状结构的菜单系统能够将大型数据集合提供给不同的用户使用。

如果每级分组对于用户都是自然、可理解的,且用户知道目标,则用几秒钟就能完成菜单遍历,比浏览一本书还要快。另外,如果用户不熟悉这一分组,且对于找寻的项仅有模糊的概念,则可能会在树状菜单中迷失几个小时。

使用大型索引的菜单,如图书馆的主题标目或综合业务分类,用户在浏览树状结构时,其选择的全部上下文均被保留(如在 Windows 浏览器中)。在任何一点,用户都可访问整个主集合和同级菜单项。另外,当顺序菜单下降到结构中更深层次时,并不会显示全部层次的上下文。对可扩展菜单的研究表明,它们仅适用于深度为 2 级或 3 级的浅菜单层次结构,因此应避免用于更深的层次结构。研究还表明,可扩展的菜单应避免使用难以遵循的缩进方案,并且避免需要在浏览器窗口中过度滚动的长列表。

随着菜单树深度的增加,用户会感到逐渐地难以在树中保持位置感。同时,他们的方向迷失感在增加。一次看一个菜单使得用户难以把握总的模式,也很难看到类别之间的关系。若干早期研究的证据证明,提供空间图来帮助用户保持方向感具有优势。有时,菜单图显示在网站主页上,如一些网站列出了所有页面的网站地图。

虽然树状结构吸引人,但有时网络结构可能更为适当。例如,用户可能会希望允许树的不同部分之间存在路径,而不是每次都必须从主菜单开始新的搜索。循环或非循环图形式的网络结构自然地出现在社会关系和运输路线中,还包括互联网。然而,随着用户从树转移到非循环网络再到循环网络,迷失的可能性也在增加,保留"等级"的概念和提供菜单图或网站地图会对用户有所帮助。也可以设计出很多其他的专用或混合菜单,追求新结构和改进现有结构以提高用户性能及满意度。

7.3.3　使用表格填充的数据输入

用户输入的过程实际上是一个完整的人机对话过程,它要占用最终用户的大部分使用时间,也是容易发生错误的部分。

输入可以分为控制输入和数据输入两类。控制输入完成系统运行的控制功能,如执行命令、菜单选择、操作复原等;数据输入则是提供计算机系统运行时所需的数据。命令语言和菜单界面一般用作控制输入界面,但也可以使用菜单界面作为收集输入数据的途径。

数据输入的总目标是简化用户的工作,以在尽可能降低输入出错率的情况下完成数据的输入。一般有以下设计规则。

(1)数据输入的一致性。

在所有条件下应该使用相同的动作序列、相同的定界符和缩写符等。

(2)使用户输入减至最少。

输入越少意味着工作效率越高,出错机会也就越少,减少了用户的记忆负担。在程序运行进程中,如果有些输入数据项有默认值,那就不必重复输入,而可直接使用由系统提供的默认值。

(3)为用户提供信息反馈。

在需要用户输入时,应该向用户发出提示,可以使用闪烁的光标等作为提示符。输入提示符格式及内容应适应于用户的水平和需要。若一个屏幕上可以容纳若干输入内容,则可将用户先输入的内容保留在屏幕上,以便用户随时查看与比较,明确下一步该干什么。

(4)用户输入的灵活性。

良好的数据输入界面应该让用户来控制输入过程的进展,用户可以集中地一次性输入所有数据,也可以分批输入数据和修改错误的输入。

(5)提供错误检测和修改机构。

数据输入是一个烦琐、枯燥的工作,加上人健忘、易出错、注意力易分散等原因,输入操作中不可避免地会发生错误。为修改输入错误,数据输入区应具备简单的编辑功能,如删除、修改、显示、翻滚等,应提供恢复(Undo)功能。

可以采用多种形式的数据输入界面,如问答式对话、菜单选择、填表、直接操纵、关键词、条形码(由条形码读入器读入光学字符识别(OCR))及声音数据输入等。

在计算机系统用来处理大量相关数据信息的场合下,如在数据库系统、信息系统、办公自动化系统中,需要输入一系列的数据,这时填表界面最为理想。填表界面设计时有两点要注意:一是表格设计;二是表格在屏幕上的显示及编辑功能设计(图7.15)。

欢迎注册网易邮箱

| 免费邮箱 | VIP邮箱 |

邮箱地址 @163.com ⌄

密码 👁

手机号码

☐ 同意《服务条款》、《隐私政策》和《儿童隐私政策》

立即注册

手机号码就是邮箱帐号,快速注册 "手机号码@163.com" ›

图7.15 Microsoft Outlook 中"新建联系人"的填表界面

7.3.4 声频菜单与小显示器使用的菜单

当手眼都忙碌,如用户正在开车或测试设备,或者为了适应盲人或视力障碍用户时,声频菜单就有了用武之地。移动设备一般只有小屏幕,这样,大多数桌面屏幕设计就变得不实用。因此,要求设计者彻底反思什么功能应包含在内,这就导致产生了专门适合于这种设备和应用软件的新界面及菜单设计。

1. 声频菜单

使用声频菜单时,先向用户说明提示和选项列表。而用户通过使用键盘上的键、按键式电话或者通过说话来响应。视觉菜单有持久性这个独特优点,而声频菜单则必须记忆。同样,视觉突出显示能确认用户的选择,而声频菜单必须提供可听见的确认。当用户在听选项列表时,必须把声频建议的选项与他们的目标相比,逐渐进行匹配。不同的设计不是要求用户立即接受或拒绝每个选项,就是允许用户在全部列表正在读出的任何时候做出选择。必须提供重复选项列表的方式和退出机制。

语音识别使交互语音系统的用户可以说出他们的选项,而不用按字母键或数字键。高级系统正在探索使用自然语言分析改进语音识别。

为开发成功的声频菜单,知道用户的目标和使最常见的任务易于执行至关重要。为加快交互的速度,在指导提示读出时,交互语音系统可提供允许用户讲话的选项。

2. 用于小显示器的菜单

移动应用领域主导着具有小显示器的设备的使用。娱乐应用软件包括非正式的、内容密集交互的长对话。另外,常用的信息和通信应用软件(如日程表、地址簿、导航助手、维修和仓库管理系统、医疗设备等)包括经常在时间或环境压力下进行的重复、简短和高度结构化的会话。通常,菜单和表格构成这些界面的主体部分。

屏幕越小,界面就会变得越短暂(当没有显示器可用时,自始至终都是完全线性的声频界面)。小设备一次只能呈现一部分信息。因此,必须特别注意用户如何在连续的菜单项之间、层次结构的各级之间和长表格的各部分之间导航。较小的设备使用放置在屏幕旁边或下面的"软"键,它们在屏幕上的标签能够根据环境而动态改变。软键允许设计人员对每一步中最合乎逻辑的下一个命令提供直接访问。

当为响应性设计时,易于启动最常用的应用软件和执行最常用的任务是最重要的。在只有触摸屏没有按钮的设备如 iPhone 上,最常用的项必须放在第一个屏幕上。

简洁地编写和精心编辑标题、标签和说明书将产生较简单、易于使用的界面。每个词都取决于小屏幕,不需要的字符或空间都应被去掉。一致性仍然是重要的,但在不能提供背景时,菜单类型的明显区别有助于用户保持方向。大图标,如那些在汽车导航系统或在 iPhone 中使用的图标,之所以能够成功使用,是因为一旦学过它们,只要一瞥就能识别出来。将来的应用软件可能使用背景信息(如位置或与对象的接近度)来提供相关信息,这些应用软件可用在软键上,显示最有可能的菜单项和建议数据输入的默认值。

第8章 提升用户体验

8.1 非拟人化设计

用户界面中的词和图形能够对人们的感知、情绪反应和动机产生重大影响。计算机的智能、自主性、自由意志或知识等属性对一些人是有吸引力的，但对其他人来说，这些表征却可能让人感到困惑并产生误解。

使用非拟人化措辞的另一个原因是为了澄清人与计算机之间的区别。与人的关系和与计算机的关系不同，用户操作和控制计算机，但他们尊重个人的独特形象和自主性。此外，用户和设计人员必须承担误用计算机的责任，而不是责怪计算机出错。

尽管拟人化界面可能对某些人有吸引力，但对其他人来说，可能是分散注意力的或产生焦虑。与宣传计算机是人类的朋友、双亲或伙伴的幻想相比，通过它所提供的具体功能来呈现计算机，可能对用户接受度的刺激更强烈。用户变得专注，计算机就变得透明，他们就能专心于写作、问题求解或探索。最终，用户拥有成就和掌控的体验，而不是由机器为他们完成工作的感觉。拟人化界面可能使用户从他们的任务上分心和浪费他们的时间，因为他们要考虑如何取悦于屏幕上的角色或以社交场合上适当的方式对待它们。

对内部控制点期望的个体差异是重要的，但对大多数任务和用户来说，清楚地区分人的能力与计算机的能力可能有整体的优势。另外，设计者创建了拟人化界面，经常称为虚拟人、类人自治代理或具体化的对话代理。

在对基于文本的计算机辅助教学任务的早期研究中，当参与者与拟人化界面交互时，他们觉得自己对表现不太负责，其范围从类卡通到真实的动画人物，已被嵌入到很多界面中，但它们增加了焦虑，降低了性能的证据正在增加，特别是对那些具有外部控制点的用户。很多人在有人观察他们的工作时会更焦虑，所以监视他们表现的角色可能会困扰用户是可以理解的。这个结果是在对动画人物的研究中得到的，该人物似乎正在把用户的工作记下来和制作屏幕复制，具有外部控制点的用户已经增加了焦虑程度，且任务完成得不太准确。

一个似乎很多用户都可接受、可替代的教学设计方法，是呈现课程或软件包的人类作者，通过音频或视频节目剪辑，其作者能够对用户讲话，非常像电视新闻播音员对观众讲话。设计人员不是把计算机做成人，而是能够展现可辨认的、适当的人类向导。例如，联合国秘书长可能录制视频来欢迎联合国网站的访问者。在这些介绍之后，若干种风格都可能使用：一种是导览隐喻的继续，由受尊敬的名人介绍各部分，允许用户控制节奏、重复各部分和决定他们何时准备好继续前进；另一种策略是通过显示用户能够选择模块的概要来支持用户控制。用户决定花多少时间来参观博物馆的各部分、浏览具有事件细节的时间表或在有超链接的百科全书中在文章之间来回跳转,这些概要给用户一种可用信息的数量感且允许他们看到在所涉及主题方面的进度。概要也支持用户完全浏览内容的满足感,提供具有可预测动作的可理解环境,这种动作培养令人欣慰的控制感。此外,他们还支持动作可复制性(以再访有吸引力的或令人困惑的模块,或者把它显示给同事看)和可逆性(后退或返回到已知里程碑)的需要。游戏用户可能喜欢令人困惑的挑战、隐藏的控制和不可预测性,但大多数应用程序的情况却不是这样。与之相反,设计人员必须使他们的产品可理解、可预测。

用于构建有吸引力的非拟人化界面的指南如下。

(1)把计算机呈现为人时,无论是合成的还是卡通的任务,均需要谨慎。

(2)设计可理解、可预测和用户可控的界面。

(3)利用适当的人来做音频或视频介绍或向导。

(4)在游戏或儿童软件中使用卡通人物,但在别处避免使用它们。

(5)提供以用户为中心的概要,用于定位和封闭。

(6)当计算机响应人的动作时,不使用"我"。

(7)使用"你"来指导用户或仅陈述事实。

8.2 错 误 信 息

现代的计算机系统用来完成许多高级、复杂的任务,必然导致计算机系统自身的复杂性增加。一个好的交互系统不可能要求用户不犯错误,但应该设计有较强的处理各种错误的能力。除在软件设计时注意各种容错设计机制、稳定性及各种诊断措施外,在计算机用户界面上应提供避免用户操作错误的提示及对各种错误信息的帮助、分析。

8.2.1 错误信息处理

用户在操作、使用计算机系统的过程中难免会出现各种错误。至于偶然或生疏的用户,发生错误的可能性则更大。除用户错误外,设计、测试不完善的应用程序系统也会有隐含的错误。在个别情况下,计算机系统的硬件也会发生故障。

比纠正错误更好的方法是预防错误。因此,出错处理原则可分为两类:一类是错误预防原则;另一类是错误恢复原则。设计者的目标首先是防止错误发生;其次是一旦发生了错误,要设法改正错误,恢复系统。

1. 错误预防原则

可采用以下原则来预防错误。

(1)避免相似的命令名、动作序列等,以免用户产生混淆。

(2)建立一致性的原则和模式,有利于减少学习和错误。

(3)提供上下文和状态信息,使用户易于理解当前状态,避免因盲目操作而发生错误。

(4)减少用户的记忆负担。

（5）降低对人从事活动的技能要求，如在键盘操作中减少 Shift、Ctrl 等复合键的使用。

（6）使用大屏幕和清楚、可视的反馈，使在计算机图形接口中可准确地进行定位和选择，这样做有利于寻找和识别小的目标。

（7）减少键盘输入，这样出错机会也减少。

2. 错误恢复原则

出错信息是用户指南中整个界面设计策略的关键部分，该策略应确保出错信息是综合、协调的，对于一个或多个应用程序是一致的。一个好的系统，应该有检测错误和使错误恢复等措施。错误恢复原则如下。

（1）提供恢复功能，好的系统设计应能进行多次回溯恢复。

（2）在程序运行中提供撤销功能，在计算机系统运行中，有些操作要很长时间才能完成，应允许用户在他们认为不必继续执行下去时随时撤销，而不必等到命令执行完后再恢复。

（3）对重要的、有破坏性的命令提供确认措施，以避免招致破坏性操作。

在所有设计人员都要评审和遵循的风格指南中讨论帮助和错误处理，确保出错信息被设计到计算系统或网站之中，而不是在最后或作为事后的想法而被加上。

对一些国际性的软件，有经验的设计人员为在开发阶段和后期的维护更新阶段易于翻译，会把出错信息和帮助文本信息分隔成独立的文件（非硬编码的）。当安装系统的地方不是该软件的母语地区时，就允许现场对本地语言的选择。正常的提示消息和系统对用户动作的响应可能影响用户的感知，而出错信息和诊断警告的措辞是至关重要的。出错常常是缺乏知识、理解不正确或疏忽大意造成的，当用户遇到这些消息时，可能感到迷惑、觉得力不从心和焦虑。如果出错信息用傲慢的语气来斥责用户，会加重用户的焦虑，使改正错误更加困难，增加犯错误的概率。

改进出错信息是改进现有界面最容易、最有效的方式之一。如果软件能捕捉出错频率，设计人员就能集中研究重要消息的优化。错误频率分布也使界面设计人员和维护人员能够修改错误的处理过程，改进文档和教程，改变在线帮助，甚至改变许可的动作。完整的消息集合应该被同事和管理人员评审、凭经验测试并包含在用户文档中。

具体性及建设性的指南、积极的语气、以用户为中心的风格和适当的物理格式被建议为预备出错信息的基础。这些指南在用户为新手时特别重要，但它们也能使专家受益。出错信息的措辞和内容能显著影响用户表现和满意度。

8.2.2　合适物理格式

对于消息在显示中的最佳位置，存在着不同看法。有人主张消息应放在显示上出现问题位置的附近；另一种意见是消息使显示器混乱，应放在显示器底部一致的位置上；还有一种意见是以接近但不隐藏相关问题的方式来显示对话框。

一些应用程序在发生错误时发出声响来提醒。如果用别的方式其操作者可能错过此错误，那么这种警告能够是有用的；但如果其他人在房间里，则这种警告能够是令人尴尬的，即使其操作者是独自一人，也可能是令人感到厌烦的。

设计人员应该考虑到用户经验和性情的广泛多样,也许最好的解决方案是给用户提供对选择的控制,这种方法与以用户为中心的原则协调一致。

8.3　窗口设计及技术进化路线

8.3.1　窗口设计

计算机用户经常需要查阅文档、表格、电子邮件消息、网页等来完成他们的任务。例如,旅行社可能从查看客户的电子邮件请求跳到查看建议的旅行计划,再跳到日程表和航班时刻表,最后跳到选择座位分配和选择酒店。即使是使用大的桌面显示器,对多少文档能被同时显示也是有限制的。越来越多的用户正在采用大的多监视器显示,但此类显示工作站上没有足够的视觉线索,所以常常会漏掉细节。

设计人员一直追求的策略是给用户提供充分的信息和灵活性来完成他们的任务,同时减少窗口内部处理动作且使分散注意力的混乱最少。如果用户任务已被完全了解且是定期执行的,就能有很大的机会来开发出一个有效的多窗口显示策略。例如,旅行社可能从客户旅行计划窗口开始,然后查看调度窗口的飞行航段,最后把选中的航段拖到旅行计划窗口。标签为"日程表""座位选择""食物喜好"和"酒店"的窗口可能按需出现,收费信息窗口最后出现以完成该事务。

窗口使用的视觉性质已经导致很多设计人员把直接操纵策略应用于窗口动作。为拉伸、移动和滚动窗口,用户能够指向窗口边界上的恰当图标和简单地单击鼠标和拖动。由于窗口的动态性对用户感知有显著影响,因此用于转换框的缩放、窗口打开和关闭时的重画、轮廓的闪烁、拖动期间突出显示的动画必须被精心设计。

在宽大桌面上重叠、可拖动、可调整大小的窗口已经成为大多数用户的标准。忙于多项任务的高级用户能够在被称为"工作空间"的窗口集合中进行切换,每个工作空间容纳若干状态已被保存的窗口,以允许容易地恢复活动。虽然取得了很大进展,但仍有机会大大减少依赖于单个窗口的内务管理事务和提供与任务相关的多窗口协调。

1. 多窗口协调

设计人员可能会通过协调窗口的出现,进而改变内容,然后关闭等。例如,在医疗保险的索赔处理应用程序中,当其代理检索客户信息时,客户的地址、电话号码和会员编号等内容应在显示器上被自动填充。同时,不使用任何附加命令,客户的信息就可能出现在第二个项目中,以前索赔的记录可能出现在第三个窗口中。第四个窗口可能包含其代理要完成的、指出赔付或例外的表格。信息窗口的滚动可能引起以前索赔窗口的同步滚动以显示相关信息。当该索赔被完成时,所有的窗口内容应该被保存,所有的窗口应该被用一个动作关闭。此类动作序列能够由设计人员或由具有终端用户编程工具的用户来建立。

同样,对 Web 浏览来说,求职的用户应该能够选择多个感兴趣的职位描述的链接,一次单击就全部打开。然后,可能使用一个滚动操作来同步探索,以比较工作的细节(描述、位置、薪水等)。当选中一个职位时,它应该占满屏幕,而其余职位窗口应自动关闭。

协调是一个描述信息对象如何根据用户动作而改变的任务概念。对用户任务的仔细研究能导致基于动作序列、任务特定的协调。开发者可能支持的其他重要协调包括同步滚动、分层浏览、依赖窗口的打开/关闭、窗口状态的保存/打开、分页浏览和丝带界面等。

2. 图像浏览

图像浏览使得用户能够从事大地图、杂志版面或艺术作品等方面的工作。用户在一个窗口中看到概要，在第二个窗口中看到细节，他们能够移动概要中的视图域框来调整细节视图的内容。同样，如果用户滚动细节视图，视图域框应该在概要中移动。设计良好、相互协调的窗口在视图域框和细节视图中具有匹配的高宽比，其中任何一个形状的改变会在另一个中产生相应的改变。

从概要视图到细节视图的放大倍数称为缩放系数。当缩放系数在5~30内时，相互协调的概要视图和细节视图对是有效的。然而，对于较大的缩放系数，就需要一个额外的中间视图。

并列放置概要视图和细节视图是最常见的布局，因为它允许用户同时看到大图和细节。然而，某些系统提供单视图，不是平滑地缩放以在选中点上移入，就是简单地用细节视图替代概要视图。这种缩放替换方法实现起来简单且给予每个视图最大的屏幕空间，但它没有给予用户同时看到概要视图和细节视图的机会。一种变体是让细节视图与概要视图部分重叠，但这样做能遮挡关键项。语义缩放（表示对象的方式，依其放大倍数而变）可能通过快速缩小和放大来帮助用户看到概要。

提供细节视图（焦点）和概要视图（背景）而不遮挡任何事物的尝试也引起了对鱼眼视图的兴趣。焦点区域（或区域）被放大以显示细节，同时保留其背景，它们均在一个显示中。这种基于变形的方法具有视觉上的吸引力，但持续改变被放大的区域可能使人失去方面感。

3. 个人角色管理

窗口协调使较大的图像和任务的处理更容易，它们在过去因太复杂而不能处理。然而，还存在其他的潜在机会来改进窗口管理。当前的图形用户界面所提供的桌面中，应用程序用图标表示，文档被组织成文件夹，对这种方法进行改进是可能的。

自然的演进是朝向以角色为中心的设计，它强调用户任务而不是应用程序和文档。计算机支持的协同工作的目标是执行常见任务的多人协调，以角色为中心的设计与之相反，它能够显著改进对个人在管理他们的多个角色方面的支持。当个人按照独立的时间表执行不同层次的任务时，每个角色都使个人接触不同的人群。个人角色管理器取代了窗口管理器，当用户按给定角色工作时，它能够改进性能和减少分散注意力，还能使注意力从一个角色到另一个角色的迁移更容易。

屏幕管理是个人角色管理的重要功能之一。所有角色都应该是可见的，但当前注意的焦点可能占据大部分屏幕。随着用户把注意力转向第二个角色，当前的角色收缩而第二个角色逐渐占满屏幕。如果两个角色之间有交互，则用户能够同时放大它们。

个人角色管理器能够以图形用户界面简化文件管理任务的相同方式来简化和加速常见协调任务的执行。对个人角色管理器的要求如下。

（1）支持取决于用户角色的、信息组织的统一框架。

（2）提供与任务匹配的、视觉的、空间的布局。

（3）支持信息快速排列的多窗口动作。

（4）支持在不完全了解信息项的名词、空间、时间和视觉的属性及其与其他信息块关系的情况下的信息访问。

（5）允许角色的快速转换和恢复。

（6）释放用户认知的资源，以执行任务域的动作，而不是让用户专心于界面域的动作。

（7）为了任务而富有成效地使用屏幕空间。

8.3.2 彩色应用

彩色显示对用户有吸引力，它能够完成以下事情。

（1）令人感到赏心悦目或引人注目。

（2）给乏味的显示营造情调。

（3）便于巧妙地分辨复杂的显示。

（4）强调信息的逻辑组织。

（5）引起对警告的注意。

（6）唤起喜悦、兴奋、恐惧或愤怒等强烈的情感反应。

由平面艺术家制订，针对图书、杂志、高速公路标志和其他印刷媒体中颜色使用的原则已经针对用户界面而调整。程序员和交互系统设计人员正在学习如何创建有效的计算机显示。毫无疑问，彩色使视频游戏对用户更有吸引力，传达更多信息，这对于人、风景或三维物体的真实图像来说是必需的，这些应用程序需要彩色。

虽然并没有一组简单的规则来规定颜色的使用，但下面这些指南应该是设计人员的起点。

（1）谨慎地使用彩色。

很多程序员和设计新手渴望使用彩色来使他们的显示增色，但结果常常事与愿违。一个信息系统用大字体显示其名字的七个字母，每个字母使用不同的颜色。在远处看时，其显示似乎引人入胜和吸引眼球；然而，近距离看时，却难以阅读。当颜色不表示有意义的关系时，它们可能会误导用户去寻找不存在的关系。

（2）限制颜色数。

很多设计指南建议限制单个显示中的颜色数为四种，整个显示序列中的颜色数为七种。有经验的用户也许能够从大量的颜色编码中受益，但对新用户来说，颜色编码过多会造成困惑。

（3）认识到彩色的力量是一种编码技术。

彩色加快了很多任务的识别速度。例如，在空中交通管制系统中，高空飞行的飞机可能与低空飞行的飞机编码不同，以方便识别。

（4）确保颜色编码支持任务。

应意识到的是，使用颜色作为编码技术能够阻止违反编码方案意愿任务的执行。设计人员应该尝试把用户任务与颜色编码紧密联系起来，并尽可能地给用户提供控制权。

（5）用户轻而易举就能让颜色编码出现。

一般来说，用户无须在每次执行任务时都激活颜色编码。恰恰相反，颜色编码应能自动出现。

（6）把颜色编码置于用户控制之下。

用户应能够适时关闭颜色编码。

（7）首先针对单色显示而设计。

显示设计者的主要目标应该是按逻辑模式安排内容。相关域能够按邻近性或按类似的结构化模式显示，也能按照组所画的框来分组。不相关域能够通过插入空白区来分隔（至少在垂直方向上有一个空白行或水平方向上有三个空白符）。

（8）考虑到色弱用户的需要。

要考虑到色觉障碍用户的颜色可读性。色觉障碍比较常见，不应该被忽视。设计人员能够通过限制颜色的使用、适当使用双编码（即使用在形状和颜色或位置和颜色方面变化的符号）、提供可选择的调色板供选择或允许用户自己定制颜色，来容易地处理这个问题。

（9）使用彩色来帮助格式化。

在空间紧缺、排列密集的显示中，通过类似的颜色能够用于给相关项分组。不同的颜色能够被用来区别物理上接近但逻辑上不同的域。

（10）颜色编码要一致。

整个系统都使用相同的颜色编码规则。如果一些出错信息用红色显示，就要保证每个出错信息出现时都是红色。变成黄色，可能被解释为信息的重要性发生改变。如果不同的系统设计人员使用颜色的方式不同，当用户试图给颜色改变赋予意义时，他们将犹豫不决。设计人员需要与用户交流以确定在任务域中使用什么颜色代码。

（11）留意颜色配对问题。

如果饱和的红色和蓝色同时出现在显示器上，用户就可能难以提取该信息。红色和蓝色处于光谱相对的两端，若试图同时产生对这两种颜色的锐聚焦，则人眼周围的肌肉将被拉紧，蓝色将逐渐退去，红色将逐渐涌现。红色背景上的蓝色文本将使用户阅读时感到特别困难，其他组合（如紫底黄字、绿底洋红字等）同样显得耀眼和难以阅读。

（12）使用变色来指示状态变化。

例如，在炼油厂中，当压力值超过或低于可接受的限制时，压力指示器可能变色，颜色起到了引人注意的作用。当有数百个值持续显示时，这项技术具有潜在的价值。

（13）在图形显示中使用彩色以实现较大的信息密度。

在多曲线图中，颜色能够有助于显示哪些线段形成了整个图形。通常，用于区分白底黑字图中线条的一般策略（如虚线、粗线和点画线）不如每条线使用不同颜色有效。建筑平面图受益于电力、电话、热水、冷水和天然气的管线的颜色编码。同样，当使用颜色编码时，地图也能有较大的信息密度。

强调了使用颜色编码的复杂的潜在好处和危险的指南如下。

1.使用颜色的指南

(1)谨慎地使用颜色,限制颜色的数字和数量。

(2)认识到彩色时加快或减慢任务执行的力量。

(3)确保颜色编码支持任务。

(4)用户轻而易举就可使颜色编码出现。

(5)把颜色编码置于用户控制之下。

(6)首先针对单色显示进行设计。

(7)考虑色弱用户的需要。

(8)使用颜色来帮助格式化。

(9)颜色编码要一致。

(10)留意对颜色代码的共同期望。

(11)留意颜色配对问题。

(12)使用变色来指示状态改变。

(13)在图形显示中使用彩色以实现较大的信息密度。

2.使用颜色的好处

(1)各种各样的颜色使人感到赏心悦目或引人注目。

(2)颜色能够改进乏味的显示。

(3)彩色有助于细微地区分复杂的显示。

(4)颜色代码能够强调信息的逻辑组织。

(5)某些颜色能够引起对警告信息的注意。

(6)颜色编码能够引起喜悦、兴奋、恐惧或愤怒的情感反应。

3.使用颜色的危险

(1)颜色配对可能带来问题。

(2)颜色保真度可能在其他硬件上降级。

(3)打印或转换成其他媒体可能是一个问题。

8.3.3 技术进化曲线

人类将各种各样自然的、人造的物体与活动按照一定的规则组织起来,以满足自身的需求。在漫长的进化过程中,人类创造了多种多样的人造系统。

如果观察相当长的时间段内实现相同主要功能的技术系统家族,很容易就能发现该技术系统家族中发生的许多变化。虽然技术系统的某些特性或参数被改变了,但是其主要功能却始终保持不变。其结果是,随着人类知识水平的提高,实现该功能的技术手段也提高了,如飞行设备、机动车辆、计算设备、录音设备等。在通常情况下,技术系统的进化过程可以看作在时间轴上从技术系统产生的那一刻起,到现在,直至未来的一系列连贯事件。时间轴上每个点都可以看作人类对于该技术系统的一次重大改进,又称发明。

由于任何发明都能够提高系统的主要功能,因此可以把时间轴与系统有用功能的增长轴等同起来。

在对海量专利进行分析的基础上,通过对大量技术系统的跟踪研究,阿奇舒勒发现,技术系统的进化规律可以用 S 曲线来表示。对于当前的技术系统来说,如果没有设计者引入新的技术,它将停留在当前的水平上。只有向系统中引入新的技术,技术系统才能进化。因此,进化过程是靠设计者的创新来推动的。技术创新理论中的 S 曲线如图 8.1 所示。

　　为方便说明问题,常常将图 8.1 所示的 S 曲线简化为图 8.2 所示的形式,称为分段 S 曲线。其中,横轴表示时间;纵轴表示系统中某一个具体的重要性能参数。例如,在飞机这一技术系统中,飞机的速度、航程、安全性、舒适性等都是其重要的性能指标。

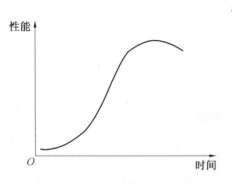

图 8.1　技术创新理论中 S 曲线　　　　图 8.2　技术系统进化的分段 S 曲线

　　任何一种产品、工艺或技术都会随着时间的推移而向更高级的方向发展。在其进化过程中,一般都要经历 S 曲线所表示的四个阶段:婴儿期、成长期、成熟期和衰退期。在每个阶段中,S 曲线都呈现出不同的特点。不仅如此,在四个不同的阶段中,专利的发明数量、发明级别和经济收益也都有不同的表现(图 8.3)。

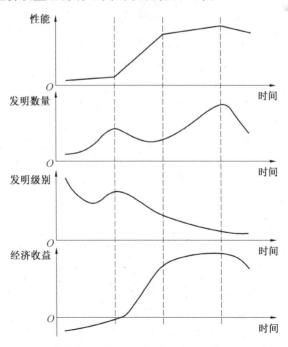

图 8.3　分段 S 曲线与发明数量、发明级别和经济收益之间的对应关系

1. 婴儿期

一个新技术系统的出现一般要满足两个条件:人类社会对某种功能有需求;存在满足这种需求的技术。

新的技术系统往往随着一个高水平的发明而出现,而这个高水平的发明正是为了满足人类社会对于某种功能的需求。在新的技术系统刚刚诞生时,一方面,其本身的结构还不是很成熟;另一方面,为其提供辅助支持的子系统或超系统也还没有形成稳定的功能结构。因此,新系统本身往往表现出效率低、可靠性差等一系列问题,在其前进道路上还有很多技术问题需要解决。同时,由于大多数人对新系统的未来发展并没有信心,因此新系统的发展缺乏足够的人力和物力的投入。此时,市场处于培育期,对该产品的需求并没有明显地表现出来。

在这一阶段,系统呈现出的特性是:系统的发展十分缓慢;产生的专利的级别很高,但专利的数量很少;为解决新系统中存在的主要技术问题,需要消耗大量资源,经济收益为负值。

2. 成长期

当社会认识到其价值和市场潜力时,新系统就进入了成长期。此时,通过婴儿期的发展,新系统所面临的许多主要技术问题已经得到了解决,系统的效率和性能也得到了改善,其市场前景开始显现。大把的人力和金钱被投入到系统的开发过程中,使系统的效率和性能得到快速的提升,结果又吸引更多的资金投入到系统的开发过程中,形成了良性的循环,进一步推动了系统的进化过程。同时,市场对产品的需求增长很快,但供给不足,消费者愿意出高价购买产品。在这一时期,企业应对产品进行不断创新,迅速解决存在的技术问题,使其尽快成熟,为企业带来利润。在这一阶段,系统呈现出的特性是系统性能得到快速提升,产生的专利在级别上开始下降,专利的数量大幅上升,系统的经济收益迅速上升。

3. 成熟期

在成长期,大量人力、物力和财力的投入使技术系统日趋完善。系统发展到成熟期时,性能水平达到了最高点,已经建立了相应的标准体系,新系统所依据原理的发展潜力也基本上都被挖掘出来了(即新系统是基于某个科学技术原理而开发的,此时该原理的资源已经基本耗尽),系统的发展速度开始变缓,只能通过大量低级别的发明或对系统进行优化来使系统性能得到有限的改进,再投入大量的人力、物力也很难使系统的性能产生明显的提高。此时,产品已进入大批量生产阶段,并获得了巨额的利润。在这一时期,企业应在保证质量、降低成本的同时,大量制造并销售产品,以尽可能多地赚取利润。同时,企业应该投入相应的人力、物力,着手开发基于新原理的下一代技术系统,以便在未来的市场竞争中处于领先地位。

在这一阶段,系统呈现出的特性是系统的发展速度变缓,产生的专利的级别更低但数量达到最大值,所获得的经济收益达到最大但有下降的趋势。

4. 衰退期

在衰退期,应用于该系统的技术已经发展到极限,很难取得进一步的突破。该技术系统可能不再有需求,因此面临市场的淘汰或将被新开发的技术系统取代。此时,先期投入的成本已经收回,相应的技术已经相当成熟。在这一时期,企业会在产品彻底退出市场之前"榨"出最后的利润。因此,产品往往表现为价格和质量同时下降。随后,新的系统将逐步占领市场,从而进入下一个循环。在这一阶段,系统呈现出的特性是系统的发展基本停止,产生的专利无论在级别上还是在数量上都明显降低,经济收益下降。

5. S曲线族

在主要功能保持不变的基础上,实现该功能的技术系统的这种持续不断的更新过程表现为多条S曲线,称这些S曲线为实现该主要功能的技术系统的S曲线族,如图8.4所示。

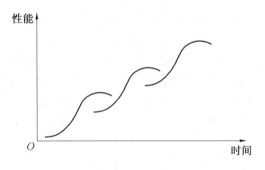

图8.4　S曲线族

对大量历史数据的分析研究表明,技术进化过程有其自身的规律与模式,是可以预测的,这种预测的过程称为技术预测。预测未来技术进化的过程、快速开发新产品、迎接未来产品竞争的挑战对企业竞争力的提高起着重要的作用。因此,企业在新产品的开发决策过程中,需要准确地预测当前产品的技术水平及下一代产品的进化方向。

技术预测的研究起源于半个世纪以前,最初应用于军工产品,即对武器及部件的性能进行技术预测,后来也应用于民用产品。在长期的研究过程中,理论界提出了多种技术预测的方法。其中,最有效的是TRIZ的技术系统进化理论。阿奇舒勒等通过对大量专利的分析和研究,发现并确认技术系统在结构上进化的趋势,即技术系统进化模式及技术系统进化路线。他们同时还发现,在一个工程领域中总结出来的进化模式及进化路线可以在另一个工程领域实现,即技术进化模式与进化路线具有可传递性。该理论不仅能预测技术的发展,而且能展示依据预测结果所开发出来的产品可能的状态,对于产品创新具有指导作用。

技术系统的进化与人类对自然界的认识是密切相关的。随着人类对自然规律认识的不断深入,利用这些规律而创造出的技术系统的水平也会不断提高。因此,技术系统的进化与辩证唯物主义认识论中关于人类对事物的认识规律一样,都是螺旋上升的过程。

第9章 文档与用户支持

用户界面的标准化和持续改进已经使计算机应用程序变得更容易使用,但使用新的界面或者对于计算机的新用户,仍然面临着新的挑战,需要努力理解界面对象和动作。即使对有经验的用户来说,学习高级特性和理解新的任务域还需要付出努力。一些用户向了解其界面的其他人学习,一些其他用户通过反复试验来学习,还有一些用户使用提供的(通常是在线的)文档学习。用户手册、在线帮助、文档及教程经常被忽视或很少使用,但当用户试图在某种条件下完成任务却被中止时,这些资源就是珍贵的。

学习任何新事物都是挑战,挑战能够带来快乐和满足,但谈到学习计算机系统,很多用户都体验过焦虑和挫折。很多困难可能直接源于糟糕的菜单、显示或说明书的设计。随着提供普遍可用性的目标变得更加重要,在线帮助服务对于用户来说逐渐变得必要。

除常见的在线与纸质文档外,其他教学方式还包括课堂教学(传统的、基于 Web 的或在线的)、个人培训和辅助、电话咨询、视频与音频记录和 Flash 演示,这些形式同样适用于这些教学设计原则。

9.1 文 档 形 式

较早的研究表明,编写得好、设计得好的用户手册,无论是纸质的还是在线的,都是很有效的。虽然对改进用户界面设计的关注逐渐增加,但交互式应用程序的复杂性和多样性也在增加。因此,通过纸质和在线这两种形式的补充材料来帮助用户,这种需求将一直存在。

给用户提供在线指南的方式多种多样,很多纸质使用手册已被转换成在线格式。软件厂商经常提供在线使用手册、在线帮助系统、在线教程或动画演示。上下文相关的帮助也经常可获得,其范围从简单的弹出框(通常称为工具提示、屏幕提示或气球帮助)到更高级的助手和向导。大多数厂商有网站,该网站可能以常见问题的汇集为特色。此外,还有活跃的用户社区,它们提供更大众类型的帮助和支持,这种帮助可通过正式的、结构化的用户社区和新闻组或更随意的电子邮件、聊天,即时以通信形式获得。广泛多样的格式和风格用于满足经常存在的对文档的需求。

9.1.1 纸质文档与在线文档

在线文档存在的正面原因包括以下几方面。

1. 物理优势

(1)只要电子设备或计算机可得,信息就可得。

（2）用户不需要为之分配物理工作空间以打开文档。

（3）信息能以电子方式被快速低成本地更新。

2. 导航特性

（1）如果在线文档提供索引、目录、图的列表、术语表和快捷键列表，那么任务所需的特定信息就能够被快速查找。

（2）在数百页中查找一页，用计算机通常比用纸质文档快得多。

（3）文本内的链接能够把读者引导到相关的材料，与外部资料的链接（如字典、百科全书、翻译和 Web 资源）能够有助于人们理解。

3. 交互服务

（1）一些在线文档允许读者给文本加书签、注解或标记，可以通过电子邮件发送文本和注解。

（2）作者能够使用图形、声音、色彩和动画，这些方法可能有助于给用户解释复杂的动作和创造动人的体验（图 9.1）。

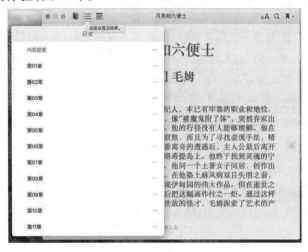

图 9.1 电子书阅读（软件）

（3）读者能够求助于新闻组、列表服务器、在线社区、电子邮件、聊天室和即时消息，以从其他用户处获得进一步的帮助。

（4）视觉障碍用户（或其他有需要的用户）能够使用屏幕阅读器来听语音说明。

4. 经济优势

在线文档的复制和发布比纸质文档便宜。但是，尽管在线文档存在优势，也还是有以下潜在的负面影响的。

（1）显示的可阅读性可能不如纸面。

（2）每页显示包含的信息可能大大少于一页纸所包含的信息，这一点在使用图片或图形时特别重要。

（3）相对来说，大多数人更熟悉纸质文档或纸质使用手册的用户界面。

（4）浏览和滚过很多屏幕所需要的、额外的心智努力可能影响专注和学习。

（5）把显示分割成工作和帮助窗口会减少工作显示的空间。如果用户必须切换到独立的帮助或教程应用程序，短期记忆的负担能够很大，用户可能失去他们工作的上下文，难以记住他们在在线文档中所读的内容。

（6）手机等小设备没有足够的显示空间来提供在线帮助，它们通常必须依赖纸质文档，包括快速入门指南或独立的、基于 Web 的在线文档和教程。

9.1.2 纸面阅读与显示器阅读

印刷技术已经发展了五百多年，对纸面和颜色、字形、字符宽度、字符清晰度、文本与纸的对比度、文本列宽、页边距尺寸、行间距甚至室内照明均做了充分的试验，以努力产生最有吸引力且最可读的格式。

阅读计算机显示所造成的视觉疲劳和压力是常见问题，但这些情况与休息、频繁的中断和任务多样化紧密相关。即使用户没有察觉视觉疲劳或压力，他们用显示器工作的能力可能也低于他们用纸质文档工作的能力。

从显示器阅读的潜在缺点包括以下几方面。

（1）字体显示可能较差，特别是在低分辨率显示器上。形成字母的点可能大到每个都可见，使得用户花费精力来辨识字符。单间隔（宽度固定）字体、缺少适当的字距调整（如使"V"和"A"更紧密靠拢的调整）、不适当的字母间距和行间距，以及不适当的颜色均可能使识别复杂化。

（2）字符与背景之间的对比度低和字符边界模糊也能产生麻烦。

（3）显示器的发射光可能比纸的反射光更难以阅读，眩光可能更大。一些屏幕的弧形显示面可能令人感到难以使用。

（4）小显示器需要频繁的页面转换，发出页面转换命令是中断性的，特别是在它们速度慢且分散视觉注意力时，页面转换使人感到不适。

（5）纸的阅读距离易于调整，而大多数显示器的位置是固定的。显示器的位置对舒服的阅读来说可能太高（如验光师建议阅读应以眼睛俯视方式完成）。眼睛调节以看到近物的五种方式是调节（晶状体形状改变）、聚焦（向中心看）、瞳孔缩小（瞳孔收缩）、向外转动（转动）和凝视降低（往下看）。平板计算机和移动设备的用户经常把他们的显示器放在比桌面显示器低的位置以方便阅读。

（6）布局和格式化可能成为问题，如页边距不适当、行宽不适当（建议每行为 35～55 个字符）或对齐方式不合适（建议左边对齐右边不齐）等。多列分布可能需要持续地上下滚动，分页符可能分散注意力和浪费空间。

（7）与纸相比，使用位置固定的显示器来减少手和身体的移动可能更使人感到疲劳。

（8）对显示的不熟悉和对导航文字的担心能够增加压力。随着移动设备、专业电子书平台（图 9.2）和关于 Web 的图书馆变得普及，人们对通过显示器进行阅读的兴趣正在增加。当用户要在线阅读大量资料时，建议使用分辨率高且较大的显示器。如果打算用显示的文本取代纸质文档，那么响应时间快、显示速率快、白底黑字和页面大小的显示器都是重要的考虑。

图9.2 电子阅读器

一些应用程序(如微软的 Word)提供专门的阅读布局视图(图9.3),该视图限制控制的数量且增加文本可用的空间。动态分页能够考虑到显示屏尺寸,以便给整个文档分页而不是滚动,因为它们更清晰且产生不太混乱的外观。

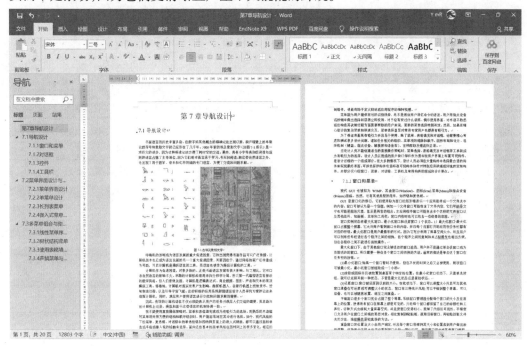

图9.3 Word 的阅读视图

大型在线图书馆,无论是免费使用还是付费使用的,都促进了改善阅读体验的努力。报纸和学术期刊的出版商正在积极满足在线访问文章的高需求量,同时努力确保有收回成本的方式。文档的可塑性正在成为一种要求,自动感知阅读文档的正确方位的能力正在成为一个标准特性。文档设计人员必须构造资料,以便它们能在小、中、大显示器上以不同的字体大小被阅读,适用于视力障碍的用户。

需要更好地了解用户在在线环境中的阅读模式。通过针对三种不同界面的阅读进行研究,概览加上细节、鱼眼和线性显示了一些有趣的结果,其中最差的阅读效能是使用传统的线性界面。使用眼动跟踪且显示用户在何处看及如何看网页的另一项研究清楚地显示,用户不是逐字阅读在线文本。

文本标记技术(如 XML 或 XHTML)能支持自动生成纸质和在线的版本、目录、多种多样的索引、增强的搜索能力、用于快速浏览的缩短版本和到更多细节的链接。某些高级特性包括自动转换成外语,用于注解、书签和标记的工具,让文本大声读出的能力,以及针对不同类型读者的突出显示。

9.2　确定文档内容

通常,计算机系统的培训和参考资料都是纸质的,编写这些使用手册的任务往往不被重视,因此经常会出现写得很糟糕、背景不适合用户、被延期或不完整、测试不充分等问题。管理人员现在认识到,设计人员可能未完全理解用户的需要,系统开发人员可能不是好的作者,编写有效的文档需要时间和技巧。他们还认识到,测试和修改必须在广泛传播之前完成,系统的成功与文档的质量紧密联系在一起。用户对从头到尾地阅读使用手册或文档不感兴趣,他们的兴趣集中在搜集信息或完成任务。用户对不同的任务喜欢不同类型的文档。

研究表明,学习者偏爱在计算机上尝试动作而不是阅读冗长的使用手册。他们想要立即执行有意义、熟悉的任务,并亲眼看到结果,他们应用真实世界的知识,使用其他界面的经验和频繁的测试。耐心地按顺序通读使用手册内容的用户形象在现实中比较少见。这些观察导致对使用手册的精简设计,这种手册把工具固定在任务域,鼓励尽快、积极地参与到实际动手做的体验中来,倡导对系统特性的有指导探索和支持错误识别及恢复。用户手册和文档设计的关键原则随着时间的推移已经被改进、被详细描述并在实践中被验证。当然,每本好手册都应该有目录和索引,术语表对澄清技术用语是有帮助的,建议附带有出错消息的附录。

视觉设计对读者是有帮助的,特别是高度可视的直接操纵界面和图形用户界面。查看大量精心选择的、演示典型使用的屏幕打印图能使用户理解界面和逐渐形成界面的预测模型。通常,用户在第一次试验软件期间将模仿该文档中的例子。包含复杂的数据结构、迁移图和菜单的图形通过给予用户对设计者创建的系统模型的访问权,能显著改进性能。

编写教材是一项有挑战性的工作,作者应该十分熟悉技术内容,了解读者背景及其阅读水平。在作者获得技术内容的基础上,创建文档的主要工作就是了解读者及他们的需求。

精确陈述教学目标是作者和读者的共同追求。教学内容的排序应该由读者的当前知识和最终目标决定。作者应该按逻辑顺序以难度渐增的方式提出概念,以确保每个概念在后续章节使用前被解释,从而避免向前引用,按照每节包含差不多相同数量的新资料的方式来构建各节。除这些结构上的要求外,该文档还应有足够的例子和完整的示例会话。这些指南对于那些通常按顺序阅读的使用手册和其他文档是有效的。在开始编写任何文档之前,彻底调查预期用户是谁和该文档将被如何使用是很必要的。

用户在若干不同的认知水平上与文档交互,他们转向文档来寻找与完成任务相关的信息。他们需要理解该文档正在解释什么,然后把这种理解应用于起初导致他们查阅文档的任务。选词和措辞与整体结构同样重要。组织的风格指南代表了在确保一致性和高质量方面有价值的尝试。

9.3 文档访问形式

研究表明,尽管用户手册持续得到改进,但大多数用户仍然避免使用手册,而偏爱通过探索特性和其他手段来学习界面特性。用户通常不想细查难以浏览的、冗长的用户手册,而是想要迅速、方便地访问针对他们正在尝试完成的特定任务的说明。即使出现了问题,很多用户也不愿意查阅纸质文档,而仅把它作为最后手段来使用。

文档经常被放在网上用来在线阅读,可用多种方式来搜索和遍历不同于纸质文档的在线信息。能够提供上下文相关的帮助是在线文档的另一优点。

9.3.1 在线文档

现代设计假定在线文档或基于 Web 的文档将是可用的,通常具有标准的浏览界面以减少学习努力。对移动设备来说,小显示器限制了可能性,但在该设备上提供有帮助的说明来补充印刷的用户文档仍应优先被考虑。为保持这种信息为最新,用户经常参考制造商的网站,可随时下载使用手册和其他形式的文档。

尽管在线文档和纸质文档通常产生于同一源文档,但现在在线文档在很多方面都不同于纸质文档。在线文档受益于物理优势、导航特性和交互服务,当设计人员设计适合电子媒体的在线文档和利用文本突出显示、颜色、声音、动画和有相关反馈的字符串搜索时,阅读效率将是最高的。

在线文档(特别是使用手册)的一个重要特性是被适当设计的目录,它能在显示的文本页边保持可见。选择某章或目录中其他条目应立即跳转到适当的页面。可以使用拓展的或收缩的目录(常用+号和−号)或多窗格来立即显示多个级别。能够方便、容易地查看大量的在线文档对用户来说是至关重要的。

9.3.2 在线帮助

用户通常在解决特定问题时想获得帮助,而不是按顺序通读一套在线文档,他们通常想要直接跳到所需的信息。使用在线文档的传统方法是让用户输入或选择帮助菜单项,然后系统显示按字母顺序安排的主题列表,他们能够在这些主题上单击以阅读一段或更多有帮助的信息。提供在线帮助来简要描述界面对象和动作对于间歇的、知识渊博的用户来说可能是最有效的,但是对新用户来说则可能需要有指导的培训。

有时,简单的列表(如快捷键、菜单项或鼠标快捷键的列表)能够提供必要的信息,列表中的每一项可能都有其特性描述。

为微软的大多数产品建立的在线帮助和支持中心提供了用于查找被称为主题的相关文章的很多方式。用户能够浏览按层次列出主题的有组织的目录,或者搜索文章的文本。最后,微软的解答向导允许用户输入使用自然语言语句的请求,然后该程序选择相

关关键词并提供一个按类组织的主题列表。例如,当用户输入"告诉我如何在信封上打印地址"时,会出现以下内容。

(1)你想要做什么?

(2)创建和打印信封。

(3)通过合并地址列表来打印信封。

该例显示了来自自然语言系统的成功响应,但响应的质量在典型的使用情形中变化很大。用户可能未输入适当的术语,而且他们经常难以理解其说明。

第10章 人机交互质量评估

10.1 人机交互评估目标

对服务质量的关注源于一个基本的人类价值观:时间是宝贵的。当延迟阻碍着任务进度时,很多用户会产生挫折感。长时间显示或刷屏、冗长或意外的系统响应时间等都会在计算机用户中产生反应,导致出错频繁和满意度低。

对服务质量的讨论还必须考虑第二个基本的人类价值观:应该尽量避免出错。有时,取得快速性能与低错误率之间的平衡就意味着工作节奏必须放慢。如果用户工作得太快,他们可能学到的内容更少、阅读的理解程度更低、所犯的数据输入错误更多、做出的不正确决定更多。压力能够加剧这些情形,特别是当难以从错误中恢复时更是如此。

服务质量的第三个方面是减轻用户的挫折感。延迟通常是受挫的原因,但还有其他原因,如数据的崩溃、产生不正确结果的软件缺陷和导致用户困惑的糟糕设计。网络环境造成了更多的挫折感,如不可靠的服务提供商、掉线、垃圾电子邮件和恶意病毒等。

对服务质量的讨论通常关注网络设计人员和操作人员做出的决策。界面设计人员也应该做出对用户体验有极大影响的设计决策。例如,可以优化网页以减少字节数和文件数,或者提供可从国家统计局数据库中获得的资料的预览,以有助于减少对网络的查询和访问次数(图10.1)。此外,用户可能有机会从快或慢的服务或高分辨率的图像中进行选择,他们需要指南来理解其选择的含义,帮助其适应不同的服务质量等级。

10.1.1 响应时间

响应时间定义为从用户发起动作(通常通过按回车键或单击鼠标)到计算机开始呈现结果(无论是在显示器上、经由打印机、通过扬声器还是在移动设备上)所用的时间。当该响应完成时,用户开始构想下一个动作。用户思考时间是在计算机的响应和用户发起下一个动作之间所消逝的时间。在这个简单的行动阶段模型中,用户发起动作,等待计算机响应,当结果出现时查看,思考一会儿,然后再次发起动作(图10.2)。

在更真实的模型(图10.3)中,用户在解释结果、打字/单击和计算机产生结果或跨网络检索信息时进行计划。大多数人将使用他们拥有的任何时间提前计划。因此,用户思考时间的精确测试是难以得到的。

图 10.1　国家统计局数据库

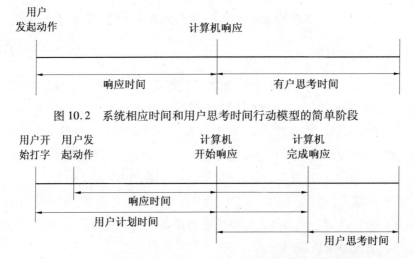

图 10.2　系统相应时间和用户思考时间行动模型的简单阶段

图 10.3　系统响应时间、用户计划时间和用户思考时间的模型

计算机的响应通常可以定义得更精确且可测试,但也存在一些问题。一些界面以分散注意力的消息、告知性的反馈来响应,或在发起动作后立即以简单的提示来响应,但实际结果却可能在几秒钟后才出现。例如,用户可能使用直接操纵方式把文件拖到网络打印机图标上,但可能需要很多时间才出现该打印机已被激活的确认信息,或者报告该打印机离线的对话框。用户已经逐渐接受网络设备响应的延迟,规定响应时间的设计人员和寻求提供高服务质量的网络管理人员必须考虑技术可行性、费用、任务复杂性、用户期望、任务执行速度、出错率和错误处理规程之间复杂的交互作用。人们总的生产力不仅依赖于界面速度,也依赖于人的出错率和从这些错误中恢复的容易程度。冗长(长于15 s)的响应时间对生产力通常是有害的,其增加了出错率,降低了满意度。较快(少于1 s)的交互通常受到偏爱且能提高生产力,但也可能增大复杂任务的出错率。提供快速响应时间的商成本和增加错误的损失必须按照最适宜节奏的选择来评估。

　　网站显示性能通过评估延迟加上两个网站设计变化(网站广度和内容熟悉性)来检验在用户性能、态度、压力和行为意图方面的交互效果。实验证明,延迟、熟悉性和带宽这三个因素共同影响着用户在做出搜索目标信息的各种选择时所承担的认知成本和结果。实验还被用来检验“可接受的”延迟、信息发送、网站深度、反馈、压力和时间约束。初步结论是用户不耐烦率高,延迟和不良信息发送在较大的程度上影响结果数量变化。

　　基于 Web 的应用程序和移动通信(如短消息和经由 Web 的移动设备访问互联网等)的屏幕刷新率在缓慢时会产生挫折感,在快速工作时能够使情绪平和。在操作要求多的桌面机器的 Web 应用程序中,屏幕刷新率通常被网络传输速度或服务器性能限制。部分图像或网页的片段可能随着散布的几秒钟的延迟而出现。

　　宽带服务提供商通常不提供相同的上传和下载速率,因为大多数用户下载到计算机的信息(文本、照片、音频、视频、软件等)要比他们上载的信息多得多,所以多数服务提供商选择以快速的上载能力为代价换来高得多的下载速度。那些要求更少上载时间的用户(如网站管理员、从事合作项目的软件开发人员或定期发送大文件的用户)可能发现他们的宽带服务提供商在上载时间方面还有许多有待改进之处。在用户生成内容的时代,对越来越多的用户来说,上载速度与下载能力并驾齐驱是很重要的。

　　还有能够允许计算机用户评估他们下载和上载速度的 Web 工具。运行该测试能使用户更好地了解服务质量和给他们提供有用的信息,以便当他们要求更好的服务或升级来满足其网络响应时间要求时,把这些信息提供给他们的宽带服务提供商。

　　在具有防火墙保护的企业或大学的内联网上工作的用户将经常基于通信量、基础设施工具、在网络上运行的服务及在网络基础设施上偶尔发生的病毒或其他攻击而注意到网络性能的变化。这些人受益于具有高级的、直接的网络连接(如异步传输模式或 ATM)的最好通信能力,卫星连接也能减少传输延迟和提供更快的屏幕刷新率。无线网络设备并不总是在使用中,通常不能与它们的对应有线设备的速度相匹配。然而,这种情形也正在改进。

　　如果网络不能被快速拨通,“漫游”花很长时间才找到偏僻地方的信号,或者电话掉线,则手机用户就会表现出挫折感。与有能测试网络性能的基于 Web 的工具一样,也有关注手机速度测试的网上论坛。

阅读屏幕上的文字信息比阅读书上的要困难。由于用户经常浏览网页来寻找突出显示或链接,而不是阅读全文,因此首先显示文字以给较慢显示的图形元素留出空间是有用的。用户应可以控制图像的质量和大小。

随着计算机显示技术的改进、对无纸化"绿色"环境的再度重视,以及在线图书与报纸的可用性及深度的增加,对文本和图形数据快速显示的需求正在增加。照片、电影、仿真和游戏应用程序等高端应用更增加了用户对性能的期望和需求。

消费需求是促进快速性能的关键因素。很多桌面和笔记本计算机仍然启动缓慢,但手机、移动设备和游戏机被设计成在数秒内能够快速启动。

人们使用短期记忆连同工作记忆以处理信息和问题求解。短期记忆处理感知输入,而工作记忆用于生成和实现解决方案。如果需要很多事实和决策来解决问题,短期记忆和工作记忆就可能变得超负荷。短期记忆和工作记忆是高度易变的,混乱会造成信息缺失,而延迟能要求记忆被刷新。视觉分散或者嘈杂的环境也影响认知处理。此外,焦虑明显减小可用记忆的大小,因为人的注意力部分被超越问题求解任务吸引。

如果人们在有干扰的情况下能够构建出问题的解决方案,他们还必须记录或实现该解决方案。如果他们能够立即实现该解决方案,就能快速地继续他们的工作。另外,如果他们必须在长期记忆中、纸上或复杂的设备上记录该解决方案,则出错概率就会增加且工作节奏会减慢。

"屏幕刷新"能够应用于显示数据的更新(如气象图)和屏幕上数据的初始呈现(如当首次下载包含若干图形或动画的网页时,可能调用插件以在屏幕上完全显示其内容)。随着响应时间变长,用户可能变得更加焦虑。随着处理错误的难度增加,用户的焦虑程度也在增加,进而减慢性能和增加错误。然而,随着响应时间变得更短和屏幕刷新更快,用户倾向于加快界面的节奏且可能未能完全理解界面所呈现的资料,从而可能产生不正确的解决方案计划,犯更多的执行错误。

速度与准确性的折中在界面使用中也是显而易见的。例如,驾驶汽车可能提供有用的类比。较高的速度限制对很多驾驶员很有吸引力,因为它们导致行程完成得更快,但也导致事故率较高。因为汽车事故可能有可怕的后果,所以接受速度限制。显然,如果计算机系统的不正确使用能够导致生命、财产或数据的损失,则也应该提出速度限制。

另一个类比是,在驾驶汽车时拨打手机已被证明会造成较高的事故率。同样,以多任务为傲的计算机用户会容易犯错。有一些计算机系统能够帮助驾驶员犯较少的错误,如辅助驾驶员的 GPS 系统。那么,通过代理和向导来指导计算和新用户得出正确结论也应该是可预期的。

只要满足下列标准,用户就可能实现任务执行快、出错率低和满意度高。

(1)用户对问题求解任务所需的对象和动作有足够的了解。

(2)解决方案计划能够毫不拖延地执行。

(3)分散注意力被消除。

(4)用户焦虑程度低。

(5)具有关于解决方案进度的反馈。

(6)错误能够避免,或者如果发生,能够容易地处理。

这些用于最优问题求解的条件,其费用和技术可行性是基本的设计约束。然而,其他推测可能在选择最优交互速度时发挥作用。

　　(1)新用户可能在响应时间稍慢些时表现得更好。

　　(2)新用户更喜欢以较低于知识丰富的常用用户所选择的速度来工作。

　　(3)对错误几乎没有惩罚时,用户偏爱更快的工作。

　　(4)当任务是用户熟悉的且易于理解时,用户偏爱更快的动作。

　　(5)如果用户以前体验过快速的性能,则他们将在未来情形中期望和要求它。

10.1.2　用户期望

　　用户可接受的等待计算机响应的时间是多少? 一般认为,适当的限制时间是2 s。然而,在有些情形(如按压键盘,拖动图标,滚动手机列表等)中,用户希望在0.1 s以内响应。在这些情形中,2 s的延迟就可能使用户感到不安。

　　影响可接受响应时间的第一个因素是人们基于以前完成给定任务所需时间的经验而建立起来的期望。如果任务完成得比期望的快,则人们将感到满意。但是,如果任务完成得比期望的快得多,则他们可能关注出了什么问题;同样,如果任务完成得比期望的慢得多,用户可能会感到沮丧。

　　一项实验中,当计算机负载轻时,其响应的时间短。然而,随着负载的增加,响应时间变长了。为此,设计人员设计了响应时间阻塞,通过它,能够在负载轻时使系统变慢。这种策略使响应时间在一段时间内体现统一,从而减少了抱怨。

　　在添加了新设备、大项目开始或完成它们的工作时,网络管理人员对于变化的响应时间也有类似的问题。对于已经逐渐产生基于某种程度响应性的期望和工作风格的用户来说,响应时间的变化可能是破坏性的。一天内有几个时段,其响应时间倾向于较短(如午餐时间)或较长(如早间或傍晚),两个极端都可能产生问题。

　　重要的设计问题是快速启动。如果用户必须等待笔记本电脑或数码相机就绪,他们就会不安。因此,快速启动是消费电子产品十分突出的特性,相关问题是快速启动与快速使用之间的折中。例如,下载 Java 或其他 Web 应用程序可能要花几分钟时间,不过对大部分动作来说运行是快的。一个替代设计可能使启动加速,但其代价可能是使用期间偶尔的延迟。

　　影响响应时间期望的第二个因素是个人对延迟的容忍。新用户可能愿意等待的时值比有经验的用户要长得多。简言之,个人考虑可接受等待时间的变化很大。这些变化受到众多因素的影响,如个性、费用、年龄、情绪、文化背景、时段、噪声和察觉到的完成工作的压力等。

　　影响响应时间期望的其他因素是任务的复杂性和用户对任务的熟悉程度。对于简单、重复、需要很少的问题求解的任务,用户想要快速执行,超过十分之几秒的延迟,用户也会气恼。对于复杂的问题,甚至响应时间变长,用户通常也将执行得很好,因为他们能利用延迟来事先计划。用户是高度自适应的,能够改变他们的工作风格以适应不同的响应时间。在早期的批处理编程环境研究和近期的交互系统使用研究中都发现了这个因素。如果延迟时间长,用户将寻找尽可能减少交互次数的可选择策略。他们将通过执行其他任务或在工作中事先计划来填充长时间的延迟。但即使转移注意力是可用的,对于过长的响应时间,不满意度也会增加。

越来越多的任务对快速的系统性能有很高的要求,用户控制的三维动画、飞行模拟、图形设计和信息可视化的动态查询就是例子。在这些应用程序中,用户持续调整输入,控制他们希望没有可察觉的延迟(即在 100 ms 以内)。同样,一些任务(如视频会议、互联网语音电话和多媒体流)要求快速的性能以确保服务质量高,因为断断续续的延迟会造成用户图像的跳动和声音中断,这体现了对速度更快和容量更高网络的需要。

互联网上日益增多的受众和新任务已将新的考虑带入服务质量领域。因为电子商务的购物者深切关注信任、信用和隐私,所以研究人员已经开始研究有时间延迟的交互。各个网站响应时间的范围千差万别,所以定期强迫网站管理员决定为给用户减少响应时间,何种程度的资源消耗是适当的。研究已发现,随着响应时间的增加,用户发现网页内容不是很有趣且质量较低。响应时间长甚至可能对提供网站公司的用户感知有负面影响。

总之,影响用户对响应时间的期望和态度有以下三个重要因素。

(1)以前的经验。

(2)个体的个性差异。

(3)任务的差异。

相应的三个推测如下。

(1)个体差异大且用户是自适应的。当他们获得经验时,他们将工作得更快。当响应时间改变时,他们将改变他们的工作策略。允许人们设置他们自己的交互节奏可能是有用的。

(2)对于重复性任务,用户更喜欢且将用短的响应时间较快地工作。

(3)对于复杂的任务,用户能够使自己适应于用缓慢但不损失响应时间来工作,但他们的不满意度随着响应时间变长而增加。

10.1.3 交付测试

在把系统推向市场之前,必须对系统各组成部分进行多次大小规模的先期测试。测试的一种形式是让领域专家使用该系统。专家的经验使他们能够识别问题,提出创造性的建议。

常用的形式是选择预期的用户团体,实验对象必须具有代表性,要注意他们在计算机使用、经验、能动性、教育、使用界面语言的能力等方面的背景。针对不同的用户群体(如开发人员、最终用户等),制定精细的验收准则,如学习特定功能的时间、出错率、对用户的记忆要求、用户主观满意度等,对系统的不同组成部分进行 8 ~ 10 个这样的测试。在测试过程中尽早发现问题,即使是很小的缺陷,拼写错误或前后不一致的布局也要尽快修改,使之最大限度地满足用户的需求。

用户界面在作为软件或系统正式交付前的严格测试一般可以达到以下作用。

(1)降低产品或者系统技术支持的费用,缩短最终用户的训练时间。

(2)减少因用户界面问题而引起的软件修改和改版问题。

(3)使产品的可用性增强,用户易于使用。

(4)更有效地利用计算机系统资源。

(5)帮助系统设计者更深刻地领会"以用户为核心"的设计原则。

(6)在界面测试与评价过程中形成的一些评价标准和设计原则对界面设计有直接的指导作用。

10.2　人机交互评估指标

人机界面评价就是把构成人机界面的软、硬件系统按其性能、功能、界面形式、可使用性等方面与某种预定的标准进行比较,对其做出评价。人机界面评价是人机界面开发的一个重要步骤。用户界面的成功与否需要通过评价及用户的实践,才能得到最终的判定。

20世纪80年代以来,设计与评价趋于更紧密的结合,并且从发展趋势看,评价越来越倾向于贯穿设计的全过程,从而在每一个阶段,设计都能够得到不断的完善。

评价用户界面是一项复杂的任务,在评价之前首先要明确以下两个问题:评价的对象是开发工具还是目标系统,不同的对象有不同的评价指标;评价的主体是开发人员还是终端用户,不同的主体导致不同的评价方法。从界面开发过程角度看,人机界面评价大致可分为两类:一类是在界面完成之后做出的最终评价,称为总结评价;另一类是在设计过程中的评价,称为阶段评价。这两类评价在系统的开发过程中都起着重要的作用,是整个界面设计的有机组成部分。其中,阶段评价强调采用开放式手段,如访谈、问卷、态度调查及量表技术等;而总结性评价则大多采用较严格的定量评价,如反应时间和错误率等。

10.2.1　评估标准

对于任何人机界面的评价均可以使用不同的三类评价标准,分别如下。

1.设计功能的评价

着重评价系统实现的功能、特性、硬件环境等是否满足用户的需求。其通常由两条途径来实现:一种是面向用户的,另一种是面向系统的。前者根据用户使用系统和界面所能完成的任务,以及该任务满足用户需求的程度来评价设计的功能,又称任务方法;后者评价的是系统和界面的特性,并将它们与用户的特性需求相匹配,又称特性方法。上述两条途径各有千秋,任务方法比特性方法更加强调以用户为中心。

2.设计效果的评价

着重鉴别界面设计对用户及用户与系统交互的影响,尤其注重用户需要多大的努力才能方便地运用系统的功能。

3.设计问题的诊断

专门诊断在系统的使用过程中出现的设计错误和问题。诊断性评价是鉴别和划分具体问题范围的一种系统化方法,它与效果评价的不同点在于它致力于具体设计决策产生的副作用。一般来说,它们通过人机之间的交互对话来观察界面,当对话突然中断或产生了一个没有预料的转折时,确认并调查交互时产生的错误。

10.2.2 评估形式

从设计评价的主体区分,可以分为消费者的评价、生产经营者的评价、设计师的评价和主管部门的评价等几种形式。消费者的评价多考虑价格、实用、安全、可靠、审美等问题;生产经营者的评价多从成本、利润、可行性、加工性、生产周期、销售前景等方面着眼;设计师多从社会效果、环境、与人们生活方式提升的关系、宜人性、使用性、审美价值、时代性等综合性能上加以评价;主管部门的评价在标准和范围上一般较接近于设计师的评价,但更偏重于方案的先进性和社会性,其评价的对象多为产品形式。

从评价的性质区分,可分为定性评价和定量评价。定性评价是指对一些非计量性的评价项目,如审美性、舒适性、创造性等进行评价;定量评价则是指对那些可以计量的评价项目,如成本、技术性能(可以用参数和参数值表示)等所进行的评价。

从评价的过程区分,可以分为理性评价和直觉评价。例如,在价格或者成本上,A 方案比 B 方案便宜,这种判断是理性的;对于色彩问题,认为红色比蓝色好,则是直觉判断。一般来说,评价过程都是理性和感性相互结合的。

10.2.3 评估手段

设计评价的手段很多,概括起来可分为以下几类。

1. 经验性评价方法

当方案不多、问题不太复杂时,可以根据评价者的经验,采用简单的评价方法对方案做定性的粗略分析和评价。例如,采用淘汰法,经过分析,直接去除不能达到主要目标要求的方案或不相容的方案。

2. 数学分析类评价方法

运用数学工具进行分析、推导和计算,得到定量的评价参数的评价方法,如名次记分法、评分法、技术经济法及模糊评价法等。

3. 试验评价方法

对于一些较重要的方案环节,有时要通过试验(模拟试验或者样机试验)对方案进行评价,利用试验评价方法所得到的评价参数较准确。

4. 虚拟仿真评价方法

虚拟仿真是一种重要的评价方法,它允许在实施界面设计之前对它进行评价。系统完成后再对它进行较大的修改是困难的,要花费大量的人力、成本和时间。采用虚拟仿真评价方法能够尽早地修改设计,也可以节省费用。

硬件界面的仿真是将一定的评价标准(如劳动安全标准、人体尺度、力、疲劳、视域等)输入计算机,通过计算机过程仿真,在虚拟环境中对设计进行评价,或者利用虚拟现实技术设备直接模拟人的操作,根据人的操作运动来对设计进行评价等。

软件界面仿真有多种形式,包括从静态界面设计到动态交互显示等。简单的仿真由以下部分组成:给出人机界面的某些特征,如命令格式之类,可以用手册、指南或教学程序的形式;要求用户通过他们常采用的策略或使用的命令来"执行"给定的任务,并且给出他们所期望的结果。最基本的仿真形式为一系列待求解的问题集合。在仿真中,可以采用类似于分析人机界面实际活动的方式来分析所模拟的活动参数。例如,可以测量命令的使用频率、使用正确性、错误率及错误类型等。

动态仿真所提供的模型能够模拟界面的某些部分,使用户可以在终端直接与模型进行交互,如输入命令、接收反馈信息等。用户使用动态仿真系统执行任务,看上去与真实系统很相似,但其实质却有很大的区别。评价者事先对用户会话要有适当的安排,但对用户来说,就像真的一样运行该仿真系统。

仿真评价的原则是开发工作量应比实现整个界面系统的工作量少得多,因为它们并不构成最终的系统,而且以后肯定是要被丢弃的。必须重视在如何节省工作量和保证仿真精确度之间进行权衡。为使界面设计的仿真评价有益于真实的设计,必须在仿真过程中注意界面的一些本质特征,精确地掌握用户和系统之间进行交互的复杂状况。

10.3　人机界面设计评估方法

软件界面的交互过程极为复杂,单纯地采用单一形式评价的方式,很难考虑用户的认知特性。尤其是在形式语言的较高层次上,目前尚未解决如何进行评价的规格化描述。因此,较为可靠且切实可行的是采用各类经验方法进行评价。

10.3.1　观察法

收集数据最有效的方法就是观察。观察方法能够提供大量有关用户与界面交互的数据信息,其中多数为可度量的客观性数据信息,也能获得有关用户认知的有价值的主观性数据信息。

观察方法主要研究人机交互过程,通常受到时间、资金、数据分析等因素的限制,因此一般只能对少数实验用户进行观察,并且限于对一些具体问题进行详细的研究。常用的观察方法有直接观察法、录像录制与分析、系统监控、记录的收集和分析等四类。

10.3.2　原型评价

在界面研发过程中,对于通过屏幕设计及程序的测试来获得用户的反馈是至关紧要的。以用户为中心和交互式设计的重要因素之一就是原型方法,其目的是将界面设计与用户的需求进行匹配。一般来说,原型方法可分为以下三种。

1. 快速原型

快速原型是指原型迅速成型并分配实施。在原型试验收集的信息基础上,系统从草案中得以完善。

2. 增量原型

增量原型应用于大型系统,它从系统的基本骨架开始,需要阶段性的安装。其系统的本质特征是在初次安装完后允许阶段性测试,以减少遗漏重要的特征。

3. 演化原型

演化原型对前期的设计原型不断进行补充和优化,直到成为最后的系统。

原型方法类似于动态仿真,但它使用专门的软件开发工具,所产生的界面与实际的界面设计非常一致,而且比由动态仿真提供的界面要复杂得多。原型方法已成为评价者重视的焦点,它不仅可以节省大量工作上的开支,而且可以纠正工作中双方的分歧,甚至产生新的设计思路和方法。在原型设计评价方法中,设计者和用户是捆绑在一起进行的,它有利于工作的顺利开展和双方的交互、沟通。例如,当评价中发现了用户需求的变化时,往往会导致对原型设计指标方案的变化,使一个按既定方案进行的设计变成具有很大变动的逐步发展的设计过程。通过评价可以有选择地决定是对原方案进行修改,设计仍依据原方案按原计划进行,还是丢弃它并寻找新的方法。

10.3.3 咨询法

咨询法直接向广大用户或经过选择的样本用户进行询问,然后对收集到的反馈信息进行统计分析,产生有用的评价结论。其特点是,要预先设计和构造好咨询手段或工具(如调查表、座谈提纲等),能够对大量用户同时进行咨询,从用户那里直接取得关于系统界面评价的第一手材料。

1. 座谈

座谈是指通过座谈会、采访之类的形式直接向用户征询对系统和界面的意见。当用户界面在大量使用后,可能会出现各类问题。通过与用户的座谈,可不断地发现问题和解决问题,并客观、正确地评价自己开发的界面。它比调查方式有更大的灵活性,并且能够与用户一起对问题进行更深入的探讨,常常会产生特殊的、建设性的建议。虽然系统设计者早些时候已经提出了改进建议,但座谈的结果可以使之更接近于用户的需要。

2. 实验法

区别于其他方法的特点是,实验法有更明确、具体的测试目的,并按照严格的测试技术和步骤,得出直观和验证性的结论。它更适合于对不同的界面设计或特性进行比较性测试。它可以将观察或咨询方法获得的数据信息作为实验的基础,在其他方法的实施过程中也可以引用实验法的结论。

实验法有一套严格规定执行的步骤,即建立实验目标和条件假设、实验设计、实验运行、数据分析。

第11章　可用性评估与用户体验评价

可用性(Usability)是交互式产品的重要质量指标,直接关系着产品是否能满足用户的功能性需要,是用户体验中的一种工具性的成分。正如杰柯柏·尼尔森(Jakob Nielsen)所言:"能左右互联网经济的正是产品可用性。"

很多项目在开始时都是以"好用"为目标开发的,但完成后的测试结果非常糟糕,最后只能将开发的目标转变为"能用"。作为产品可用性工程师和用户界面设计师,如果把对产品可用性的理解停留在"可用"上,则有辱自己的头衔。同领域的设计专家们早已把目标定为"产品设计就是为了在确保安全性和正常使用的前提下,让产品更具魄力"。

11.1　可用性与可用性评估

交互系统的用户界面设计是非常复杂的工作,其最首要的工作是"至少保证用户界面已经达到了正常可用"。如果把 Usability 理解为易用性,就很容易与为用户着想、对用户友好这类较感性的概念相混淆,进而导致设计团队把它与对用户而言"有则更好,没有也可以"的开发需求混为一谈,进而会越来越不重视产品的可用性。

11.1.1　可用性定义

ISO 9241—11 国际标准对可用性的定义是:"可用性即在特定使用情境中,为达到特定的目标,产品被特定的用户使用的有效性、效率和满意度。"实际上,对于某些产品或网站而言,无法简单地判断其是否有用,只有在确定了用户、使用情况和目标这些前提之后,才能使用有效性、效率和满意度这些标准来对其进行评价。

1. 有效性

有效性(Effectiveness)是用户完成特定任务和达成特定目标时所具有的正确和完整程度。例如,在网上书店购书,有效性就是指用户能够买到自己想买的书。如果买不到,这个网上书店就没有存在的价值。

2. 效率

效率(Efficiency)是用户完成任务的正确和完成程度与所用资源(如时间)之间的比。仍以网上书店为例,如果购物车的操作很麻烦,用户反复操作多次才买到自己想买的书,就存在效率问题了。严重的效率问题实际上也是有效性问题,因为用户再也不会第二次使用这样的产品。

3. 满意度

满意度(Satisfaction)是用户在使用产品过程中所感受到的主观满意和接受程度。例如,注册会员时要求用户提供过多的个人信息或要求用户同意单方面制定的使用条件,或者系统的反应速度非常迟钝等。

只有符合 ISO 的定义,满足以上三个要素,才能称得上实现了产品可用性。现实的做法是,在权衡问题严重性的同时,首先解决有效性问题,然后在时间和成本允许的情况下尽量解决效率和满意度的问题。总的来说,可用性是交互式产品的重要质量指标,如果人们无法使用或不愿意使用某个功能,那么该功能的存在也就没什么意义了。

导致产品不能用的常见原因之一是"用户定义失败"。如果想让一个产品满足所有人的需求,最终设计出来的产品则类似于设计了一辆"敞篷越野面包车"款式的车。在设计用户界面时,如果把所有用户都当作对象用户,就犯了类似的错误。

只决定假想用户是不够的。例如,把用户群假设为"关注时尚、注重自我的成年人",这样的假设是不严谨的,与不定义对象用户没有什么区别。阿兰·库珀(Alan Cooper)把类似这样的假定用户称为橡胶用户(Elastic User),意思是这样的定义可以根据设计人员的想象而随心所欲地变化。

在查阅产品可用性的相关图书和网站时,经常会看到产品使用背景(Context)这一术语。在英文文献中,Context 常见的含义是事物的"前后关系"或"状况",经常会被翻译为"上下文"。

产品使用背景类似于舞台剧中场景设置那样的概念。例如,使用同一个旅游信息网站,"女大学生 A 在大学的计算机教室里计划和朋友的毕业旅行"场景与"商务公司的业务员 B 使用办公室里的计算机安排下周的出差计划"场景是完全不同的。

可以说,产品使用背景是"产品可用性的关键因素"。产品使用背景不同,即使是同一个系统或产品,也可能会出现不能用或非常好用两种截然不同的结果。

每个产品都是把人类当成用户来设计的,而产品的每一次使用都会产生相应的反应。以桌椅为例,椅子是用来坐的,桌子是用来放物品的。如果椅子承受不了一个人的重力,或者桌子不够稳定,则会给用户带来不好的体验。对于这类简单的情况,创建一个良好的用户体验的设计要求完全等同于产品自身的定义。

对于复杂的产品,创建良好的用户体验和产品自身的定义之间的关系是相对独立的。一部电话机因为具有拨打和接听的功能而被定义为电话。但在打电话这件事上,有无数种方式可以实现上述定义,这与成功的用户体验无直接联系。

11.1.2 支持可用性的设计原则

在设计交互系统时,有一些可以提高可用性的基本原则,这些原则可分为可学习性、灵活性和鲁棒性三类。

1. 可学习性

可学习性是指交互系统能否让新手学会如何使用系统,以及如何达到最佳交互效能。支持可学习性的原则包括以下几方面。

（1）可预见性。

交互过程中不应该让用户过多地感到惊奇。可预见性意味着用户利用对前面交互过程的了解就足以确定后面交互的结果。对可预见性的支持有不同的程度，如果上述的对前面交互的了解仅限于当前用户能够观察到的信息，那用户就不需要记住当前界面之外的信息；如果用户必须记住此前的输入和屏幕反馈信息，需要记忆的内容就要增加。显然，后者提供的可预见性是不太令人满意的。

交互系统的可预见性有别于计算机系统和软件本身具有的确定性。计算机和软件系统具有确定性，也就是说在给定状态下，某一操作只会产生一种可能的状态。显然，如果用户能够知道系统的操作与操作结果之间的必然性，用户就能够预见交互操作的可能结果。然而，可预见性是一个以用户为中心的概念，它还取决于用户的观察能力，由用户根据自己的判断而不是完全由计算机的状态决定交互的行为。

另一种可预见性是用户知道操作可以执行的功能。例如，大多数窗口系统都在右上角提供三个按钮：最小化、最大化和关闭。用户单击最大化按钮时，一般情况下会预见到窗口将会被最大化。

操作可见性涉及下一步可被执行的操作是否显示给用户。如果后面有一个操作可以执行，就应该给用户提供一些可以看得见的指示。否则，用户必须记得什么时候有哪些操作可以执行，什么时候不可以。典型的例子是很多软件里提供的"向导"功能，它会根据用户的选择显示后面可以执行的动作。同样，也应使用户了解什么情况下某个操作不能执行。例如，菜单项变成灰色一般意味着该操作不能被执行。

（2）同步性。

同步性是指用户依据界面当前状态评估过去操作造成影响的能力，也就是用户能不能同步地知道交互操作的结果。

如果一个操作改变了系统的内部状态，则用户能否看到这种改变非常重要。最好的情况是，内部状态发生改变时可以立即让用户知道，而不需要用户再做额外的操作；最差的情况下，也应该在用户请求后显示内部状态的改变。二者的区别可以通过命令行方式与可视化界面方式的文件管理系统相比看到。例如，移动一个文件，在命令行系统中需要记住目的路径，去查看文件是否已移至该目录下，还要查看原目录，看是否真的是移动而不是拷贝。而在可视化界面中，可以看到一个代表文件的图标从原目录被拖动到新目录中，用户不需要过多工作就可以看到移动操作的结果，因此这种情况下同步性较好。

（3）熟悉性。

系统的新用户在现实生活或使用其他系统时，会有一些交互过程的宝贵经验。可能这些经验与新系统的应用领域不同，但对新用户来说，如果新系统与过去使用过的类似系统有一定相关性，那使用起来就比较方便。例如，在字处理系统的使用中，可以用字处理器与打字机类比。在这个例子中，感兴趣的是用户能否根据过去的经验决定怎样进行交互，又称可猜测性。

有些心理学家认为熟悉性是一种内在特性，是与生俱来的。任何能够看到的客体都会建议如何操纵它们。例如，门把手的形状会暗示应该去拧还是去拉；锁孔会暗示钥匙插入的方向等；在设计图形用户界面时，一个按钮的暗示是它可以被按下。有效利用这些内在的暗示可以增强用户对系统的熟悉性。

(4)通用性。

交互系统的通用性就是在交互中尽可能地提供一些通用的或能够从现有功能类推出来的功能。

通用性可以在一个具体的应用中遇到,也可以在不同应用中遇到。例如,在绘图包中,画圆是在画椭圆的基础上做了一些限制,可能希望用户将这一点推广到正方形是在矩形的基础上做了一些限制。一个跨应用通用性的例子是多窗口系统的 cut/paste/copy 操作,它们对所有应用都是一样的。在一个应用内有意识地利用通用性原则,可以使设计达到最大优化。标准化和编程风格向导的最大好处就在于它们增强了类似环境下不同系统的跨应用通用性。

(5)一致性。

一致性是指在相似的环境下或执行相似的任务时一般会执行相似的行为。一致性也许是用户界面设计中最被广泛提及的原则。用户依赖于一致性界面,然而一致性并非简单的满足或不满足的问题。处理一致性的困难在于这需要很多格式控制来实现,如在系统开发中由命名规则等基本原则来保证命名的一致性。

一致性与前面提到的其他交互原则有关,如熟悉性可以看作与过去现实世界经验的一致性,通用性可以看作与同一平台、同一系统中软件交互体验的一致性。

一致性的好处是很自然的,但也不见得一定要与过去的系统保持一致。例如,早期的打字机键盘是字母顺序的,这与人们对字母的认识是一致的,但后来发现这种安排不仅效率较低,而且打字员容易疲劳。后来的 QWERTY 或 DVORAK 键盘就突破了这种一致性的键盘布局。

2. 灵活性

灵活性体现了用户与系统交流信息的方式多样性,包括以下几种原则。

(1)可定制性。

可定制性是指用户或系统修改界面的能力。从系统角度看,并不关心程序员能对系统及其界面所做的改变,因为这种专业技巧不应该也很难让一般用户掌握。反之,应关心的是系统能不能根据对用户交互信息的积累适应用户的特定交互习惯以自动改变。可定制性又可以分为用户主导的和系统主导的,分别称为可定制性和自适应性。

可定制性是指用户调整交互界面的能力。这种客户定制一般非常有限,如只允许调整按钮位置、重新定义命令的名字等。一般这类修改局限于界面表面,而交互的整体结构保持不变。某些系统中提供了用户界面编程能力,如 Unix Shell 或脚本语言等,可以帮助用户定制一些更高级的交互特征。

自适应性是系统对用户界面的自动定制,这取决于系统对用户熟练程度的适应或对用户执行重复任务的观察。系统可以通过训练来识别用户是新手还是专家,相应地调整交互对话控制,以帮助系统自动适应当前用户的需要。自动的宏建立就是这样一种形式,通过检测到重复任务来自动生成宏,自动执行重复性任务。很多系统的菜单可以根据用户使用具体功能的频繁程度来调整菜单项排列的顺序,或将一些暂时不用的菜单项隐藏起来,这也体现了系统对交互的适应性。

（2）对话主动性。

将人机交互的双方看作一对对话者时，重点是谁是对话的发起人。一类是系统可以发起所有对话，在这种情况下，用户只是简单地响应信息请求，称为系统主导的。例如，一个模式对话框就禁止用户与系统的其他窗口交互。另一类是用户可以自由地启动对系统的操作，称为用户主导的。如果由系统控制对话，就意味着用户不能主动地发起其他交互，所以从用户角度看，系统主导的交互阻碍了灵活性，而用户主导的交互增强了灵活性。

一般而言，希望交互系统由用户主导，但还是有些情况需要系统来主导交互。例如，多用户协同图案设计中，一个用户可能试图删除或涂抹另一用户正在编辑的某一区域，这时就有必要由系统来限制这种具有严重"破坏性"的交互活动（图11.1）。又如，在飞机着陆时，如果飞机翼襟未能同步展开，则自动飞行系统应该禁止着陆，以避免机毁人亡。

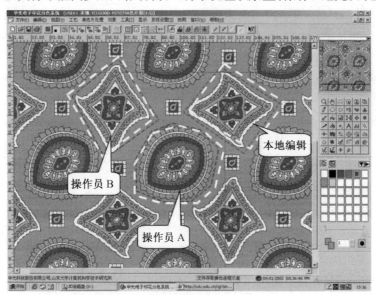

图11.1　协同图案设计中的区域控制

（3）多线程。

多线程的人机交互系统同时支持多个交互任务，可以把线程看作一个特定用户任务的相关对话部分。并发的多线程允许各自独立交互任务中的多个交互同步进行，交替地执行多对话线程，允许各自独立的交互任务暂时地重叠。但在任何给定时间，对话实际上还是局限于单个任务。

窗口系统很自然地支持多线程对话。每个窗口表示一个不同任务，如文本编辑、文件管理、电话簿、电子邮件等。多通道的人机交互允许并发多线程。例如，用户正在做文本编辑工作，提示音提示有新邮件到达。但是从系统角度看，这两个交互实际还是交替进行的。

（4）可互换性。

可互换性意味着任务的执行可以在系统控制和用户控制间进行转移。有可能的情况是交互一会儿由用户控制，一会儿又由系统控制，交互的控制权彼此传递；或者将一个完全由系统控制的任务变成系统和用户共同完成的任务。

例如字处理软件中的拼写检查,用户完全可以借助于字典逐字检查,但这是一项繁杂的工作,所以最好交由机器来自动执行。但机器往往对人名和无意义的、重复输入的单词无法处理,这时还要靠人工去处理,所以拼写检查最好由这种协作方式完成。

在安全性要求特别严格的应用中,任务迁移可以降低事故发生的概率。例如,飞机飞行中的状态检查单靠人工来执行太过烦琐,所以一般采用自动飞行控制,而一旦出现紧急情况,还是由飞行员凭借经验去处理。

(5)可替换性。

可替换性要求等量的数值可以彼此交换。例如,页边距的单位可以是英寸,也可以是厘米;在用户输入上,可以让用户在输入框中输入数值,也可以通过设定表达式的方式输入。这种可替换性提供了由用户选择适当方式的灵活性,并且通过适当方式避免无谓的换算,可以减少错误的发生。

可替换性也体现在输出上,也就是对状态信息的不同描述方式。表示的多样性说明了对状态表达信息进行渲染时的灵活性。例如,物体一段时间内的温度可以表示为数字温度计(如果比较关心实际的温度数值),也可以表示为图表(以清晰地反映温度变化的趋势)。有时可能需要同时提供这些表示方式,以备用户适应不同任务的需要。

3. 鲁棒性

用户使用计算机的目的是达到某种目标。能否成功达到目标和能否对达到的目标进行评估就体现为交互的鲁棒性。

(1)可观察性。

可观察性允许用户通过观察交互界面的表现来了解系统的内部状态。也就是说,允许用户将当前观察到的现象与要完成的任务进行比较,如果用户认为系统没有达到预定的目标,可能会去修正后面的交互动作。可观察性涉及四个方面的原则:可浏览性、缺省值提供、可达性和持久性。

①可浏览性。可浏览性允许用户通过界面提供的有限信息去了解系统当前的内部状态。通常由于问题的复杂性,因此不允许在界面上一次显示所有相关联的信息。事实上,系统通常将显示信息限制在与用户当前活动关联的一个子集上。例如,只对文档的整体结构感兴趣,可能就不会看到文档的全部内容,而只是看到一个提纲。有了这种限制,有些信息就不能立即被观察到了,需要用户通过进一步的浏览操作去考查想要知道的信息。另外,浏览本身不应有副作用,即浏览命令不应该改变内部状态。

②缺省值提供。缺省值的功能是可以减少输入数值的操作。因此,提供缺省值可以看作一种错误防范机制。有两种缺省值:静态缺省值和动态缺省值。静态缺省值不涉及交互会话,它们在系统内定义或在系统初始化时获得;动态缺省值在会话中设置,系统根据前用户的输入进行设置。

③可达性。可达性是指在系统中由一种状态到达另一种状态的可能性,也就是能否由一个状态经过若干动作转换到另一个状态。可达性也影响到下面将提到的可恢复性。

④持久性。持久性是关于交互响应信息的持续及用户使用这些响应的问题。交互中的语言谈不上持久性,而可以看见的交互响应就可以在后续操作中持续一段时间。例如,用扬声器发出的声音来提示一封新邮件的到达,在当时能获得这一消息,但如果没有

注意,可能就会忽略掉,用一个持久性好的可见标志(如一个小对话框)通知这个消息,就可以长久存在。

⑤操作可见性。操作可见性是指操作部位必须显而易见,而且还要向用户传达出正确的信息。例如在设计用力推才能打开的门时,设计人员必须让用户一看见门,就知道该往哪个部位推,使得用户一看便知如何操作,无须借助任何的图解、标志和说明。

(2)可恢复性。

可恢复性是指用户意识到发生了错误并进行更正的能力。更正可以向前进行,也可以向后恢复。向前进行意味着接受当前状态并向目标状态前进,这一般用于前面交互造成的影响不可挽回的情况。例如,实际删除了一个文件就无法恢复。向后恢复是撤销前面交互造成的影响,返回到前面一个状态。

恢复可由系统启动,也可以由用户启动。由系统启动的恢复涉及系统容错性、安全性、可靠性等概念;由用户启动的恢复则根据用户的意愿决定恢复动作。

可恢复性与可达性有关,如果不具备可达性,可能用户就很难从错误的或不希望的状态到达期望的状态。

在提供恢复能力时,恢复过程要与被恢复工作的复杂程度相适应。一般来说,容易恢复的工作实现起来较简单,因为即使出错,也可以很容易地恢复;较难恢复的工作实现起来较困难,可以让用户在操作时进行思考,更加小心,避免出错。

(3)响应性。

响应性反映了系统与用户之间交流的频率。响应时间定义为系统对状态改变做出反应的延迟时间。一般来说,延迟较短或立即响应最好,这意味着用户可以立即观察到系统的反应,即使因延迟较长而一时还没有响应,系统也应该通知用户请求已经收到,正在处理中。

(4)任务规范性。

任务的规范性就是系统为完成交互任务,所提供的功能是否规范。用户可能已经有一些交互体验,对某些交互任务已经有一些认识。如果系统提供的功能符合规范,用户就能大体知道系统对交互任务的支持,也就能够比较容易理解和使用系统提供的新功能。例如,规范的窗口都应具有最小化、最大化和关闭按钮,这样用户就能很容易地完成窗口操作的交互任务。

11.1.3　可用性评估

所谓可用性评估,即对软件"可用性"进行评估,检验其是否达到可用性标准。可用性评估是系统化收集交互界面的可用性数据并对其进行评定和改进的过程。

可用性测试一般来说为测试软件/产品是否达到用户要求。可以理解为可用性测试(Usability Test)=可用性评估(Usability Evaluation),此时可用性评估就是广义上的可用性测试。另一种观点认为,可用性评估包含用户测试和专家评估,以及相关的用户调查、访谈等,这时针对用户所做的测试(User Test)就是狭义上可用性测试。

软件可用性评估应该遵循以下原则。

（1）最具有权威性的可用性测试和评估不应该针对专业技术人员，而应该针对产品的用户。对软件可用性的测试和评估应主要由用户来完成。

（2）可用性测试和评估是一个过程，这个过程在产品开发的初期阶段就应该开始。

（3）可用性测试必须在用户的实际工作任务和操作环境下进行。

（4）要选择有广泛代表性的用户。

可用性评估按照评估所处于的开发阶段，可以分为形成性评估和总结性评估。

（1）形成性评估。

形成性评估是在软件开发或改进过程中，请用户对产品或原型进行测试，通过测试后收集的数据来改进产品或设计，直至达到所要求的可用性目标。形成性评估的目标是发现尽可能多的可用性问题，通过修复可用性问题实现软件可用性的提高。比较典型的可用性形成性评估方法是发声思考法。一般安排 5~6 名用户一边使用用户界面，一边把"正在想的内容说出来"。

（2）总结性评估。

总结性评估的目的是横向评估多个版本或者多个产品，输出评估数据进行对比。比较典型的可用性总结性评估方法是性能测试法。安排几十个用户使用界面，检验他们的目标达成率、所需时间及主观满意度等。评价结果一般以"目标达成率:55%""平均达成时间:5 分 30 秒""主观满意度(5 分制):2.8 分"的打分形式呈现。

原则上讲，总结性评价一般是在设计前和设计后使用，形成性评价会在产品设计的过程中反复使用。另外，还必须牢记一个原则，那就是如果只做了总结性评价，那肯定是完全无效的投资。

可用性评估也可以分为分析法（Analytic Method）和实验法（Empirical Method）两种。分析法又称专家评审，是一种让可用性工程师和用户界面设计师等专家基于自身的专业知识和经验进行评价的方法；实验法收集货真价实的用户使用数据，比较典型的是用户测试法。

分析法和实验法的区别是用户是否参与其中。从某种程度上看，分析法和实验法是一种互补关系。分析法和实验法的特点见表 11.1。

表 11.1 分析法和实验法的特点

分析法	实验法
主观	客观
评价结果是假设的	评价结果是"事实"
时间少、费用少	时间长、费用多
评价范围较广	评价范围较窄
设计初期也可评价	做评价，必须准备原型

一般来说，在设计用户测试时，最好先进行简单的分析法评价，整理出用户测试时应该要评价的重点和需要重点观察的部分。仓促、粗糙的用户测试并不能带来任何有效的评价结果。

如果单纯依赖分析法，设计团队可能会陷入无休止的争论中，甚至会使团队内部形成想法上完全对立的两派，此时就必须引进实验法了。

1. 启发式评估五维度

分析法是评价人员基于自身的专业知识及经验进行的一种评价方法,其评价标准是一个很模糊的概念。为使评价具备客观性,出现了各种各样的指导手册。

杰柯柏·尼尔森在分析了很多产品可用性问题之后,认为要使产品或者服务具有可用性,至少需要考虑以下五个维度。

(1)可学习性。

系统应该很容易学习,这样用户就可以快速开展工作。

(2)效率性。

一旦使用,即可提高生产率。

(3)可记忆性。

即使离开系统一段时间后重新使用这个系统,也不用一切从头学起。

(4)容错和错误预防能力。

最低的错误率让用户很少出错,即使出错也能很快恢复,必须保证不发生灾难性的事故。

(5)主观满意度。

使用起来令人愉悦。

2. 启发式评估十原则

在五大维度的基础上,杰柯柏·尼尔森发展了一套沿用至今的启发式评估十原则。启发式评估法基于这个十原则,寻找评价目标界面中是否存在违反规则情况的方法。

(1)系统状态的可视性原则。

系统状态的可视性原则是指系统必须在一定的时间内做出适当的反馈,必须把现在正在执行的内容通知给用户,如 Windows 的沙漏图标、收发数据时显示状态的进度条、网页中的导航控件等。

(2)系统和现实的协调原则。

系统和现实的协调原则是指系统不应该使用指向系统的语言,必须使用用户很熟悉的词汇或语句来与用户对话。必须遵循现实中用户的习惯,用自然且符合逻辑的顺序来把系统信息反馈给用户,如 Mac 和 Windows 系统中的"垃圾箱"、在线商店的"购物车"、向左箭头为"返回"、向右箭头为"前进"等。

(3)用户操控与自由程度原则。

用户操控与自由程度原则是指用户经常会因为误解了功能的含义而做出错误的操作,为使他们从这种状态中尽快解脱,必须有非常明确的"紧急出口",这就出现了"撤销(Undo)"和"重复(Redo)"的功能,如网站的所有页面中都有能够跳转到首页的链接、浏览器的返回按钮绝对不可以是无效状态、网页的宽度和字体大小一定要可调等。

(4)一致性和标准化原则。

一致性和标准化原则是指用户不必怀疑是否不同的语言、不同的情景或不同的操作产生的结果实际上是同一件事情。也就是说,同一用语、功能、操作保持一致。这一原则要求保证用户在相同的操作下得到相同结果。因此应遵循平台惯例,如同一网站内网页设计的风格应统一、指向网页的链接文本应与该网页的标题一致、未访问与已访问链接的颜色要加以区分等。

(5)防止错误原则。

防止错误原则是指能一开始就防止错误发生的这种防患于未然的设计要比适当的错误消息更重要,如设置默认值、不轻易删除页面或更改 URL、在表单的必填项前加上标记使其更醒目等。

(6)识别好过回忆原则。

识别好过回忆原则是指要把对象、动作、选项等可视化,使用户无须回忆,一看就懂。这一原则要求尽量减轻用户记忆负担,如弹出的帮助窗口,链接文本使用短语而非单个词语,购物车中要显示完整的商品名、数量、金额等信息等。

(7)灵活性和效率原则。

灵活性和效率原则是指用户频繁使用的操作要能够单独调整,即为用户提供快捷键及定制化服务。同一个界面不可能满足所有用户的需求,因此默认提供最简单的界面,通过其他途径向高级用户提供其他服务,以满足更多的用户需求,如浏览器的书签功能、设置键盘上的快捷键等。

(8)简洁美观的设计原则。

简洁美观的设计原则是指在用户对话中,应该尽量不要包含不相关及几乎用不到的信息。多余的信息和相关信息是一种竞争关系,因此应该相对减少需要视觉确认的内容,如在相关信息中提供文中链接和文末链接、不使用纯文本、配上能够补充说明的图等。

(9)帮助用户认知、判断及修复错误原则。

帮助用户认知、判断及修复错误原则是指使用通俗的语句表示错误信息(而不是显示错误代码),明确指出问题,并提出建设性的解决方案。这一原则要求错误信息并不只是告诉用户系统出错了,而应该做到使用用户可以靠它来解决出现的问题。

(10)帮助文档及用户手册原则。

帮助文档及用户手册原则要求在设计无须查看用户手册也能使用的系统的基础上,还应该提供帮助文档和用户手册。帮助文档中应该配备目录和搜索功能,用户手册应该尽量简洁。

3. 启发式评估法实施步骤

在理解了启发式评估十原则的基础上,就可以按照以下步骤来具体实施了。

(1)招募评价人员。

实施启发式评估法需要招募一些评价人员,只有一个人评价会漏掉很多问题。杰柯柏·尼尔森认为,一个人评价大约只能发现 35% 的问题,因此大概需要五人,或至少需要三人,才能得到稳妥的结果。

能够胜任启发式评估职位的人一般是产品可用性工程师和用户界面设计师。产品可用性工程师可以从最贴近用户的视角出发评价产品;而用户界面设计师可以从实现技术的角度进行评价。界面的设计师本人是不适合评价该界面的,其原因在于:设计师本人不可能客观评价自己倾注了心血实现的产品,即使能做到客观理智的评价,如果发现了问题,也会马上对产品进行修改,而不是反馈。

(2)制定评价计划。

启发式评估法的优点之一是不会耗费太多的时间和精力,但如果过度追求完美,就会使启发式评估法一无是处。因此,需要事先定好要评价界面的哪些部分。另外,也要定好依据哪个原则进行评价。

尽管大家都希望评价尽可能多的界面,但是不可以为每位评价人员分配不同的评价部分。如果评价部分不同,招募评价人员这件事就失去了意义。为提高评价的准确性,每个界面都应该从不同视角进行评价。

(3)实施评价。

启发式评估法并不是协商性质的评价方法,评价人员都是单独进行评价的,原则上禁止评价人员互相讨论。启发式评估法的基准虽然是事先统一的,但是实施方法会根据评价人员的经验和技能而稍有出入,一旦经过协商,这种特色就很难发挥出来。

具体的评价方法由评价人员自己决定。以网站为例,既可以从首页开始,按层次依序访问;也可以假定几个任务,然后在执行任务的过程中发现问题。另外,也有在输入项中输入一些异常值,或者改变使用环境(界面分辨率、网络速度、不同的浏览器等)等方法。在评价界面时发现的问题见表 11.2。

表 11.2 在评价界面时发现的问题

序号	界面	问题	评价
1	所有界面	由于固定了界面的宽度,因此当分辨率设置到 SVGA(800×600)以下时,就会出现横向的流动栏	用户控制与自由程度
2	站内搜索	当使用商品名称搜索时,排在前面的都是广告,真正的商品信息链接很难找到	系统与现实的协调
3	商品信息页面	使用了带下画线的蓝色字体表示强调,但与文本链接的表现方式混淆了	一致性和标准化

杰柯柏·尼尔森推荐对界面进行两次评价:第一次检查界面的流程是否正常;第二次检查各界面是否存在问题。

(4)召开评价人员会议。

当所有评价人员都完成各自的评价工作后,要进行集中交流。首先请评价人员代表汇报评价结果,其他评价人员边听报告,边随时就自己是否也发现了相同的问题或发现了其他问题等发言。

另外,虽然可以自由提问,但一般不会出现否定其他评价人员的情况,因为每位评价人员都是专家,而且都是以明确的基准进行评价的,所以得出的评价结果基本上不会有问题。

召开评价人员会议的目的并不是统计到底有多少人指出了同一问题,而是可以发现单独一人不能发现的跨度较大的问题。经常会出现三个人中只有一个发现了某界面中存在的严重问题,另一个界面的严重问题则由另一个评价人员发现的情况。

(5)总结评价结果。

在得到所有评价结果后,再根据评价人员会议的讨论记录来总结评价结果,基本上只要把各评价人员的问题列表整合起来就可以了。

启发式评估法启发的成果就是"产品可用性问题列表"。但如果单单给出列表,团队的其他成员理解起来会很困难,最好配上界面截图、界面流程图等,形成简单的报告。

11.2 用户体验评估

可用性是交互设计基本、重要的指标,但是成功的设计只有可用性是不够的,还需要给用户带来良好的感受和积极的情绪、情感体验,即用户体验,它侧重于用户在使用一个产品的过程中建立起来的、纯主观上的心理感受。下面首先辨析用户体验与可用性之间的关系,然后介绍一个用于指导提升用户体验的用户体验层次模型和用于指导用户体验评估的心流体验模型,最后详细介绍评估用户体验的测量指标体系。

11.2.1 用户体验与可用性目标关系

用户体验目标,可用性目标之间的关系如图 11.2 所示。可以说,可用性目标是用户体验目标的基础,离开了这个目标,所设计的产品将是无源之水;反之,如果离开了用户体验目标,这样的产品将不会令人愉快和满意。也就是说,可用性是产品应该做到的、理所应当的,而用户体验则是要给用户一些与众不同或意料之外的感觉。从图 11.2 所呈现的模型来看,这些感受包括满意感、愉悦感、趣味性、益智性、情感上的满足感、支持创造力、引人入胜、有价值、富有美感和激励,这些感受就是交互设计者要达到的用户体验目标。

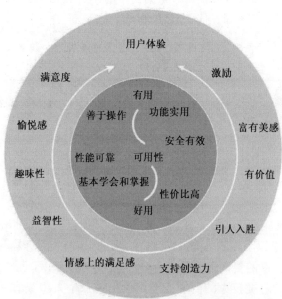

图 11.2 用户体验目标与可用性目标之间的关系

11.2.2　用户体验模型

虽然许多用户体验目标被提出,但要使这些目标得以在交互设计产品中实现,还需要借助于系统有效的理论模型来提供设计指导和测量评估。Garrest 提出的用户体验层次模型是一个适合于指导提升用户体验的理论模型,而经 Kiili 发展后的心流体验模型则可以为用户体验的测量提供有效框架。下面将分别介绍这两个用户体验模型。

1. 用户体验层次模型

Garrest 在《用户体验要素:以用户为中心的产品设计》中提出了用户体验的五个层面,分别是战略层、范围层、结构层、框架层和表现层。这五个层面提供了一个基本架构(图 11.3),在这个基础架构上,可以从设计的理论层面上系统讨论提升用户体验的问题,以及用什么工具来解决用户体验。

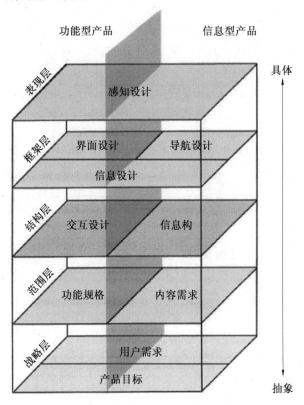

图 11.3　用户体验构架的层次模型

每一个层面都是根据其下的层面决定的,所以表现层由框架层来决定,框架层建立在结构层的基础之上,结构层的设计基于范围层,范围层是根据战略层来制定的。当做出的决定没有与上下层保持一致时,项目常常会偏离正常轨道,这样的产品出现以后,用户不会喜欢。这种依赖性意味着在战略层上的决定将具有某种自下而上的"连锁效应"。反过来讲,也就意味着每个层面中可用的选择都受到其下层面中所确定的议题的约束。

可以通过一个例子来说明层次模型在设计产品用户体验上的应用。大多数人都使用过购物网站。用户首先进入网站并通过搜索引擎或目录分类等来寻找想买的商品,然后进行在线支付并向网站提供收货地址,最后网站将这个产品递送到用户手中。这个完整的体验事实上是由以下一系列决策组成的。

(1)在表现层,用户看到的是一系列网页结构和商品展示,网站需要提供给用户良好的感官体验。

(2)在表现层之下是网站的框架层,框架层用于优化设计布局,以达到这些元素的最大效果和效率,如按钮、控件、照片、文本区域的位置和设置。良好的设计能使用户容易记得标识并在需要时迅速找到对应的按钮。

(3)与框架层相比,更抽象的是结构层,而框架是结构的具体表达。如果框架层实现了网页上交互元素的位置,那结构层则决定了用户如何到达各个页面。如果框架层定义了导航中各商品的实际分类和分布,那结构层则决定应如何分类。

(4)结构层确定网站各种特性和功能最合适的组合方式,而这些特性和功能就构成了网站的范围层。例如,现在有些购物网站能记忆用户最近的搜索历史,并据此推送相应类别的商品信息。这个功能是否应该成为网站的功能之一,就属于范围层要解决的问题。

(5)网站的范围层是由网站战略层决定的。这些战略不仅包括经营者对网站的需求,还包括用户对网站的需求。

对这些层面的各个用户要素的分析将决定最终用户使用该网站进行购物的体验。当每个层面的要素得到充分考虑并设计合理时,则更容易达到用户体验目标。

2. 心流体验模型

心流理论(Flow Theory)是由美国心理学家 Csikszentmihalyi 提出来的,他认为当人们进行某些活动时,集中注意力、完全地投入到情境当中可以过滤掉所有不相关的知觉,并且在活动中获得操控的满足感,即进入一种心流状态,这种特定的心理状态称为心流体验(Flow Experience)。简言之,人机交互中的心流体验就是用户在使用交互产品完成活动的过程中的最佳体验。后来,心流体验被广泛用作一套核心的用户体验标准。

Kiili 根据他在 2005 年提出的经验游戏模式和心流理论的创始人 Csikszentmihalyi 提出的九个心流要素,将心流体验分为三个过程:心流前兆(Flow Antecedent)、心流状态(Flow State)和心流结果(Flow Consequence)(图 11.4)。心流前兆包括清晰的目标、及时的反馈、游戏性和故事框架等;心流状态包括自成目标的体验、控制感、存在感、自我意识缺失感、集中注意力、时间消失感和积极情感等;心流结果包括学习效果、探索行为和未来的使用意向等。心流体验的测评就是对这些心流要素进行测量和评价。

心流理论模型涵盖了用户使用产品时对产品、任务和用户三个方面的体验要素,在帮助开发人员衡量和评估新产品或系统所引发的用户体验方面有很多帮助。

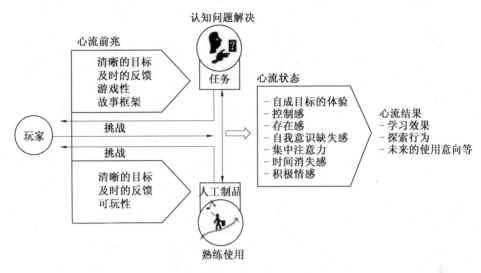

图 11.4　心流体验模型

11.2.3　用户体验评价

在确定用户体验要素后,需要对这些要素进行评价,从而获得用户在这些要素上的体验。体验测评指标可分为主观评价指标和客观评价指标:主观评价指标通常为自我报告指标;客观评价指标通常包括行为指标和生理指标。

1. 主观评价指标

主观评价指标是指通过自我报告等方法对用户体验要素进行评价,从而获得的用户资料或数据。获得这类指标的主要评价方法包括问卷法和访谈法,除测评对象有所不同外,具体方法与前面可用性评估中介绍的问卷法和访谈法基本相同,此处不再赘述。

主观评价指标是最常用的用户体验评价指标,大多数用户体验研究都是通过获取用户的主观评价数据来考查用户体验的。心流体验是用户体验的核心,心流理论中的各个心流要素通常是通过自陈式量表进行测量的。目前,研究者已经围绕心流体验开发了多种自陈式测量工具,可用于心流体验的评估,这些心流量表所包含的心流要素不尽相同,但都是重要的主观评价指标,不同心流量表中的心流要素见表 11.3。

表 11.3　不同心流量表中的心流要素

研究者	年份	心流要素
Trevino	1992	控制感、专注、好奇、内在兴趣
Hoffman	1996	技能/控制、挑战/唤醒、集中注意力、交互性、远程临场感
Hoffman	1997	及时反馈、愉悦、自我意识缺失感、自我加强
Hsiang Chen	2006	即时的反馈、清晰的目标、行为和意识的融合、集中注意力、控制感、自我意识缺失感、时间消失感、远程临场感、积极情感
庄宗元	2007	立即反馈、清楚目标、行为与意识的融合、控制感、集中注意力、自我意识的消失、时间扭曲感、积极的情绪

续表11.3

研究者	年份	心流要素
FongLing Fu	2009	专注、清晰度、反馈、挑战、控制感、沉浸感、社会互动和知识提升
马芳	2010	挑战与技能的平衡、不费力的专注、时间感的变化、清晰的目标、自成目的性体验、自我意识的丧失、掌控的感觉
乔小艳	2012	挑战与技能的平衡、临场感、及时反馈、探索性、清晰的目标、控制感、集中注意力

然而,在许多情况下,一套评价指标不能完全适用于不同的用户测试。因此,用户体验评估中具体测量指标的选择还要同时考虑交互产品或系统的特点及任务特点才能最终确定。

例如,Fu、Su 和 Yu 用心流模型考查了 E-learning 游戏中的用户体验。他们总结了以往的心流模型,并分析了 E-learning 游戏任务的特点,在此基础上确定了 E-learning 游戏中心流体验的八个维度,分别是专注、目标清晰度、反馈、挑战、控制感、沉浸感、社会互动和知识提升,并基于这八个维度编制了一个 E-game 心流量表,在每个心流要素下设计了具体的测量题目,在七点李克特量表上对每个题目进行评定,E-game 心流量表见表11.4,通过用户测试考查了用户在四个 E-learning 环境中的学习体验,最终表明了对心流要素的评价在测量用户体验中的有效性。

表11.4　E-game 心流量表

心流要素	测量题目
专注	大部分游戏活动都是与学习任务相关的
	任务中没有明显的分心
	一般来说,能持续将注意力集中在游戏中
	在玩家应该集中精力的任务中都没有分心
	没有被无关的任务拖累
	游戏中的工作量很充分
目标清晰度	总的游戏目标在游戏开始就被呈现出来
	游戏目标的呈现很清晰
	中期的目标在每个场景开始都被呈现出来
	中期目标的呈现都很清晰
反馈	在游戏中收到关于进度的反馈
	在行动过程中收到即时的反馈
	有新任务时,能立即被通知
	有新事件时,能立即被通知
	当中期目标成功或失败时,能收到信息

续表 11.4

心流要素	测量题目
挑战	游戏的文本中提供了"提示",有助于克服挑战
	游戏提供了"在线支持",有助于克服挑战
	游戏提供了视频或音频辅助,有助于克服挑战
	挑战的难度随着技能的提升而增加
	游戏提供了有适宜难度的新挑战
	游戏提了不同挑战水平,能适应不同的玩家
控制感	感觉能控制和影响游戏
	知道游戏中下一步是什么
	对游戏有控制感
沉浸感	当玩这个游戏时,忘记了时间的流逝
	当玩这个游戏时,变得意识不到周围的环境
	当玩这个游戏时,暂时忘记了日常生活中的烦心事
	体验到一种时间感的改变
	能参与到游戏中
	感觉在情感上已经被带入游戏中
	感觉已经发自内心地参与到游戏中
社会互动	感觉到能与其他同学合作
	能与其他同学密切地合作
	游戏中的合作对学习是有帮助的
	游戏支持玩家之间的社会互动(如聊天)
	游戏支持游戏内的社会
	游戏支持游戏外的社会
知识提升	游戏提升了我的知识
	掌握了所学知识的基本思路
	尝试使用游戏中的知识
	游戏激发了玩家去整合所学知识
	想了解更多教学知识

2. 客观评价指标

大多数心理活动都会以使用者的外显行为或生理特征反映出来,虽然相比于主观评价资料,这些客观数据的收集更为困难,但这些指标却更为稳定和准确,因此各个用户体验要素不仅可以通过主观评定指标进行评价,也可以通过行为指标和生理指标这些客观指标进行评价。

(1)行为指标。

行为指标以用户的外在行为特征作为测评对象,包括操作行为、面部表情和眼动指标等。

①操作行为。操作行为包括行为发生的频率、潜伏期、持续时间和行为强度等。频率是指在某一特定的时间内特定行为发生的次数;潜伏期是指被试从接受刺激到对刺激做出反应所消耗的时间,通常与反应时间同义,常作为推断认知加工过程的依据;持续时间是指被试从行为发生到行为结束所消耗的时间,可以作为情感和个性范畴的行为指标,如个体持续跟踪一个刺激的时间可以作为评价心流要素中的专注和兴趣的有效指标;行为强度也可以作为有效的评价指标,在社会心理学中,可以把个体拍手的动作强度作为认可程度的指标,在人机交互的虚拟现实环境中,行为强度也可以作为一项有效的用户体验指标,如用以反映心流要素中的沉浸程度。

②面部表情。用户在交互活动过程中总是伴随着明显的情绪变化,面部表情是情绪情感最重要的外部表现,对面部表情进行有效的测量和识别有利于更好地了解用户的体验状态,如评估心流体验中的积极情感。例如,Zaman 和 Smith 在研究中对面部表情分析系统应用在游戏体验中的有效性进行了验证。面部表情分析系统是一个全自动识别面部图像特性的分析系统,能够用于客观评估个人的情绪变化,可以区分六种不同的情绪状态:高兴、悲伤、生气、惊讶、害怕、厌恶。他们在研究中比较了用户在玩电脑游戏的过程中由面部表情分析系统和两位研究人员记录的情绪识别结果。研究表明,面部表情分析系统的表现与其中两位记录员的表现具有高度一致性。

③眼动指标。眼动指标是通过眼动仪记录的用户眼动信息来探索用户心理过程和体验状态的行为指标。大量研究表明,对目标的注视时间、注视次数和瞳孔变化情况与该物体对个体的重要性或个体对该物体的兴趣有密切关系。

眼动模式与很多心理现象存在一定的特异性关系。眼动模式是指将对特定对象的注视时间、注视次数和扫描轨迹等指标综合起来的眼动特点。眼动模式可以为所研究的心理过程提供实时、动态的信息。在认知作业中,注视时间通常表示对特定对象的信息加工时间;注视次数一般反映个体对特定对象加工的熟练程度或加工深度,次数越多,可能反映认知任务越困难,或加工程度越深;扫描轨迹则通常反映个体认知加工的顺序和历程。结合不同的任务,上述眼动模式可以为研究者提供丰富的、有关各种认知加工机制的信息。

眼动模式在揭示复杂认知活动上的优势使该技术可以用于评估用户体验。例如,当用户在观看各种交互界面和虚拟场景时,可以通过眼动数据了解其此时的扫视轨迹和注视过程,以及在多目标、多任务情况下,对不同位置、大小,颜色和速度的目标的眼动敏感度、延迟和反应速度等基本特性,从而深入了解用户的注意力分配情况。通过这些眼动数据,交互设计人员可以对交互方式或虚拟场景的设计做出合理的调整,从而获得最佳的人机交互效果,既降低了用户的使用负担,又能避免出错,提升满意度。

(2)生理指标。

生理指标以伴随心理活动产生的生理反应作为测评对象,这种策略通常需要借助特殊的仪器。常见的生理指标有心血管指标、呼吸指标和电生理指标,这些生理指标可以用于对注意力、兴趣、认知评价和情绪情感状态等用户体验要素的评价。

①心血管指标。心血管指标具体包括心率、血压和血流量等指标。心率是情绪研究中一个较敏感的指标,个体在紧张、恐惧或愤怒时往往心跳加快,而在愉快、惬意时往往心跳较平稳。心率变化在各种特殊作业引起的心理负荷的研究中也有广泛的应用。例如,心率是飞行员的工作负荷的重要指标之一,对于模拟飞行器或模拟驾驶设备,其设计能否使用户的心率指标被同样程度地激发便可以作为一项重要的用户测评指标。血压也与情绪状态有密切的关系。紧张的脑力工作、生气、害怕和接受新异刺激会使个体的血管收缩、动脉压升高,从而使更多的血液流入脑中。

②呼吸指标。呼吸具体涉及动脉血压水平、肺内二氧化碳水平、呼吸频率、呼吸深度等 50 多种参数,越来越多的研究者已经意识到呼吸与很多心理因素有关,特别是呼吸指标对唤醒和情绪模型的研究具有重要意义。在一些特殊的人机交互体验测评中,呼吸指标也可以作为一种重要的参考指标,如可以用于评价 4D 交互影院中逼真场景是否能带给用户理想的紧张感和刺激体验,可以作为心流要素中沉浸感和存在感的有效指标。

③电生理指标。皮肤电与汗腺分泌活动有密切关系,而汗腺分泌活动通常能对情感和认知活动的变化做出反应。活动区域和非活动区域之间电极的电位称为皮肤电位。在测量中,具体的测量参数包括皮肤的导电性、阻抗,以及反应波幅、潜伏期、上升/下降时间和反应频率等。皮肤电活动测量可以广泛应用于各种刺激引起的唤醒水平的研究。

肌电是指与肌肉纤维收缩有关的电位。这种电位持续时间非常短,一般在 1~5 ms 内。肌电记录在情绪研究中具有很大的应用价值。例如,Surakka 和 Hietanen 通过情绪反应的面部肌电记录发现,真正的微笑和假装出来的微笑有不同的肌电活动模式。该指标不仅可用于情绪情感的测评,在情感识别、情感计算和情感交互中也具有重要意义。

脑电是指伴随大脑皮层和中脑结构大量神经元活动的电活动。脑电活动能够反映出由心理活动引起的中枢性变化。脑电指标具体包括自发电位(EEG)、事件相关电位(ERP)、平均诱发电位(AEP)及由脑电流产生的脑磁场(MEG)。利用脑电设备可以把不同认知唤醒水平、不同情绪状态或执行不同认知过程时大脑不同部位电位差的变化记录下来。其中,事件相关电位是现代认知神经科学中应用最广泛的指标之一。诱发电位可广泛用于知觉、注意、记忆、言语、意识、情感等多种心理过程的研究和评价,当然也可以用于用户体验中的感知觉评价和情绪情感体验评价,从而作为其他评价方法的重要补充。

第12章　人机交互设备及实验

12.1　键盘、小键盘及指点设备

12.1.1　键盘与小键盘

文本数据输入的主要方式目前仍然是键盘（图12.1）。初学者的文本数据输入速度通常是每秒不到1次键击，办公室人员的平均速度是每秒5次键击（每分钟大约50个英文单词），而一些用户的速度高达每秒15次键击（每分钟大约150个英文单词）。键盘通常允许一次仅按一个键，还有按双键用于大写字母输入和特殊功能（Ctrl或Alt键加字母）键盘显示了右下方的倒T形移动键和顶部的功能键，用户能够选择使用两个指点设备之一——装在G键和H键之间的指点杆或键盘下方的触摸板，另有相应的按键对应字母。与当前使用计算机键盘可能达到的速度相比，键盘输入模式的改变方案可能允许有较高的数据输入速度，其灵感来自于钢琴键盘。例如，允许几个手指同时按下（即和弦），对不同的压力和持续时间是敏感的。法庭记录员使用代表几个字符或整个单词的和弦，就能迅速录入口头辩论的全部文本，达到每分钟最多300个英文单词的速度。和弦还可能允许手机用户达到更高的数据输入速度。然而，这种技艺需要数月的培训和频繁使用来记住复杂的和弦按压模式。

图12.1　笔记本电脑的键盘

键盘的大小实际上影响着用户满意度和可用性。有很多键（101键）的大键盘给人以专业和复杂的印象，可能使新用户望而生畏。当用户任务要求数据输入和对物理对象的操纵同时进行时，单手键盘可能是有用的。最后，对有限的文字输入来说，移动设备上的迷你键盘和触摸屏也是可接受的。

1. 键盘布局

位于华盛顿的美国历史博物馆有一个关于打字机发展的展览。19 世纪中叶,人们通过数百次的尝试来制造打字机,考虑过很多的打字机放纸位置、字符构造和键布局的设计方案。20 世纪 70 年代,Sholes 的设计(具有良好的构造设计和巧妙的字母布局(QWERTY))获得成功,这种布局把频繁使用的字母对分开,从而增加了手指的移距,用户的输入速度降低,使按键之间的干扰大大减少。Sholes 的成功所导致的标准化范围如此之广,以至于一个多世纪之后,几乎所有的键盘都在使用 QWERTY 布局(图 12.2)。

图 12.2　黑莓手机

电子键盘的开发消除了打字机的构造问题,导致 20 世纪的发明家提出了键盘的替代布局以减少手指移距。新的布局能够把专职打字员的打字速度从每分钟大约 150 个单词提高到每分钟 200 多个单词,甚至减少了错误。但这种新的布局并未能获得认可,因为改变的可感知好处未超过学习一个新的、非标准界面所需要的努力。

第三种键盘布局是 ABCDE 风格的,让英语字母表的 26 个字母按字母表顺序布局,其基本原理是非打字人员将发现他们更易于找到键的位置,用于数字和字母代码的几种数据输入终端仍使用这种风格。研究已经表明,ABCDE 风格没有任何优势。几乎没有 QWERTY 经验的用户渴望获得此项专长,他们经常抱怨曾经使用了 ABCDE 布局。数字键盘是另一项争论之源。电话机把 1-2-3 键放在顶行,但计算器把 7-8-9 键放在顶行。研究表明,电话机的布局有微弱的优势,但大多数计算机的数字小键盘使用计算器的布局。

有些研究人员已经认识到,标准键盘要求的手腕和手的位置并不合理,他们提出了更符合人机工程的键盘。他们对分离和倾斜的键盘尝试了各种几何图形,但这种键盘在打字速度、准确性或减少重复性压迫损伤方面的好处还有待检验(图 12.3)。

为满足残疾用户的需要,设计人员已经彻底重新考虑了打字过程。例如,Keybowl 公司的无键键盘用两个倒置的碗来替代键,用户的手舒服地搁在其上面。在这两个碗上,小的手部移动和小的手指按压组合可选择字母或控制光标,不需要手指或手腕的移动,这对有腕管综合征或关节炎的用户是有帮助的。另一种方法是依赖指点设备,如鼠标、触摸板或眼球跟踪器,来输入数据。

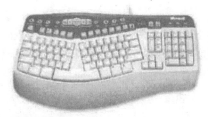

图 12.3　自然键盘

2. 键

键盘的键在实验室和市场经过精心改进及彻底测试。这种键有轻微凹进的表面,为的是与指尖的接触良好,表面无光以减少反射性炫光和手指打滑的概率。按键需要 40 ~ 125 g 的力和 1 ~ 4 mm 的位移,这使得打字快、出错率低成为可能,同时给用户提供适当的反馈。键设计的重要元素是力位移的量变曲线。当键已经压得深到足以发送信号时,键就弹回并发出非常轻的咔嗒声,这种触觉和听觉的反馈对触摸打字非常重要。而无回弹键设计的薄膜键盘持久耐用,对快餐店、工厂车间或娱乐场所之类的挑战性环境是可接受的。

某些键,如空格键、回车键、Shift 键和 Ctrl 键,应该比其他键要大,以允许容易、可靠地访问。其他键,如 CapsLock 键和 NumLock 键,应有其状态的明确显示,如通过较低位置上的物理锁定或嵌入指示灯。大字键盘可供有视力障碍的用户使用。光标移动键(上、下、左、右)的布局在快速和无差错使用方面是重要的。流行的紧凑倒 T 排列(小键盘)允许用户按照减少手和手指移动的方式来放置中间的三个手指。十字排列对于新用户是一个好的选择。一些大键盘有 8 个键,以简化对角线方向的移动。在一些应用软件,如用户花几小时来使用移动键的游戏中,设计人员再分配字母键作为光标移动键以使在移动键和其他动作键之间的手指移动降到最少。自动重复特性即持续按压重复就会提高性能,但必须控制重复频率提供以适应不同用户的喜好。

3. 移动设备的键盘和其他文本输入方法

计算机的键盘通常都是全尺寸的,但很多移动设备大大减小了键盘的尺寸,这是因为虽然软键盘或虚拟键盘(如在桌面上投射键盘的图像)很有前途,但缺乏适当的触觉反馈。移动设备的功能在大大增加,那些需要输入电子邮件或输入文本的用户经常选择具有小的、传统 QWERTY 键盘的设备。用户经过训练,能在用两个拇指使用那些机械键盘时达到每分钟 60 个英文单词的速度,当设备自动更正"差一"错误(用户意外按下与打算按下的键相邻的键)时,速度会更快。

很多设备只提供数字小键盘,这时动态生成的软键会很有用,其功能取决于应用状态和上下文。软键通常会立即显示于屏幕的下方(如 Select 键和 Exit 键)。用户界面的创新主要关注输入文本的技术。多按系统则要求用户多次按一个数字键来指定一个字母,并在要使用的同一个键的两个字母之间停顿。

很多移动设备(如苹果的 iPhone)已经完全放弃了机械键盘(图 12.4),而依赖在触摸屏上的指点、绘图和手势进行所有交互。如果屏幕大到足以显示一个键盘,用户就能轻敲虚拟键盘。在对 7 cm 和 25 cm 宽的触摸屏键盘的研究中,用户经过培训后,每分钟能够输入 20~30 个英文单词,在输入的文本长度有限时,这个速度是可接受的。

图 12.4　苹果 iPhone 的虚拟键盘

另一种方法是在触敏表面上手写输入,通常使用输入笔,但字符识别仍容易出错。上下文线索、击打速度加上方向能够提高识别率,但成功的手势数据输入方法包括使用简化的、更易于识别的字符集,识别效果相当好,且大多数用户很快就能学会编码,但需要的培训对于新用户和间歇用户可能是一个障碍。另一个有前途的方法是允许使用与轻击模式相匹配的形状,用键盘上的速记手势来替代触摸屏键盘上的轻击。长期的研究确认了使用这种技术来实现良好的文本输入性能的可能性。对于汉语,手写体识别技术戏剧性地增加了用户的潜能。

12.1.2　指点设备

指点设备经历了数百次改进,以适应不同用户并做出进一步的性能改进。更不寻常的设备,包括眼球跟踪器、数据手套和触觉或力反馈装置,已经应用于特定的(如远程医疗等)应用。

对于复杂的信息显示,如计算机辅助设计工具、绘图工具或空中交通管制系统中的信息显示,指点和选择项通常是方便的。这种直接操纵方法之所以有吸引力,是因为用户能够避免学习命令,减少在键盘上的打字出错率和把注意力集中在显示上。其结果是执行得更快、错误更少、学习更容易和满意度更高。指点设备对小设备和大的墙面显示设备也是重要的,因为这些设备使得键盘交互不太实用。

多种多样的任务、各种各样的设备和使用它们的策略创造了丰富的设计空间。物理设备的属性(旋转或线性移动)、移动的维数(1,2,3,…)和定位(相对的或绝对的)是给设备进行分类的有用方式。

1. 指点设备

指点设备可用于以下七种类型的交互任务。

（1）选择。

用户从一个项集合中选择。该技术用于传统的菜单选择、感兴趣对象的识别和一部分的标记（如在自动设计中）。

（2）位置。

用户在一维、二维、三维或更高维的空间中选择点。定位可用于创建制图、放置新窗口或拖动图形中的文本块。

（3）方向。

用户在二维、三维或更高维的空间中选择方向。方向可能是旋转屏幕上的符号、指示移动的方向或控制机械臂之类设备的操作。

（4）路径。

用户快速地执行一系列定位和定向操作。其路径可能实现为绘图程序中的曲线、被识别的字符、用于数控线切割机床或其他类型机器的指令。

（5）量化。

用户指定数值。量化任务通常是用于设置参数的整数值或实数值的一维选择，如文档中的页号、运输工具的速度或音乐的音量。

（6）手势。

用户通过简单的手势来指出要执行的动作，如向左（或右）滑动表示要往前（或后）翻页，快速地来回移动表示要擦除。

（7）文本。

用户在二维空间中输入、移动和编辑文本。指点设备指示插入、删除或改变的位置。除这些简单的文本操纵外，还有较复杂的任务，如居中、设置页边和字体大小、突出显示（加粗或加下画线）和页面布局等。

用键盘来执行以下任务是可能的：输入数字或字母来选择、输入整数坐标来定位、输入用于表示指向的角度或量化的数值的数、做出菜单选择以选择动作和输入光标控制命令来在文本中移动。而现在，大多数用户使用指点设备来完成这些任务，且速度更快，错误更少；专家用户能够通过使用快捷键来完成被频繁调用的任务，从而进一步提高性能（如 Ctrl+C 后面跟着 Ctrl+V 来进行复制和粘贴）。

指点设备可以被分成屏幕表面的直接控制（如光笔、触摸屏或输入笔）和脱离屏幕表面的间接控制（如鼠标、轨迹球、操纵杆、指点杆、图形输入板、触摸板或数字纸）。用于专门用途的非标准设备和策略包括多点触控板和显示器、双手输入、眼球跟踪器、传感器、3D 跟踪器、数据手套、触觉反馈、脚踏控制和有形用户界面等。

指点设备的成功标准是速度和精确性、任务的功效、学习时间、成本和可靠性、大小和质量。

2. 直接控制的指点设备

光笔是早期设备，使用户能够把系绳笔指向屏幕，然后按笔上的按键来指向屏幕上的对象或在屏幕上画图。光笔易损坏,所以正迅速地被触摸屏取代。触摸屏允许用户通过用手指触摸来直接与屏幕上的材料交互。

触摸屏的健壮性使其适用于公用信息亭和移动应用。触摸屏通常集成到面向新用户的应用之中。在这些应用中,触摸是主要的界面机制。公共访问系统的设计人员之所以重视触摸屏,是因为它没有可动部件,并且在高使用环境中的耐用性好。

早期的触摸屏实现有指点不精确的问题,因为软件立即接受触摸,拒绝给予用户验证被选择的点是否正确的机会。这些早期的设计基于红外射线束格栅的物理压力、冲击或中断。高精度设计戏剧性地改进了触摸屏。电阻式、电容式或声表面波的硬件通常提供多达 1 600×1 600 像素的分辨率,使用户能够指向单个像素,用户触摸表面,然后看到能拖动来调整其位置的光标,当他们感到满意时,会抬起手指离开屏幕以使其激活。高精度触摸屏的可用性使很多触摸屏应用成为可能,如在银行、医疗或军用系统中。触摸屏已经改变了移动应用,而多点触控屏已经变得可用。使用平板电脑和移动设备时,指向 LCD 表面上的点是自然的,这些设备能够用手臂托住、拿在手里、放在办公桌上或放在膝盖上。

输入笔是一种有吸引力的设备,因为用户熟悉它并且用起来很舒服,用户能够把输入笔的笔尖引导到期望的位置,同时注视着整个上下文。然而,这些优点必须针对拾起和放下输入笔的需要而予以平衡。大多数输入笔界面(又称"基于笔的界面")都是基于触摸屏技术,用户能够使用输入笔进行更自然的手写和增加移动控制,但也能使用手指进行快速选择。与普通触摸屏一样,当用户同时触摸两个或更多位置时,输入笔界面将行为失常。为避免这个问题,具有大型可触摸表面的设备(如平板电脑)可能要求使用能够被触敏表面识别的主动笔。然而,采用这种方法时,用户必定会担心错放或丢失输入笔。

早期的 iPhone 等流行的移动设备为设计良好、只有触控的服务,如通信录、日程表、地图或影集,创造了庞大的市场。随着设计人员努力为这个不断壮大的市场创造新的、有吸引力的界面,基于手势和手写体识别的新选择方法正在与下拉菜单和直接操纵策略竞争。

3. 间接控制的指点设备

间接指点设备消除了手疲劳和手遮挡屏幕的问题,但要求用手来确定设备位置,并且需要更多的认知处理和手/眼协调,从而把屏幕上的光标带到期望的目标。

鼠标之所以有吸引力,是因为其成本低且使用广泛。手放在舒服的位置上,鼠标键会容易按。长距离移动可通过移动前臂迅速完成,通过手指的微小移动可精确地完成定位。然而,用户必须抓住鼠标来开始工作,桌面空间被占用,鼠标线也很累赘。其他问题是,拾起和更换动作对于长距离移动是必需的,发展技能需要经过一定的练习(通常需要 5～50 min,但有时老年人和残疾用户需要的时间会多得多)。鼠标技术(物理的、光学的或声学的)、按键数、传感器的位置、质量和尺寸方面的多样性表明,设计人员和用户还需要选定一种喜好的设计。个人喜好和要完成的任务的多样性为激烈的竞争留出了空间。鼠标可能是简单的或可能加上滚轮和附加按键,以便滚动或使 Web 浏览更便捷(图 12.5)。这些附加的鼠标特性有时能被编程以执行专用应用软件的普通任务,如调节显微镜的焦距和转换其放大倍率。

图 12.5　苹果无线鼠标和微软的无线银光鼠标

轨迹球有时描述为倒置的鼠标,通常实现为一个旋转球体,直径为 1～15 cm,在移动它时,就移动屏幕上的光标(图 12.6)。轨迹球是耐磨的,能牢固地安装在办公桌上,以允许用户有力地击球并使其旋转。轨迹球已嵌入到空中交通管制或博物馆信息系统的控制面板中,通常用于视频游戏控制器中。

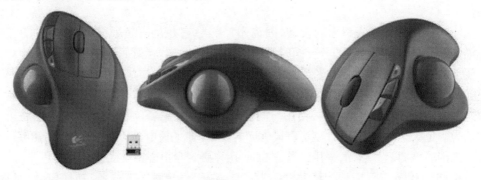

图 12.6　轨迹球

操纵杆起源自飞机的控制设备和早期的计算机游戏,它有数十个版本,其杆长和粗细、位移力和距离、基座的锚固策略和相对于键盘及屏幕的位置均不同。操纵杆用于跟随或引导屏幕对象是十分有吸引力的,其部分原因是移动光标所需的位移相对小、易于改变方向,以及有机会将操纵杆与附加按键、滚轮和扳机结合起来(图 12.7)。

图 12.7　游戏操纵杆

方向键起源于游戏操作台,包括排成十字形的四个方向的箭头和中心的触发按钮,Wii 遥控器就是一个例子(图 12.8)。该系统也在移动设备中使用,用于菜单中的导航。

　　指点杆是一个小的等长摇杆,嵌入在键盘中的字母 G 和 H 之间,对压力敏感且不移动。它有橡胶顶盖,以利于手指接触后经过适当的练习,就能快速准确地使用它来控制光标。同时,他们的手指仍放在键盘的引导位置上。对于文字处理软件这样需要在键盘和指点设备之间不断切换的应用软件来说,指点杆也是特别有效的。指点杆尺寸小,能够容易地与其他设备(如键盘和鼠标)结合,以使二维滚动更便捷。

图 12.8　Wii 遥控器

　　触摸板(5 cm×8 cm 的可触摸表面)提供触摸屏的方便性和精确度,同时让用户的手远离显示表面。用户能够进行快速移动以完成长距离的遍历,能够在手指抬起前轻轻摇动手指来精确定位。触摸板通常内置在键盘下面,能够在拇指使用的同时使手仍放在打字位置。触摸板没有活动部件且外形轻薄,使得它对便携式计算机很有吸引力。

　　图形输入板是一个与屏幕分离的触敏表面,通常平放在办公桌上或放在用户的膝盖上。这种分离考虑到舒服的手部定位和使用户的手远离屏幕。当用户的手能够长时间属于此设备而不切换到键盘时,图形输入板是有吸引力的。此外,图形输入板允许的表面甚至比屏幕大,以便覆盖用于指示可用选项的印刷字体,从而为新用户提供指南和保留珍贵的屏幕空间。使用图形输入板能够完成的数据输入有限。图形输入板能够通过放置手指、铅笔、游标或输入笔,使用声学、电子或接触位置的传感而被操作。无线笔允许较大的自由度,这一点受到使用绘图程序的艺术家的欣赏(图 12.9)。

图 12.9　绘图板

在这些间接指点设备中,鼠标获得了最大的成功。考虑到其快速、高精度指点能力和舒服的手部位置,不太长的培训期仅是使用的一个小障碍。

4. 指点设备间的比较

早期研究发现,光笔或触摸屏之类的直接指点设备通常是速度最快但准确性最差的设备。数十年的研究一再表明,鼠标在速度和准确性方面均优于替换设备。已发现指点杆要慢于鼠标,这是因为在细微的手指移动期间有颤动,轨迹球和触摸板则介于它们之间。在比较设备时,用户任务是有关系的。例如,在浏览互联网时,用户不断涉及滚动和指点。一项研究表明,有指轮的鼠标并没有改进用户使用标准鼠标的性能。然而,把等长摇杆安装在鼠标上却能提高性能。用于精确指点任务的新准确性测量能够在目标重置或移动可变性之类的指点任务中捕捉移动行为的细微方面,这种测量可能会提供对每种设备的优点和局限性的更好理解。

一般看法是,对于选择对象来说,指点设备要快于光标移动键。在屏幕上仅有几个(2~10个)目标且能够让光标从一个目标跳到下一个目标时,使用光标跳跃键能够比使用指点设备要快。对于距离短且把键入和指点混合在一起的任务来说,光标键也表明要快于和优于鼠标。很多用户从未学习过快捷键(如用Ctrl+Z来撤销),但与使用指点设备相比,使用那些快捷方式来执行菜单选择将会快得多。

有运动障碍的用户通常喜欢操纵杆和轨迹球多过鼠标,因为它们的位置保持固定,占用的空间较小(允许装在轮椅上),并且能被小的残余移动操作。当难以用力时,触敏设备是有用的。例如,对于有运动障碍的用户,设计人员应该尝试检测无意或不受控制的移动和消除轨迹。使用大于被选择的按钮或图标的活动目标区域对于用户缩短选择时间和减少挫折感是有效的。

指点设备对有视力障碍的用户极具挑战性。设计良好、尺寸和形状可调的光标可帮助视力有障碍的用户,对有严重的视力障碍、不得不依赖键盘的用户来说,鼠标之类的间接控制输入设备是完全不实际的,应尽可能提供替代键盘或小键盘的导航选项。在语音合成或发音可用于描述显示、朗读菜单选项和确认选择时,触摸屏界面能够更易于被探索和记忆。例如,在触摸屏投票站中,用户能够使用箭头键来浏览其名字经过耳机被大声读出的候选人列表。触摸屏及其应用如图12.10所示。

总之,在选择指点设备时,个体差异和用户任务是至关重要的。触摸屏和轨迹球在公共访问、车间和实验室应用系统中是持久耐用的。鼠标、轨迹球、指点杆、图形输入板和触摸板对于像素级的指点都是有效的。笔被绘图和手写赏识,而简单的手势能用于指定动作和量化其参数。当用户之间的协同重要时,桌面设备具有吸引力。当目标数量少时,光标跳跃键仍是有吸引力的。对于游戏或专用的导航软件来说,操纵杆是有吸引力的。

图 12.10　触摸屏及其应用

12.2　语音与听觉界面

虽然硬件设计人员已经在语音识别、生成和处理方面取得了引人注目的进步,但是与人们对计算机语音处理能力的愿景相比,还是有着很大的差距。语音交互的实际应用只有在它们满足适合用户的工作速度快、认知负载低、出错率低的要求时才会成功。

与手/眼协调相比,语音处理对有限资源的要求更高,而手/眼协调的操作可以并行进行。另外,背景噪声和用户语音性能的变化使得语音识别的挑战仍旧很大。相反,由于电话的普遍存在和语音芯片的紧凑性,因此语音存储转发和语音生成已经有了令人满意的可预测、低成本和广泛可用的成果,如语音消息、博物馆导游和教学情境等方面。设计者必须处理语音输出的三个障碍:与视觉显示相比时缓慢的语音输出速度、语音的短暂性和浏览/搜索的困难。

(1)语音系统的应用时机。

语音系统的应用时机包括用户有视觉障碍时、说话者的手忙时、需要移动性时、说话者的眼睛被占用时、恶劣的或狭窄的条件妨碍使用键盘时。

(2)语音系统的技术。

语音系统的技术包括语音存储转发、离散词语识别、连续语音识别、语音信息系统、语音生成。

(3)语音识别的障碍。

语音识别的障碍包括与指点相比,增加了认知负荷,来自噪声环境的干扰,对变化的用户、环境和时间的不稳定识别。

(4)语音输出的障碍。

语音输出的障碍包括与视觉显示相比时缓慢的语音输出速度、语音的短暂性、浏览/搜索的困难。

对人机交互系统的设计人员来说,语音和音频技术至少有五种方面:离散词语识别、连续语音识别、语音信息系统、语音生成和非语音听觉交互。这些部分能够以创造性的方式结合起来,其范围从仅能回放或生成消息的简单系统,一直到接受语音命令、产生语音反馈、提供科学数据的发音,以及允许存储的语音被注释并编辑的复杂交互。

12.2.1 离散词语识别

离散词语识别是指识别特定人所说的单个词,对于 100～10 000 个词或更大的词汇量,其工作的可靠性能够达到 90%～98%。说话者进行相关的训练,在这种训练中重复全部词汇一两遍,由此产生的准确性比与说话者无关的系统要高,但如果取消训练,则会扩大其商业应用的范围。安静的环境、头戴式话筒和精心选择词汇能提高其识别率。

针对残疾用户的应用系统可以使瘫痪的、卧床不起的人扩大他们生活的能力,使他们能够控制轮椅、操作设备或使用个人计算机来完成各种各样的任务。同样,针对老年人或者认知控制上有问题的人的应用系统可能允许他们获得更大程度的独立性、恢复失去的技能并重新获得对其能力的信心。

近年来,基于电话的信息服务得到了很大的应用,可提供天气、体育、股票市场和电影等信息。电话公司提供语音拨号服务,甚至是在手机上允许用户仅说"打给×××"就可以接通相应联系人。然而,家庭中培训用户困难、用户不愿使用语音命令和不可靠的识别也明显减慢了人们接受它的速度,甚至在不用手的操作有较大优势的汽车里也是这样。

这种现象可以解释与图形用户界面相比,语音界面接受速度较慢的原因;与用鼠标从菜单中选择动作相比,听说命令的困难更大。这种现象被 IBM 听写软件包的产品评估人员记录,他们写道:"对很多人来说,思考与语言的联系非常紧密。在使用键盘时,用户能够继续想着单词而手指却输出较早的版本。在听写时,用户可能在输出他们最初的想法和详细说明它之间受到更多的干扰。"

语音识别的成功故事发生在玩具领域,玩具娃娃和小机器人可能对用户讲话并响应人的语音命令。廉价的语音芯片、小巧的话筒和扬声器使设计人员能够在大量产品中添加有趣的系统。偶尔的语音识别错误经常增加这类玩具的乐趣和魅力并给游戏带来挑战性。

当前的研究项目专注于提高在困难条件下的识别率、消除对与讲话者有关训练的需要,并把处理的词汇量增加到 1 万个或以上的单词。用于移动设备的、基于语音的文本输入也正在改进,但与使用小键盘相比,使用语音的文本输入率仍然较低,方言和噪声环境仍然是面临的严重问题。

离散词语的语音识别在专门的应用系统中工作良好,但没有起到通用交互媒介的作用。键盘、功能键和具有直接操纵的指点设备通常速度较快,能使动作或命令可见以使其容易编辑。而且,语音输入的错误处理和适当反馈既难又慢。然而,语音与直接操纵的结合可能是有用的。

12.2.2　连续语音识别

很多研究项目追求连续语音识别,普遍希望商业上成功的产品能在互联网的鼎盛时期得到广泛的应用。但是,语音听写产品的出错率和错误的修复还是严重的问题。此外,与打字写作相比,识别干扰对计划和句子构造造成的认知差错通常会降低文档的质量。

软件设计人员的主要困难是识别口语单词之间的界限,因为正常的口语模式使界限模糊不清。其他问题有不同的口音、易变的说话速度、破坏性的背景噪声和变化的情绪语调等。当然,最困难的问题是与人们易于用来预测单词和消除单词歧义的语义解释及上下文理解的匹配。

为处理上述问题中的一些问题,IBM 的 ViaVoice 语音听写系统要求用户朗读标准的文字片段,通过 15～30 min 的“培训”,有效地提高系统听写识别率。为医疗工作者、律师和某些专门领域而开发的系统已经获得了一些商业上的成功。

连续语音识别系统使用户能够通过口述写信和口头撰写报告,进行自动辨识。评论、改正和修改通常用键盘和显示器完成。用户需要进行口述练习,在准备标准报告时用语音输入似乎做得最好。创造性地写作和有思想性的文章需要充分利用人类工作记忆认知资源,这些任务用键盘输入通常做得更好。然而,作家能够通过练习来提高他们的口述技能,开发人员可能改进系统的准确性、错误改正策略和语音编辑方法。连续语音识别系统也使得从广播或电视节目、诉讼程序、演讲或电话呼叫中自动浏览和检索特定的单词或主题成为可能,甚至能生成音频对话的摘要。这些应用系统即使在有错时也是极其成功和有益的。电视节目中字幕文本的生成也有经济上的优势,虽然错误会令人不愉快,但对大多数电视观众来说是可接受的。

12.2.3　语音信息系统

由人的声音作为信息源和通信基础所具有的吸引力是强烈的。存储的语音通常用于提供关于旅游胜地、政府服务及电话应答的信息。这些语音信息系统通常称为交互式语音响应,如果使用适当的开发方法和度量标准,就能以低成本提供良好的客户服务。语音提示指导用户,以便使他们能通过按键来检查航空公司航班起飞/到达时间、订购电影票等。当用户知道他们所寻找东西的名字,如城市、人或股票的名字时,使用语音识别来快捷通过菜单树可能是成功的。然而,当菜单结构变得复杂或当冗长的语音信息段包含不相关的信息时,用户就变得沮丧了。缓慢的语音输出速度、语音的短暂性和扫描/搜索的困难仍是巨大的挑战,但语音信息系统之所以被广泛使用,在于它们使得那些采用别的方式都过于昂贵时的服务成为可能。

语音信息技术也用于流行的个人语音邮件系统中,这些基于电话的语音系统能够使用通过小键盘输入的用户命令来存储和转发口信。用户能够接收消息、重放消息、回复呼叫者、向其他用户转发消息、删除消息或把消息存档。自动消除无声段和提高重放速度,连同移动频率以维持最初的频率范围,能够将收听时间减半。语音邮件技术工作可靠、成本低廉,通常受到用户的喜爱。出现问题的主要原因是使用 12 键的电话键盘输入命令的笨拙感、拨键检查信息是否被留下的烦琐感,以及易于把一条消息广播给很多用户而产生过多"垃圾"电话留言等。一些电子邮件开发人员相信,用户命令的语音识别可能使用户获得对其电子邮件消息的、基于电话的访问。然而,设计人员仍在努力寻找引导指令与用户控制之间的适当平衡。

12.2.4 语音生成

语音生成是一项广泛应用于消费产品和电话应用系统的成功技术。使用数字化语音段(又称预录语音)的廉价、简洁、可靠的系统,已经用于汽车导航系统(如右转到路线 M1)、互联网服务(如"你有一个邮件")、公共设施控制室(如"危险温度升高")和儿童游戏等。

当利用算法来生成声音(合成)时,语调可能听起来像机器人,且分散注意力。当来自数字化人类言语的音素、单词和短语能平滑地集成到有意义的句子中时,就能提高声音的质量。然而,一些应用系统可能偏爱计算机似的声音。例如,与人类指示方向的磁带录音相比,飞机场或地铁中使用的机器人似的声音更容易引起注意。

基于 Web 的语音应用系统也被很多开发人员认为很有前途。网页的语音标记标准(VoiceXML、语音应用标记语言或 SALT)和改进的软件能够使数个创新应用成为可能。例如,手机用户能够通过视觉显示和语音生成输出的组合来访问 Web 信息。

当消息简短、处理事件及时和要求立即响应时,语音生成和数字化语音段通常更好。语音在以下情形对用户有优势:用户的视觉通道超载;用户必须能自由走动;环境被照得太亮、太暗,受到剧烈的振动或不适合视觉显示的其他情况。

基于电话的语音信息系统可能把数字化语音段和语音生成混合在一起,以允许提供适当的情形和当前信息呈现。基于小键盘选择和有限语音识别的应用系统包括银行应用系统、电话部和航班时刻表。电话的普遍性使得这些服务有吸引力,但是越来越多的用户偏爱基于 Web 的视觉查询的速度。

总之,语音合成在技术上是可行的。现在,聪明的设计人员必须找到该技术优于预录和数字化的人类语音消息的情形。经由电话的新应用系统,无论是作为显示的补充还是通过嵌入到小型消费产品中,似乎都有吸引力。

12.2.5 非语音听觉界面

除语音外,听觉输出包括个人的音调和通过声音及音乐的组合来表示的更复杂的信息。关于较复杂信息表示的研究通常指发音、可听化或听觉界面。早期的电传打字机包含铃声,以提醒用户有信息传来或纸已用完。后来的计算机系统增加了铃声的范围,以指示警告或承认动作的完成。键盘和移动设备(如数码相机)装有电子生成的声音反馈,它提供令人满意的动作确认。对于有视觉障碍的用户来说,声音是极为重要的。另外,这种声音能够成为分散而不是增加注意力的事物,特别是在有几台机器和几个用户的房间中。音响设计师可能成为新产品开发过程中更定期的参与者,特别是移动和嵌入式设备的开发。

语音听觉中还有被称为声标和耳标的区别。声标是指那些熟悉的声音,如门打开、液体倾泻或球弹起等,有助于增强图形用户界面中的视觉隐喻或玩具的产品概念;而耳标的含义必须加以学习,是创造出来的抽象声音,如引起注意的上升的一组音量或高而尖的声音,对于移动设备或在控制室中是有效的。语音听觉中还包括"卡通化"的声音,这种声音会夸大熟悉的声音或以新方式使用的熟悉声音的方面。游戏设计人员知道,声音能够增加真实性、增加紧张感和以强有力的方式吸引用户。

聪明的设计人员已经发展了多种听觉界面的概念,如提供关于用户动作反馈的滚动条、提供听觉信息的地图或图表和呈现统计信息的表格数据或地图的可听化。除表示静态数据外,声音在强调数据改变和支持呈现的动画改变方面也是有效的。关于听觉方法的研究还在继续,这些方法强调信息可视化中数据的分布或引起人们对模式、异常值和聚类的注意。

针对盲人用户或电话用途的听觉 Web 浏览器已经开发出来,用户能够听文本和链接标签,然后通过按键输入做出选择。听觉文件浏览器得以持续改进:每个文件都可能有频率与其大小相关的声音,然后当目录打开时,每个文件可能同时或顺序地播放。另外,文件可能有与其文件类型相关联的声音,这样用户就能听出它们是电子表格、图表还是其他文件。

更进一步的听觉界面已经提出,在这种界面中,数据以一系列立体的或三维的声音而不是以图像的形式呈现。生成适当的三维"立体声"的技术难题在于收听者的头部信息。为使生成的"立体声"被收听者确实地感知出左–右、上–下、前–后和远–近,必须对收听者的头和耳朵的形状和位置加以测试。

12.3 显 示 设 备

12.3.1 显示器

显示器是从计算机到用户的主要反馈源,它具有很多重要特征,包括物理尺寸(通常是对角线尺寸和深度),分辨率(可用像素数),可用颜色数和颜色的正确性,亮度、对比度和眩光,能耗,刷新率(足以允许动画和视频),价格,可靠性。

是采用大的还是小的显示器是设计中所需要的特殊策略。在数码相机的小液晶显示屏(LCD)上及时查看功能和移动电话的大触摸屏上互动功能都已经是成功的应用案例,而墙面大小的高分辨率显示器也在创造着新的机会。如今,除改进单个输入/输出设备外,对多模态界面还做了一些工作,这种界面把若干输入/输出方式结合起来。研究人员最初相信,同时使用多种方式可以改进性能,但这些方法的应用系统数量还很有限。也存在着同步多模态界面的成功例子,如把语音命令与对于对象应用动作的指点结合起来。然而,更大的回报似乎是给予用户按需在方式之间切换的能力,如允许司机通过触摸动作或语音输入来操作其导航系统。多模态界面的开发将使残疾用户受益,他们可能需要视频字幕、音频转录或图像描述。多模态界面的进步将有助于实现普遍可用性的目标。

另一个活跃的研究方向是情境感知计算。移动设备能够使用来自全球定位系统（GPS）的卫星、手机、无线连接或其他传感器的位置信息，这类信息允许用户接收有关附近的饭店或加油站的信息，使博物馆参观者或游客能够访问关于他们周围环境的详细信息。

按使用特征也能区分显示设备。可移动性、私密性、显著性（需要吸引注意力）、普适性（能够放置和使用显示器的可能性）和同时性（同时使用的用户数）能够用于描述显示器。

12.3.2 显示技术

光栅扫描阴极射线管（CRT）几乎已经消失，取而代之的是液晶显示器（LCD），这种显示器外形轻薄、质量轻且耗电极低。与 LCD 一样，等离子显示器有平板的外形，但消耗的电量更多，甚至从侧面看，也是非常亮且可见的，更适合安装在控制室，或作为公共显示或会议室的显示墙。发光二极管（LED）现在可提供很多颜色并用于大的公共显示中。一些大型广场中的曲面显示器甚至使用 19 000 000 个 LED 来给出股票价格、天气信息或具有明亮图形的滚动新闻，微型 LED 矩阵也用于一些头盔显示屏，制造商正积极地研制使用有机发光二极管（OLED）的新显示器。这些经久耐用的有机显示器是节能的，能安装在软塑料或金属箔上，致使可穿戴或可弯曲的显示器有新的选择。

新产品还使用电子墨水技术来获得像纸一样的分辨率。例如，微型胶囊中带负电荷的黑粒子和带正电荷的白粒子能够有选择地使其可见。因为电子墨水显示器仅当显示内容改变时才使用电源，所以比其他类型的显示器更能延长电池的寿命，非常适用于电子书。电子墨水显示器缓慢的刷新速率只能允许一些动画的放映，但无法支持视频的显示。

微型投影机正在变得可用。这些投影机或许很快就能从移动设备把彩色图像投射到墙上并使得使用这些设备的协同更为实际。可以在鼠标上安装字元显示，小显示器能够安装在键盘的上方。具有多达数千个引脚的、可更新的图像显示器也在开发中。研究者正在处理与不同类型的视觉显示器相关的健康关注，如视觉疲劳、压力和辐照，但不利影响似乎大部分可归因于整个工作而不是视觉显示设备本身。

此外，沉浸式显示器提供参与者完全沉浸的体验。沉没式虚拟现实（Immersive VR）使用户有一种置身于虚拟世界之中的感觉。其明显的特点是，利用头盔显示器把用户的视觉、听觉封闭起来，产生虚拟视觉；利用数据手套把用户的手感通道封闭起来，产生虚拟触动感。系统采用语音识别器，让参与者对系统主机下达操作命令。同时，头、手、眼均有相应的头部跟踪器、手部跟踪器、眼睛视向跟踪器的追踪，使系统达到尽可能的实时性。临境系统是真实环境替代的理想模型，它具有最新交互手段的虚拟环境。常见的沉浸式系统有基于头盔式显示器的系统和投影式虚拟现实系统。

12.3.3 抬头显示器与头盔显示器

个人显示技术包括小的便携式监视器，通常由黑白或彩色 LCD 制作。例如，抬头显示器把信息投射到部分镀银的飞机或汽车的挡风玻璃上,以便飞行员或驾驶员在接收计算机产生的信息的同时能够把注意力集中于周围。

另一选择是虚拟现实或增强现实应用系统中使用的头盔或头戴式显示器(Helmet-or Head-Mounted Display,HMD,图 12.11),这种显示器让用户甚至在转头时也能看到信息。实际上,如果该显示器配备了跟踪传感器,就能为用户提供不同级别的视野、音频性能和分辨率。可穿戴计算机的早期例子关注小的便携式设备,人们能够在移动或完成其他任务时使用这种设备,如喷气发动机修理或库存控制,但当前的技术仍要求硬件在背包里携带或用户待在基础计算机附近。

图 12.11　美国 F-35 战机的 HMDS 头戴式显示器

产生 3D 显示器的尝试包括振动表面、全息图、偏振眼镜、红/蓝眼镜和同步的快门眼镜,给予用户强烈的 3D 立体视觉感。

12.3.4　移动设备显示器

移动设备的使用在个人与商业应用系统中正在变得广泛,在改进医疗、方便在学校学习和提升观光体验方面有巨大的潜力。医疗监护仪能够在病人的生命信号达到临界水平时提醒医生,学生可能使用手持设备来合作收集数据或解决问题,紧急援救人员能够通过使用固定在衣服上的小装置来评估他们在危险环境中的处境,在改进医疗、方便在校学习和提升观光体验方面有巨大的潜力。小型显示设备在家庭中的应用也愈加广泛,通常以手环、手表等装置的形式满足当下的需求。

移动设备的大多数应用程序都是定制设计的,以利用特定平台上的每一个可用像素。设计也利用缩放来生成动画显示。当照度低或用户视力差时,可读性差将是个问题,用户需要有调节字体大小的能力。在小屏幕上的阅读也可能用快速序列视觉呈现来改进,以恒速或适应于内容的速度动态呈现文本。一些应用,如互联网搜索和浏览,在小显示器上仍然是很低效的。把信息从尺寸显示器移植到小显示器有多种方法。直接把数据移植到长且可滚动的显示器中可用于线性阅读,但会使文档内的比较变得困难。使用可视化技术的紧凑概览能提供对全部原始信息的访问。

移动用户经常仅有一只手可用,需要依靠拇指与设备进行交互。支持单手交互的移动界面指南包括目标互相挨着放置以使抓取调整最小化、允许用户把任务配置为左手或右手操作和目标朝向设备的中心放置。移动设备应用程序设计人员面临的另一个挑战是设备的日益多样化,设备可能需要寻找适应多种屏幕尺寸的交互风格和能被多种输入机制激活(QWERTY 键盘连同触摸屏、小键盘或方向键)。

随着移动设备成为信息装置,它们可能有助于消除数字鸿沟这个目标的实现。这些价格低廉的装置比桌面计算机更易于掌握,可能使更广泛的人群受益于信息和通信技术。

12.4　传感器设备及其实践

12.4.1　传感器的定义

国家标准 GB 7665—87 对传感器的定义是"能感受规定的被测量并按照一定的规律转换成可用信号的器件或装置,通常由敏感元件和转换元件组成"。传感器是一种检测装置,能感受到被测量的信息,并能将检测感受到的信息,按一定规律变换成电信号或其他所需形式的信息输出,以满足信息的传输、处理、存储、显示、记录和控制等要求。它是实现自动检测和自动控制的首要环节。

"传感器"在新韦式大词典中定义为:"从一个系统接收功率,通常以另一种形式将功率送到第二个系统中的器件。"

根据这个定义,传感器的作用是将一种能量转换成另一种能量形式,所以不少学者也用"换能器(Transducer)"来称呼"传感器(Sensor)"。

12.4.2　传感器的作用

人们为从外界获取信息,必须借助于感觉器官。而单靠人们自身的感觉器官,在研究自然现象、规律及生产活动中,它们的功能就远远不够了。为适应这种情况,就需要传感器。因此,可以说传感器是人类五官的延长,又称电五官。

随着新技术革命的到来,世界开始进入信息时代。在利用信息的过程中,首先要解决的就是获取准确可靠的信息,而传感器是获取自然和生产领域中信息的主要途径与手段。

在现代工业生产尤其是自动化生产过程中,要用各种传感器来监视和控制生产过程中的各个参数,使设备工作在正常状态或最佳状态,并使产品达到最好的质量。因此,可以说没有众多的优良的传感器,现代化生产也就失去了基础。

在基础学科研究中,传感器更具有突出的地位。现代科学技术的发展进入了许多新领域,如在宏观上要观察上千光年的茫茫宇宙,微观上要观察小到纳米级的粒子世界,纵向上要观察长到数十万年的天体演化、短到瞬间反应。此外,还出现了对深化物质认识、开拓新能源、新材料等具有重要作用的各种极端技术研究,如超高温、超低温、超高压、超高真空、超强磁场、超弱磁场等。显然,要获取大量人类感官无法直接获取的信息,没有相适应的传感器是不可能的。许多基础科学研究的障碍,首先就在于对象信息的获取存在困难,而一些新机理和高灵敏度的检测传感器的出现往往会导致该领域内的突破。一些传感器的发展往往是一些边缘学科开发的先驱。

传感器早已渗透到工业生产、宇宙开发、海洋探测、环境保护、资源调查、医学诊断、生物工程、甚至文物保护等极其广泛的领域。可以毫不夸张地说，从茫茫的太空，到浩瀚的海洋，以至于各种复杂的工程系统，几乎每一个现代化项目，都离不开各种各样的传感器。

由此可见，传感器技术在发展经济、推动社会进步方面的重要作用是十分明显的。世界各国都十分重视这一领域的发展。相信不久的将来，传感器技术将会出现一个飞跃，达到与其重要地位相称的新水平。

12.4.3　传感器原理

根据传感器工作原理，可分为物理传感器和化学传感器两大类。物理传感器应用的是物理效应，如压电效应、磁致伸缩现象，以及离化、极化、热电、光电、磁电等效应。被测信号量的微小变化都将转换成电信号。化学传感器包括那些以化学吸附、电化学反应等现象为因果关系的传感器，被测信号量的微小变化也将转换成电信号。向传感器提供±15 V 电源，激磁电路中的晶体振荡器产生 400 Hz 的方波，经过 TDA2030 功率放大器即产生交流激磁功率电源，通过能源环形变压器 T1 从静止的初级线圈传递至旋转的次级线圈，得到的交流电源通过轴上的整流滤波电路得到±5 V 的直流电源，该电源作为运算放大器 AD822 的工作电源，由基准电源 AD589 与双运放 AD822 组成的高精度稳压电源产生±4.5 V 的精密直流电源，该电源既作为电桥电源，又作为放大器及 V/F 转换器的工作电源。

当弹性轴受扭矩产生微小变形后，应变桥检测得到的毫伏级的应变信号通过仪表放大器 AD620 放大成（1.5±1）V 的强信号，再通过 V/F 转换器 LM131 变换成频率信号，通过信号环形变压器 T2 从旋转的初级线圈传递至静止次级线圈，再经过外壳上的信号处理电路滤波、整形即可得到与弹性轴承受的扭矩成正比的频率信号，该信号为 TTL 电平，既可提供给专用二次仪表或频率计显示，也可直接送计算机处理。由于该旋转变压器动-静环之间只有零点几毫米的间隙，加上传感器轴上部分都密封在金属外壳之内，形成有效的屏蔽，因此具有很强的抗干扰能力。

有些传感器既不能划分为物理类，也不能划分为化学类。大多数传感器是以物理原理为基础运作的。化学传感器技术问题较多，如可靠性问题、规模生产的可能性、价格问题等，解决了这类难题，化学传感器的应用将会有巨大增长。

12.4.4　实践碰撞开关

最典型的接触式测障传感器就是碰撞开关。碰撞开关的工作原理非常简单，完全依靠内部的机械结构来完成电路的导通和中断。当碰撞开关的外部探测臂受到碰撞时，探测臂受力下压，带动碰撞开关内部的簧片拨动，从而电路的导通状态发生改变。

碰撞开关的优点是价格便宜，一般每只零售仅几块钱，使用简单，使用范围广，对环境条件没有什么限制。但碰撞开关也有一个最明显的缺点，就是必须在发生碰撞后才能检测到障碍，这在某些机器人比赛中是相当失分的，在某些实际的应用中实用性也会大大降低，而且使用时间较长后，开关容易发生机械疲劳，无法继续正常工作。

12.4.5 实践距离传感器

以乐聚机器人的 Roban 使用的距离传感器为例,VL53L0X 飞行时间测距传感器是 ST 第二代激光测距模块,采用市场尺寸最小的一种封装。VL53L0X 是完全集成的传感器,配有嵌入式红外、人眼安全激光、先进的滤波器和超高速光子探测阵列。VL53L0X 增强了 STFlight Sense 系列,测量距离更长,速度和精度更高,从而开启了新应用之门。即使在恶劣工作条件下,该传感器也可以直接确定与目标物体之间的距离,最远可达 2 m,不受目标反射率影响。VL53L0X 非常适用于无线和物联网,采用超低功耗系统架构设计。

12.4.6 实践光敏传感器

光敏电阻原理:它是基于半导体光电效应工作的。光敏电阻无极性,纯粹是一个电阻元件。使用时可以加直流电压,也可以加交流电压。

光敏电阻的工作原理:光照时,电阻很小;无光照时,电阻很大。光照越强,电阻越小;光照停止,电阻又恢复原值。

光谱范围:从紫外线区到红外线区。

优点:灵敏度高,体积小,性能稳定,价格较低。

光敏电阻的性能参数:光敏电阻不受光照时的电阻称为暗电阻,此时流过的电流称为暗电流;在受到光照时的电阻称为亮电阻,此时流过的电流称为亮电流。暗电阻越大越好,亮电阻越小越好。实际应用时,暗电阻大约在兆欧级,亮电阻大约在几千欧以下。

光敏电阻的伏安特性如图 12.12 所示。

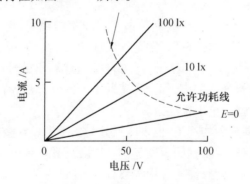

图 12.12 光敏电阻的伏安特性

所加电压 U 越高,光电流 I 也越大,而且无饱和现象。在给定的光照下,U–I 曲线是一条直线,说明电阻值与外加电压无关。在给定的电压下,光电流的数值将随光照的增强而增加。

光电流 I 与光通量 F 的关系曲线称为光照特性。不同的光敏电阻的光照特性是不同的。但在大多数情况下,曲线的形状类似。

光照特性的缺点是非线性,不适宜做成线性的敏感器件,只能做开关量的光电传感器。

实践目标:通过结合机器人的运动能力、光敏传感器及机器人的语音能力,设计一个控制机器人对指定区域进行巡逻同时检测周围环境的亮度的案例,根据人眼舒适的亮度范围,使用语音提醒用户是否需要开灯。

12.4.7　实践 IMU 传感器

惯性传感器(IMU)能够测量传感器本体的角速度和加速度,被认为与相机传感器具有明显的互补性,而且十分有潜力在融合之后得到更完善的 SLAM 系统。

IMU 虽然可以测得角速度和加速度,但这些数据存在明显的漂移,使得二次积分得到的位姿数据十分不准确。例如,将 IMU 放在桌子上不动,用它的读数积分得到的位置也会有很大误差。但是,对于短时间内的快速移动来说,IMU 能够提供一些较好的估计,这正是相机的优点。

以乐聚机器人的 Roban 机器人使用的 MPU6050 为例。MPU6050 是 InvenSense 公司推出的整合性六轴运动处理组件,其内部整合了三轴陀螺仪和三轴加速度传感器,并且含有一个 IIC 接口,可用于连接外部磁力传感器,并利用自带的数字运动处理器(Digital Motion Processor,DMP)硬件加速引擎,通过主 IIC 接口向应用端输出完整的九轴融合演算数据。

实践目标:根据 IMU 的数据检测机器人的姿态,当机器摔倒并且尝试站立失败时使用机器人的语音提示用户机器人需要帮助。

12.5　图像输入设备及其实践

12.5.1　图像输入设备

图像输入是人与计算机交互的另外一个重要组成部分。利用扫描仪可以快速地进行图像输入,且经过对图像的分析与识别,可以得到文字、图形等内容。而摄像头则是捕捉动态场景最常用的工具。

1. 扫描仪

扫描仪作为光电、机械一体化的高科技产品,自问世以来凭借其独特的数字化图像采集能力、低廉的价格及优良的性能,得到了迅速的发展和广泛的应用,目前已成为计算机不可缺少的图文输入工具之一,被广泛地应用于图形和图像处理的各个领域。

扫描仪的简单工作原理就是利用光电元件将检测到的光信号转换成电信号,再将电信号通过模拟/数字转换器转化为数字信号传输到计算机中,其核心是完成光电转换的电荷耦合器件(Charge Coupled Device,CCD)。扫描仪对图像画面进行扫描时,光源将光线照射到待扫描的图像原稿上,产生反射光或透射光,然后经反光镜组反射到线性 CCD 中。CCD 图像传感器根据反射光线强弱的不同转换成不同大小的电流,经模拟/数字转换处理,将电信号转换成数字信号,产生一行图像数据。同时,在控制电路的控制下,步进电机旋转带动驱动皮带,从而驱动光学系统和CCD扫描装置在传动导轨上与待扫原稿做相对平行移动,将待扫图像原稿逐条线扫入,最终完成全部原稿图像的扫描(图12.13)。对于彩色图像,扫描仪在扫描时,首先生成分别对应于红(R)、绿(G)、蓝(B)三基色的三幅图像,然后将这三幅图像合成。

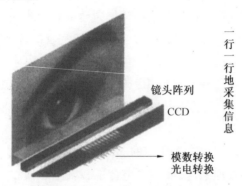

图12.13 扫描仪扫描过程简图

扫描仪的性能指标有很多,主要包括分辨率、扫描速度等。扫描速度决定了扫描仪的工作效率。一般来说,以300 dpi的分辨率扫描一幅A4幅面的黑白图像,所需时间少于10 s,相同情况下扫描灰度图约需10 s左右,而如果使用三次扫描成像的彩色扫描仪,则需2~3 min。

扫描仪的分辨率决定了最高扫描精度,受光学部分、硬件部分和软件部分三方面因素的共同影响。一般来说,扫描仪的分辨率等于其光学部件的分辨率加上其自身通过硬件及软件进行处理分析所得到的分辨率。例如,分辨率为1 200 dpi的扫描仪,往往其光学部分的分辨率只占400~600 dpi。扩充部分的分辨率由硬件和软件联合生成,这个过程是通过计算机对图像进行分析,对空白部分进行插值处理所产生的。dpi是指用扫描仪输入图像时,在每英寸上得到的像素点个数。在扫描图像时,扫描分辨率设得越高,生成的图像的效果就越精细,生成的图像文件也就越大。

目前大部分的扫描仪都属于平板式扫描仪,主要由上盖、原稿台、光学成像部分、光电转换部分和机械传动部分组成(图12.14)。平板式的好处在于与使用复印机一样,只要把扫描仪的上盖打开,无论是书本、报纸、杂志,还是照片底片,都可以放上去扫描,操作方便,而且扫描效果也是所有常见类型扫描仪中最好的。这类扫描仪光学分辨率为300~8 000 dpi,色彩位数为24~48位,最大扫描幅面一般为A4或A3。除平板式扫描仪外,常见的还有手持式扫描仪和滚筒式扫描仪两大类。手持式扫描仪与平板扫描仪都是把需要扫描的材料静止放置,通过扫描光源的移动来完成扫描,其不同之处在于前者是通过人工移动扫描仪(光源)来进行扫描的。手持式扫描仪价格较低,小巧方便,在条形码的识别、车站检票、商品登记等方面有着广泛的应用。滚筒式扫描仪在扫描的过程中保持扫描光源静止不动,通过卷动扫描材料完成扫描。

图 12.14　平板式扫描仪结构

2. 数码摄像头

摄像头作为一种视频输入设备由来已久,被广泛应用在视频会议、远程医疗及实时控制方面。与传统的摄像头相比,数码摄像头出现得较晚,直到 Windows 98 出现之后,才真正发展并普及起来。与其他常用的计算机输入设备相比,它的历史可能是最短的,但其目前的应用领域已经相当广泛。

数码摄像头可以直接捕捉影像,然后通过计算机的串门或者 USB 接口传送到计算机内部。与数码相机或数码摄像机相比,数码摄像头没有存储装置和其他附加控制装置,只有一个感光部件、简单的镜头和不太复杂的数据传输线路,这就决定了它的一个最大优势是造价低廉几百元的价格,不过是数码相机的几分之一到几十分之一,却可以完成数码相机、甚至数码摄影机的功能,这为它的普及和更广泛的应用奠定了基础。

对于数码摄像头而言,感光元器件的类型、像素数、解析度、视频速度及镜头的优劣是衡量数码相机的关键因素。

目前,摄像头使用的镜头大多为 CCD 和附加金属氧化物半导体组件(Complementary Metal-Oxide Semiconductor, CMOS)两种。在相同像素下,CCD 的成像往往通透性、明锐度都很好,色彩还原、曝光可以保证基本准确,CCD 应用在摄像、图像扫描等对于图像质量要求较高的应用中,而 CMOS 则大多应用在一些低端视频应用中,但通过采用影像光源自动增益技术,色饱和度、对比度、边缘增强,以及伽马矫正等先进的影像控制技术,目前 CCI 和 CMOS 实际效果的差距已经减小了许多,而 CMOS 的制造成本和功耗都要低于 CCD,所以很多摄像头采用的都是 CMOS 镜头。像素数是影响图像质量的重要指标,也是判断摄像头性能优劣的重要条件。早期产品以 10 万像素的居多,目前则以 35 万像素为主流。

解析度是数码摄像头比较重要的技术指标,有照相解析度和视频解析度之分。在实际应用中,一般是照相解析度高于视频解析度。现在的流行产品一般都有多种规格可选,如 640×480、352×288、320×240、176×144、160×120 等。一般产品的最高解析度可以达到 640×480,通过软件插件放大,部分产品的解析度最高可达到 704×576,使图像、影像表现出丰富的细节和极佳效果。

视频解析度和视频速度是直接相关的,基本成反比关系,如采用 640×480 规格时可以实现 12.5 帧/s(Frames Per Second,FPS),视频会出现较严重的跳跃感,采用 352×288 规格时则可达到 30 FPS,获取真正流畅的视频。

对于数码摄像头来说,镜头的优劣直接关系到摄像头性能,而考查镜头性能的重要条件是它的调焦范围及灵敏性等因素。例如,灵敏度差的摄像头在通过激活应用软件启动摄像头后,界面的预视框中会是非常模糊不清的画面,必须经过一定的环境适应时间,甚至要人为地调节环境光源,才能看到清晰的画面。

图 12.15 所示的摄像头(创新 Video Blaster Web Cam)可以用 16.7 兆颜色进行实时视频捕捉,分辨率为 352×288 时速度最快达 30 FPS,分辨率为 640×480 时可达 15 FPS,支持 160×120、176×144、320×240、352×288 和 640×480 分辨率的静态图像捕捉,镜头免调焦距。另外,配置的基本管理程序,用户可以非常方便地调整计算机设置,拍摄快照及视频画面,并可以将静态影像和动态视频画面分类放入相册中。

图 12.15　Video Blaster Web Cam 及其控制界面

12.5.2　实践表情识别

人类面部包含大量信息,人的情绪、愿望、气质等都可以通过面部表现出来,识别一个人的最直接和方便的方法就是通过面部进行辨认,面部表情是人体语言的一部分。人的面部表情不是孤立的,它与情绪存在着千丝万缕的联系。人的各种情绪变化及对冷热的感觉都是非常复杂的高级神经活动,如何感知、记录、识别这些变化过程是表情识别的关键。目前为止,国际上关于表情分析与识别的研究工作可以分为基于心理学的识别和基于计算机的识别两类。计算机面部表情的识别通常要分为三个步骤进行,即表情的跟踪、表情的编码和表情的识别。

1. 表情的跟踪

为识别表情,首先要将表情信息从外界摄取出来。正如人在交流的过程中通过视觉获取对方的表情信息一样,计算机也要以某种方式获取这一信息。

2. 表情的编码

要使计算机能识别表情,就要将表情信息以计算机所能理解的形式表示出来,即对面部表情进行编码。基于面部运动确定表情的思想,Ekman 和 Friesen 于 1978 年提出了一个描述所有视觉上可区分的面部运动的系统,称为面部动作编码系统(Facial Action Coding System,FACS),它是基于对所有引起面部动作的脸的"动作单元"的枚举编制而成的。

3. 表情的识别

面部表情的识别可以通过对 FACS 中的预定义的面部运动的分类进行,而不是独立地确定每一个点。

实践目标:结合训练好的机器学习模型、机器人的图像捕捉能力及机器人的语音识别能力,设计一个机器人表情识别的人机交互案例。机器人根据用户的喜怒哀乐的表情,给用户不同的动作和对话反馈,来帮助用户调节情绪。

12.5.3　实践水果识别

图像分类根据图像的语义信息对不同类别图像进行区分,是计算机视觉中重要的基础问题,是物体检测、图像分割、物体跟踪、行为分析、人脸识别等其他高层视觉任务的基础,在许多领域都有着广泛的应用,如安防领域的人脸识别和智能视频分析、交通领域的交通场景识别、互联网领域基于内容的图像检索和相册自动归类、医学领域的图像识别等。

在深度学习时代,图像分类的准确率大幅度提升,在图像分类任务中介绍了如何在经典的数据集 ImageNet 上训练常用的模型,包括 AlexNet、VGG、GoogLeNet、ResNet、Inception-v4、MobileNet、DPN(DualPathNetwork)、SE-ResNeXt 模型,也开源了训练的模型方便用户下载使用,同时提供了能够将 Caffe 模型转换为 PaddlePaddleFluid 模型配置和参数文件的工具。

目标检测任务的目标是给定一张图像或一个视频帧,让计算机找出其中所有目标的位置,并给出每个目标的具体类别。对于人类来说,目标检测是一个非常简单的任务。然而,计算机能够"看到"的是图像被编码之后的数字,很难理解图像或视频帧中出现了人或是物体这样的高层语义概念,也就更加难以定位目标出现在图像中哪个区域。同时,由于目标会出现在图像或视频帧中的任何位置,目标的形态千变万化,图像或视频帧的背景千差万别,因此诸多因素都使得目标检测对计算机来说是一个具有挑战性的问题。

实践目标:结合训练好的机器学习模型、机器人的图像捕捉能力及机器人的语音识别能力,设计一个可以识别出水果图像并能够说出水果名称的机器人交互案例。拓展:结合知识图谱的能力,机器人在识别了水果种类之后可以给用户介绍对应水果的特点、营养价值等。

12.5.4　实践人脸追踪

人脸检测技术算得上是计算机视觉的基础级的技术之一。甚至在前深度学习时代,该技术就已经得到了很高程度的发展。在深度学习时代,人脸识别一般是利用卷积神经网络进行监督式学习,也就是通过让算法(神经网络)自己去发现规律的方式,创造出有用的卷积核(一种矩阵),然后利用其寻找图片和视频中的人脸。而在这之前,人们需要的则是自己去设计算法,寻找人脸。不过,后来人们发明了一种近似于深度学习思路的人脸寻找算法,即 haar 算法。这个算法简单来说就是计算一个区域内不同像素之间的灰度差别,判断是不是人脸。其原理就是一种有规律的图像,如一个物体,无论光线明亮与否,其不同区域之间的像素差总是有一定规律的。凭借这种特殊的思路,科学家们第一次创造出了一种极其有效的人脸识别算法,而且其运算性能要求很低,甚至在树莓派 1、2 这种计算性能极其低的硬件设备上都能够快速运行。

OpenCV 内部集成了人脸检测算法,并且提供了训练好的人脸检测 haar 模型,使用 yml 格式保存,只需要简单地调用其中的类库,就可以对照片或者视频进行人脸检测。下面利用 OpenCV 中的摄像头调用和图片处理模块和人脸检测模块共同创建一个能够实时从摄像头中检测人脸数据,并将有关数据切割保存下来的程序。有了它,就可以创建一个带标签的人脸数据库,然后用于人脸识别。

机器人的头部由两个舵机组成,可以实现两个自由度的控制。以 Roban 机器人为例,乐聚提供了一个控制机器人头部的示例代码。

实践目标:结合训练好的机器学习模型、机器人的图像捕捉能力及机器人的运动能力,实现一个在和用户对话的过程中,机器人始终面对用户的案例,体现出机器人对比其他设备在人机交互方面人性化的优点。

12.5.5　实践机器人踢球

HSL 和 HSV 都是一种将 RGB 色彩模型中的点在圆柱坐标系中的表示法。这两种表示法试图做到比基于笛卡儿坐标系的几何结构 RGB 更加直观。

HSL 即色相、饱和度、亮度(Hue,Saturation,Lightness),HSV 即色相、饱和度、明度(Hue,Saturation,Value),又称 HSB,B 即英语 Brightness。

色相(H)是色彩的基本属性,即平常所说的颜色名称,如红色、黄色等。饱和度(S)是色彩的纯度,饱和度越高,色彩越纯,饱和度低则逐渐变灰,取 0% ~ 100% 的数值。明度(V)、亮度(L)取 0% ~ 100%。HSL 和 HSV 都把颜色描述在圆柱坐标系内的点,这个圆柱的中心轴取值为自底部的黑色到顶部的白色,而在它们中间的是灰色,绕这个轴的角度对应于"色相",到这个轴的距离对应于"饱和度",而沿着这个轴的高度对应于"亮度""色调"或"明度"。这两种表示在目的上类似,但在方法上有区别。二者在数学上都是圆柱,但 HSV(色相、饱和度、明度)在概念上可以被认为是颜色的倒圆锥体(黑点在下顶点,白色在上底面圆心),HSL 在概念上表示了一个双圆锥体和圆球体(白色在上顶点,黑色在下顶点,最大横切面的圆心是半程灰色)。注意,尽管在 HSL 和 HSV 中"色相"指称相同的性质,但它们的"饱和度"的定义是明显不同的。

HSL 和 HSV 是设备依赖的 RGB 的简单变换,(h,s,l)或(h,s,v)三元组定义的颜色依赖于所使用的特定红色、绿色和蓝色"加法原色",每个独特的 RGB 设备都伴随着一个独特的 HSL 和 HSV 空间。但是,(h,s,l)或(h,s,v)三元组在被约束于特定 RGB 空间如

sRGB 时就更明确了。

HSV 模型在 1978 年由埃尔维·雷·史密斯创立,它是三原色光模式的一种非线性变换。如果说 RGB 加色法是三维直角坐标系,那么 HSV 模型就是球面坐标系。

1. 用途

HSV 模型通常用于计算机图形应用中。在用户必须选择一个颜色应用于特定图形元素各种应用环境中时,经常使用 HSV。其中,色相表示为圆环,可以使用一个独立的三角形来表示饱和度和明度。这个三角形的垂直轴表示饱和度,而水平轴表示明度。在这种方式下,选择颜色可以首先在圆环中选择色相,再从三角形中选择想要的饱和度和明度。

HSV 模型的另一种可视方法是圆锥体。在这种表示中,色相表示为绕圆锥中心轴的角度,饱和度表示为从圆锥的横截面的圆心到这个点的距离,明度表示为从圆锥的横截面的圆心到顶点的距离。某些表示使用了六棱锥体,这种方法更适合在一个单一物体中展示这个 HSV 色彩空间。但是由于它的三维本质,因此不适合在二维计算机界面中选择颜色。

HSV 色彩空间还可以表示为类似于上述圆锥体的圆柱体,色相沿着圆柱体的外圆周变化,饱和度沿着距横截面的圆心的距离变化,明度沿着横截面到底面和顶面的距离变化。这种表示可能被认为是 HSV 色彩空间的更精确的数学模型,但是在实际中,可区分出的饱和度和色相的级别数目随着明度接近黑色而减少。此外,计算机典型的用有限精度范围来存储 RGB 值,这约束了精度,再加上人类颜色感知的限制,圆锥体表示在多数情况下更实用。

2. 坐标系的介绍

笛卡儿坐标系又称直角坐标系,是最常用到的一种坐标系,是法国数学家勒内·笛卡儿在 1637 年发表的《方法论》附录中提到的。在平面上,选定二条互相垂直的线为坐标轴,任一点距坐标轴的距离为另一轴的坐标,这就是二维的笛卡儿坐标系,一般会选一条指向右方水平线为 x 轴,再选一条指向上方的垂直线为 y 轴,这两个坐标轴设定方式称为"右手坐标系"。

若在三维系统中选定三条互相垂直的平面,任一点距平面的距离为坐标,二平面的交线为坐标轴,即可产生三维的笛卡儿坐标系。一般会选择 x 轴及 y 轴是水平的,z 轴垂直往上,且三轴维持右手定则,若先伸出右手,将手掌朝向自己,让拇指与食指成"L"形,大拇指向右,食指向上,中指与食指成直角关系,则中指、拇指与食指分别代表右手坐标系的 x 轴、y 轴与 z 轴的正方向(图 12.16)。此概念可以延伸到在 n 维的欧几里得空间中建立 n 维的笛卡儿坐标系。

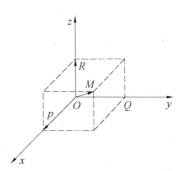

图 12.16　三维空间的笛卡儿坐标系

以笛卡儿平面坐标系为基准,右上为第一象限,左上为第二象限,左下为第三象限,右下为第四象限。第一象限的 x 坐标和 y 坐标均为正值;第二象限的 x 坐标为负值,y 坐标为正值;第三象限的 x 坐标和 y 坐标均为负值;第四象限的 x 坐标为正值,y 坐标为负值。而平面坐标分为六大部分,除四个象限外,还有 x 轴与 y 轴。在笛卡儿空间坐标系中,也可以按 xy 平面、xz 平面及 yz 平面将不含上述平面空间分为八份,称为卦限,但一般只定义坐标均大于零的为第一卦限。坐标中的各轴线不属于象限或卦限。

实践目标:结合 OpenCV 的颜色识别和分割功能、机器人的图像捕捉及机器人的运动能力,设计一个机器人搜索地面的红色小球并控制机器人踢球的案例,探索机器人在未来识别物体和使用自身的肢体和物体交互的使用场景。

12.5.6 实践手势识别

密码学领域的随机性一般分为以下三类。

1. 统计学伪随机性

随机比特序列符合在统计学的随机的定义。符合该定义的比特序列的特点是,序列中"1"的数量约等于"0"的数量。同理,"10""01""00""11"四者数量大致相等。符合该类别的随机数生成方法的例子是线性同余伪随机数生成器。

2. 密码学安全伪随机性

除满足统计学伪随机性外,还需满足"不能通过给定的随机序列的一部分而以显著大于 $\frac{1}{2}$ 的概率在多项式时间内演算出比特序列的任何其他部分"。符合该类别的密码学安全伪随机数生成器的例子有 Trivium(算法)中的 CSPRNG 部分,SHA-2 家族函数和计数器亦可被绑定以构建类似强度的 CSPRNG。

3. 真随机性

除满足以上两点外,还需要具备"不可重现性"。换言之,不能通过给定同样的数据而多次演算出同一串比特序列。由于计算机算法均具备确定的特性,因此真随机数无法由算法来生成。真随机数的例子有放射性物质在某一时间点的衰变速度、某一地区的本底辐射值、正确使用设计良好的骰子所获得的输出等。

实践目标:结合训练好的手势识别模型、机器人的图像捕捉及机器人的语音识别能力,设计一个机器人与用户玩剪刀石头布的游戏的交互案例,体现机器人人性化的特点。

12.5.7 实践灭火实验

同时定位与地图构建(Simultaneous Localization and Mapping, SLAM)是一种概念,希望机器人从未知环境的未知地点出发,在运动过程中通过重复观测到的地图特征(如墙角、柱子等)定位自身位置和姿态,再根据自身位置增量式地构建地图,从而达到同时定位与地图构建的目的。

在机器人技术社区中,SLAM 的地图构建通常是指建立与环境几何一致的地图。而一般算法中建立的拓扑地图只反映了环境中的各点连接关系,并不能构建几何一致的地图。因此,这些拓扑算法不能被用于 SLAM。

在实用中,SLAM通常要被剪裁至适应可获得的资源,于是可以看出它的目标不是完美,而是操作实用性强。已经发布的SLAM方法已被应用于无人机、无人潜艇、行星探测车、最近大热的家政机器人甚至人体内部。

学界大致都认为,SLAM问题的"正在得到解决"是过去十年间机器人研究领域的最重大成果之一。该领域中仍有许多有待解决的难题,如图像匹配和计算复杂度等方面的相关问题。

基于SLAM文献的最新研究进展中,有一条值得注意,就是对SLAM的概率论基础进行重新估测。这个充满了冒险家特质的方法大意如下:通过引入随机有限集的、多目标的贝叶斯滤波器,基于特征的SLAM算法可以获得卓越的性能,以此跳过对图像匹配的依赖。但作为代价,测量中的假警报率和漏检率都会被提升。其中,算法是基于概率假设密度滤波的方法来改进的。

以上结果对地图构建的贡献可以在"2D建模并分别表示"或"3D建模并在2D上投影表示"中工作得一样出色。作为建模的一部分,机器人本身的运动学特征也要被考虑进去,用以提高在固有背景噪声下的传感精度。构建的动态模型需平衡不同传感器、不同局部误差模型给出来的贡献值,并最终包含一个基于地图本身的锐利的可视化描述,包括机器人的位置和方向等云概率信息。

实践目标:结合机器人的SLAM能力、机器人的图像捕捉能力及机器人的运动能力,设计一个机器人巡逻的交互案例,控制机器人在限定的环境内进行巡逻。在巡逻的过程中,如果机器人识别到火情(考虑到安全,火情可以用一张图片来代替),则通过语音通知用户。

12.5.8 实践摔倒检测

飞桨深度学习框架基于编程一致的深度学习计算抽象及对应的前后端设计,拥有易学易用的前端编程界面和统一高效的内部核心架构,目前已经更新到2.0版本,支持静态图和动态图编程,且接口简单易用,方便用户设计和实现神经网络算法,并能让用户基于自己采集的数据完成模型训练。Paddle Lite是飞桨轻量化推理引擎,经过对Paddle模型保存和量化后,可以转换成方便移动端部署的模型。

Paddle Detection为基于飞桨Paddle Paddle的端到端目标检测套件,内置30多个模型算法及250多个预训练模型,覆盖目标检测、实例分割、跟踪、关键点检测等方向,包括服务器端和移动端高精度、轻量级产业级SOTA模型、冠军方案和学术前沿算法,并提供配置化的网络模块组件、十余种数据增强策略和损失函数等高阶优化支持和多种部署方案,在打通数据处理、模型开发、训练、压缩、部署全流程的基础上提供丰富的案例及教程,加速算法产业落地应用,并提供目标检测、实例分割、多目标跟踪、关键点检测等多种能力。

实践目标:结合Paddle Detection和机器人的图像识别能力,设计一个机器人进行区域巡逻并在巡逻的过程中识别用户是否摔倒的事件。当事件触发时,机器人播放语音进行提醒。

12.6 语音交互设备及其实践

12.6.1 语音交互设备

语音作为一种重要的交互手段,日益受到人们的重视。人们可以使用固定电话或移动电话,以及 PC、PDA 和其他智能设备,通过语音识别、语音合成等交互技术,以及语音浏览、智能信息处理技术等实现访问互联网,并实现个人服务和商业服务的语音应用。语音互联已成为简易终端接入互联网的主要方式之一。对于语音的交互,耳机、麦克风及声卡是最基本的设备。

1. 耳机

耳机虽小,但对制作工艺的要求却相当高,常见的耳机技术指标有耳机结构、频响范围、灵敏度、阻抗、谐波失真等。

耳机按结构可以分为封闭式、开放式、半开放式三种。封闭式耳机通过其自带的软音垫来包裹耳朵,使其被完全覆盖起来,因为有大的音垫,所以体积也较大,可以在噪音较大的环境下使用而不受影响;开放式耳机是目前比较流行的耳机样式,利用海绵状的微孔发泡塑料制作透声耳垫,其特点是体积小巧、佩戴舒适,也没有与外界的隔绝感,但它的低频损失较大;半开放式耳机是综合了封闭式和开放式两种耳机优点的新型耳机,采用了多振膜结构,除一个主动有源振膜外,还有多个从动无源振膜,较好地保留了声音的低频和高频部分。

频响范围是指耳机能够发送出的频带的宽度。国际电工委员会 IEC 58I—IO 标准中,高保真耳机的频响范围应当能够包括 50~12 500 Hz 的范围,优秀耳机的频响范围可达 5~40 000 Hz,而人耳的听觉范围仅为 20~20 000 Hz。

灵敏度又称声压级。耳机的灵敏度就是指在同样响度的情况下,需要输入功率的大小。灵敏度越高,所需要的输入功率越小,同样的音源输出功率下声音越大。对于耳机等便携设备来说,灵敏度是一个很值得重视的指标。

耳机阻抗是耳机交流阻抗的简称,不同阻抗的耳机主要用于不同的场合。在台式机或功放、VCD、DVD、电视等器械上,常用到的是高阻抗耳机,有些专业耳机阻抗甚至会在 200 Ω 以上,可以更好地控制声音。而对于各种便携式随身听,如 CD、MD 或 MP3,一般会使用低阻抗耳机,因为这些低阻抗耳机比较容易驱动。

谐波失真是一种波形失真,在耳机指标中有标示,失真越小,音质越好,一般耳机的谐波失真应当小于或略等于 0.5%。

2. 麦克风

很多情况下,耳机佩戴有麦克风。为过滤背景杂音,达到更好的识别效果,许多麦克风采用了 NCAT(Noise Canceling Amplification Technology)专利技术。NCAT 技术结合特殊机构及电子回路设计,达到消除背景噪声、强化单一方向声音(只从配戴者嘴部方向)的收录效果,是专为各种语音识别和语音交互软件设计的,提供精确音频输入的技术,采用 NCAT/NCAT2 技术的麦克风会着重采集处于正常语音频段(350~7 000 Hz)的音频信号,从而降低环境噪音的干扰。使用 NCAT/NCAT2 技术的麦克风比普通麦克风在语音识别性能上有了很大的改进,因此被广泛地应用于语音录入、互联网语音交互及计算机多媒体领域。

根据应用的不同,可以对传统的麦克风进行功能上的扩展。例如,为满足多人连线网络游戏的需要,微软设计的 Game Voice 可以方便地实现同时与多个人对话、与不同的个人对话及通过语音命令控制游戏的功能(图 12.17)。

图 12.17　Game Voice

3. 声卡

声卡是最基本的声音合成设备,是实现声波/数字信号相互转换的硬件,可把来自话筒、磁带、光盘的原始声音信号加以转换,输出到耳机、扬声器、扩音机、录音机等声响设备。从结构上分,声卡可分为模数、数模转换电路两部分。模数转换电路负责将麦克风等声音输入设备采集到的模拟声音信号转换为计算机能处理的数字信号;而数模转换电路负责将计算机使用的数字声音信号转换为耳机、音箱等设备能使用的模拟信号。

一般声卡拥有四个接口:LINEOUT(或者 SPKOUT)、MICIN、LINEIN 和游戏杆(外部 MIDI 设备接口)。其中,LINEOUT 用于连接音箱耳机等外部扬声设备,实现声音回放;MICIN 用于连接麦克风,实现录音功能;而 LINEIN 则是把外部设备的声音输入到声卡中;声卡上有一个游戏杆连接器,通过外部 MIDI 设备接口进行连接。

了解声卡,首先要了解一些声卡相关的重要概念,包括声音的采样、声道数及波表合成等概念。

声卡的主要作用之一是对声音信息进行录制与回放,在这个过程中,采样的位数和频率决定了声音采集的质量。采样位数可以理解为声卡处理声音的解析度,这个数值越大,解析度就越高,录制和回放的声音也越真实。例如,在将模拟声音信号转换成数字信号的过程中,16 位声卡能将声音分为 64K 个精度单位进行处理,而 8 位声卡只能处理256 个精度单位,会造成较大的信号损失。采样频率是指录音设备在 1 s 内对声音信号的采样次数,采样频率越高,声音的还原就越真实越自然。在当今的主流声卡上,采样频率一般分为 22.05 kHz、44.1 kHz、48 kHz 三个等级。22.05 kHz 的频率只能达到广播的声音品质;44.1 kHz 的频率则是理论上的 CD 音质界限;48 kHz 的频率则更加精确一些。对于高于 48 kHz 的采样频率,人耳已经无法辨别出来了。

声卡所支持的道数从最初的单声道发展到目前的四声道环绕立体声。对于一般的立体声(又称双声道),声音在录制过程中被分配到两个独立的声道,从而达到了很好的声音定位效果,用户可以清晰地分辨出各种乐器来自的方向,从而使音乐更富想象力,更加接近于临场感受。为进一步增强身临其境的感觉,创建一个虚拟的声音环境,出现了三维音效的概念,它通过特殊的音效定位技术创造一个趋于真实的声场,从而获得更好的听觉效果和声场定位。

四声道环绕音频技术较好地实现了三维音效。四声道环绕规定了四个发声点(前左、前右、后左、后右),听众则被包围在这中间。通常,在四声道的基础上,再增加一个低音发声点,以加强对低频信号的回放处理,这种系统称为 4.1 声道系统。类似地,还有 5.1 声道系统和 7.1 声道系统。就整体效果而言,多声道系统可以为听众带来来自多个不同方向的声音环绕,获得身临其境的听觉感受,给用户以全新的体验。如今,四声道技术已经广泛融入各类中高档声卡的设计中,成为未来发展的主流趋势。

12.6.2　实践语音转文字

语音识别技术又称自动语音识别(Automatic Speech Recognition,ASR),其目标是将人类的语音中的词汇内容转换为计算机可读的输入,如按键、二进制编码或者字符序列。与说话人识别及说话人确认不同,后者尝试识别或确认发出语音的说话人而非其中所包含的词汇内容。

语音识别系统根据对输入语音的限制加以分类。

1. 从说话者与识别系统的相关性考虑

可以将识别系统分为以下三类。

(1)特定人语音识别系统。

仅考虑对于专人的话音进行识别。

(2)非特定人语音系统。

识别的语音与人无关,通常要用大量不同人的语音数据库对识别系统进行学习。

(3)多人的识别系统。

通常能识别一组人的语音,或者成为特定组语音识别系统,该系统仅要求对要识别的那组人的语音进行训练。

2. 从说话的方式考虑

也可以将识别系统分为以下三类。

(1)孤立词语音识别系统。

孤立词语音识别系统要求输入每个词后要停顿。

(2)连接词语音识别系统。

连接词语音识别系统要求对每个词都清楚发音,一些连音现象开始出现。

（3）连续语音识别系统。

连续语音识别系统要求自然流利的连续语音输入，大量连音和变音会出现。

3. 从识别系统的词汇量大小考虑

也可以将识别系统分为以下三类。

（1）小词汇量语音识别系统。

小词汇量语音识别系统是通常包括几十个词的语音识别系统。

（2）中等词汇量的语音识别系统。

中等词汇量的语音识别系统是通常包括几百个词到上千个词的识别系统。

（3）大词汇量语音识别系统。

大词汇量语音识别系统是通常包括几千到几万个词的语音识别系统。

随着计算机与数字信号处理器运算能力，以及识别系统精度的提高，识别系统根据词汇量大小进行分类也不断进行变化。目前是中等词汇量的语音识别系统，将来可能就是小词汇量的语音识别系统。这些不同的限制也确定了语音识别系统的困难度。

实践目标：读取机器人的语音输入，并结合机器学习模型将用户的语音转化为文本，根据用户的文本匹配对应的结果控制机器人进行反馈和做出指定的动作。

12.6.3　实践意图解析

自然语言处理（Natural Language Processing，NLP）是计算机科学领域及人工智能领域的一个重要的研究方向，它研究用计算机来处理、理解及运用人类语言（如中文、英文等），达到人与计算机之间的有效通信。

在一般情况下，用户可能不熟悉机器语言，所以自然语言处理技术可以帮助这样的用户使用自然语言和机器交流。从建模的角度看，为方便计算机处理，自然语言可以被定义为一组规则或符号的集合，通过组合集合中的符号来传递各种信息。

近年来，NLP 研究取得了长足的进步，逐渐发展成一门独立的学科。从自然语言的角度出发，NLP 基本可以分为两个部分，即自然语言处理及自然语言生成，可演化为理解和生成文本的任务（图 12.18）。

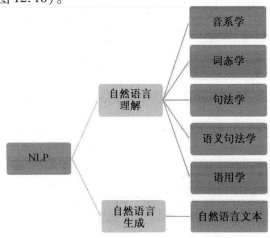

图 12.18　自然语言处理的分类

自然语言的理解是个综合的系统工程,它又包含了很多细分学科,有代表声音的音系学、代表构词法的词态学、代表语句结构的句法学、代表理解的语义句法学和语用学。

1. 音系学

音系学指代语言中发音的系统化组织。

2. 词态学

词态学研究单词构成及相互之间的关系。

3. 句法学

句法学给定文本的哪部分是语法正确的。

4. 语义学

语义学给定文本的含义。

5. 语用学

语言理解涉及语言、语境和各种语言形式的学科,而自然语言生成(Natural Language Generation,NLG)则恰恰相反,其从结构化数据中以读取的方式自动生成文本,该过程主要包含以下三个阶段。

(1)文本规划。

文本规划阶段完成结构化数据中的基础内容规划。

(2)语句规划。

语句规划阶段从结构化数据中组合语句来表达信息流。

(3)实现。

实现阶段产生语法通顺的语句来表达文本。

实践目标:结合机器学习模型,识别用户语音输入中的意图参数,如请弯腰、抬起右手、抬起左手等,根据用户的意图控制机器人播放指定的语音和动作。

12.6.4　实践语音合成

语音合成是将人类语音用人工的方式产生。若是将电脑系统用在语音合成上,则称为语音合成器,而语音合成器可以用软/硬件所实现。文字转语音(Text-to-Speech,TTS)系统则是将一般语言的文字转换为语音,其他的系统可以描绘语言符号的表示方式,就像音标转换至语音一样。

而合成后的语音则是利用在数据库内的许多已录好的语音连接起来。系统因为储存的语音单元大小不同而有所差异,若要储存 phone 及 diphone,系统必须提供大量的储存空间,但是在语意上或许会不清楚。而用在特定的使用领域上,储存整字或整句的方式可以达到高品质的语音输出。另外,包含了声道模型及其他的人类声音特征参数的合成器可以创造出完整的合成声音输出。

一个语音合成器的品质通常是决定于人声的相似度以及语意是否能被了解。一个清晰的文字转语音程式应该提供人类在视觉受到伤害或得了失读症时,能够听到并且在个人电脑上完成工作。20世纪80年代早期开始,许多的电脑操作系统就已经包含语音合成器了。

实践目标:结合机器学习的语音合成模型和机器人的语音交互能力,设计一个能与用户进行基本的语音对话的案例,体现出机器人在人机交互的场景中的人性化特点。

12.6.5　实践声源定位

矩阵麦克风是指靠多路拾音系统来收集声音信号并对声音做特殊处理的麦克风。

所谓矩阵麦克风,实际上在音频处理领域很早就有其原形了,即多路拾音系统。这种系统多用在一些特殊的场合,如教室、剧院、会议厅等场合,用来对声音做一些特殊的处理。笔记本上的矩阵麦克风实际上就是靠多个拾音点来收集声音信号,然后通过特殊的算法过滤一部分外界噪音,提高通话的质量。

1. 麦克风矩阵的几个关键技术

因为麦克风阵列与单个麦克风相比,多了空间位置一个信息维度,所以对信号的处理就可以从空间、时间、频率三个维度进行处理,这样可以在噪声抑制、混响抑制、语音分离、语音增强等方面带来较大的提高,并且相对单麦克风多出了一个声源定位。

声源定位自身的几个麦克风的几何关系是固定的,相当于一个相对参考,语音信号到达不同麦克风就会差生时差(相位差),根据声音传播速度,利用简单的距离、速度、时间公式及麦克风矩阵单元的相对位置关系,可以推算出语音信号源的相对位置,这种理解的定位算法是 TDOA。

还有一个定位算法即电扫阵列,其通过波束成形,产生有指向性的收音波束,然后对空间进行扫描,扫描到哪里的增益最大,就可以确定该声源的方向了。可以理解为,拿着一个指向性很好的话筒在空间中扫描,当话筒接收到的信号最大时,就认为这是声源的方向,这与定向雷达搜索目标相似。

2. 噪声抑制

麦克风矩阵噪声抑制最独特的一个算法就是波束成形。波束成形可以分为 CBF 和 ABF,即常规波束成形和自适应波束成形。常规波束成形就是对阵列中的各个麦克风的输出进行加权求和,简单理解为离声源近的权值就高,离声源远的权值就低,这样就形成了方向性。对声源方向以外的其他信号具有一定的抑制特性,因为其他的权值较低,相当于进行衰减。而自适应波束成形就是各个通道的幅度权值是可以根据算法进行自动优化的。

延时求和的波束成形也可以用于语音增强,因为具有时间延迟,所以声音到达每个麦克风的时间其实是不一致的,对这个延时进行补偿,然后把声音信号进行叠加,就使得各个麦克风的输出信号在某一个方向上面同相,这个方向的入射信号的增益最大化,这样就形成了空域滤波,也使得麦克风矩阵有了指向性。

实践目标:结合乐聚 Roban 机器人的 6Mic 硬件特点和声源定位识别算法,识别一个通过语音唤醒机器人,并且机器人会根据用户的位置自动朝向用户的交互案例。

12.6.6　实践情绪反馈

结合 12.6.2~12.6.5 节的内容,设计一个"情绪医生"机器人,根据用户的语音分析用户的情绪,使用机器人的语音和动作对用户的情绪进行引导和反馈,改善用户的情绪。

参 考 文 献

[1] DIX A. 人机交互[M]. 蔡利栋,译. 3 版. 北京:电子工业出版社,2006.

[2] 吴亚东. 人机交互技术及应用[M]. 北京:机械工业出版社,2020.

[3] 单美贤. 人机交互设计[M]. 北京:电子工业出版社,2016.

[4] 周苏,王文. 人机交互技术[M]. 北京:清华大学出版社,2016.

[5] 孟祥旭,李学庆,杨承磊,等. 人机交互基础教程[M]. 北京:清华大学出版社,2016.

[6] 李瑞峰,王珂,王亮亮. 服务机器人人机交互的视觉识别技术[M]. 哈尔滨:哈尔滨工业大学出版社,2021.